W0257288

SPRINGER TRACTS IN MODERN PHYSICS

Ergebnisse
der exakten Natur-
wissenschaften

Volume **40**

Editor: G. Höhler

Editorial Board: P. Falk-Vairant S. Flügge J. Hamilton
F. Hund H. Lehmann E. A. Niekisch W. Paul

Springer-Verlag Berlin Heidelberg GmbH 1966

Manuscripts for publication should be addressed to:

G. HÖHLER, Institut für Theoretische Kernphysik der Technischen Hochschule, 75 Karlsruhe, Kaiserstraße 12

Proofs and all correspondence concerning papers in the process of publication should be addressed to:

E. A. NIEKISCH, Kernforschungsanlage Jülich, Arbeitsgruppe Institut für Technische Physik, 517 Jülich, Postfach 365

ISBN 978-3-662-15908-8   ISBN 978-3-540-34864-1 (eBook)
DOI 10.1007/978-3-540-34864-1

All rights reserved, especially that of translation into foreign languages. It is also forbidden to reproduce this book either whole or in part, by photomechanical means (photostat, microfilm and/or microcard) without written permission from the Publishers. Library of Congress Catalog Card Number 25-9130
© by Springer-Verlag Berlin Heidelberg 1966
Originally published by Springer-Verlag OHG., Berlin · Heidelberg New York in 1966
Softcover reprint of the hardcover 1st edition 1966

The use of general descriptive names, trade names, trade marks, etc. in this publication, even if the former are not especially identified, is not to be taken as a sign that such names, as understood by the Trade Marks and Merchandise Marks Act, may accordingly be used freely by anyone. Title-No. 4723

Contents

Friedrich Hund zum siebzigsten Geburtstag

Am 4. Februar 1966 vollendete FRIEDRICH HUND in Göttingen sein siebzigstes Lebensjahr. Sei drei Jahrzehnten gehört er zu den Herausgebern der „Ergebnisse", die er gemeinsam mit F. TRENDELENBURG unter den unglücklichsten Umständen aus den Händen ARNOLD BERLINERS übernahm und durch die schwersten Zeiten hindurch als ein gutes Stück deutscher wissenschaftlicher Tradition rettete. Auch als in den Nachkriegsjahren allmählich ein Neuaufbau der Physik in Deutschland einsetzte, hat er den „Ergebnissen" die Treue gehalten und an ihrer langsamen Transformation, das gute Alte wahrend und dem guten Neuen aufgeschlossen, mitgewirkt. Wenn er dabei mit zunehmendem Alter die Hauptlast der Arbeit allmählich abstreifte und den Jüngeren überließ, so wissen doch alle, die aktiv an den „Ergebnissen" mitgearbeitet haben, wieviel sein Rat wog und auch in den letzten zehn Jahren noch zum Gelingen mancher Bände beigetragen hat, wo er selbst im Hintergrunde blieb.

Dem Manne, der entscheidend zum Aufbau der Quantenmechanik seit ihren ersten Anfängen beigetragen hat und zu den ersten großen Interpreten der Molekülstruktur gehörte, dessen Gesamtwerk aber auch klassisch gewordene Arbeiten aus der Physik der festen Körper und der Atomkerne umfaßt;

der einer großen Zahl von Schülern und Freunden in langen Jahren eine nicht abreißende Folge wissenschaftlicher Impulse gegeben hat und menschliches Vorbild gewesen ist;

der in der Sorgfalt, welche er seinen Vorlesungen widmete, und dem Niveau, mit dem er auch elementare Gegenstände zu behandeln verstand, beste deutsche Universitätstradition verkörperte,

sprechen Herausgeber und Verlag der „Ergebnisse" heute zugleich mit dem Respekt vor seiner Leistung ihren Dank für seine Mitarbeit aus und verbinden diesen mit den besten Wünschen für künftige Jahre des otium cum dignitate, die ihm, nach der Lösung von amtlichen Verpflichtungen, noch eine reiche wissenschaftliche Ernte und menschliches Glück bringen mögen.

S. FLÜGGE

Der Magnetische Barkhausen-Effekt

Klaus Stierstadt*

I. Physikalisches Institut
der Universität München
(z. Z. Centre National
de la Recherche Scientifique, Grenoble)

Eingegangen im Januar 1966

Inhaltsverzeichnis

---

* Der Verfasser ist der Fritz-Thyssen-Stiftung für die Gewährung eines Stipendiums zu großem Dank verpflichtet.

Abstract

This report gives a survey over the entire field of Barkhausen effect in magnetic materials. The available literature up to the middle of 1965 is discussed. The introductory chapter (I) contains a brief historical review and the explanation of some basic phenomena.

The second chapter gives results on the investigation of Barkhausen discontinuities in bulk metals during isothermal magnetization. The references quoted in this chapter (II) contain the most important facts of our present knowledge concerning irreversible magnetization processes. The number-size distribution of discontinuities is treated as well as their dependence upon different external parameters such as field strength, temperature, geometrical form of specimens, mechanical deformation etc. Furthermore, the duration of jumps, their coupling among each other, and the direction of wall displacement relative to the directions of magnetic field and crystal axes are discussed.

The next chapter (III) contains the results of investigations on the Barkhausen effect in special materials such as ferrites and thin films, and under special conditions (mechanical and thermal Barkhausen effect, Procopiu effect, magnetic aftereffect, large discontinuities etc.). In addition brief surveys are given on the power spectrum of Barkhausen noise, and the Preisach diagram. The above mentioned phenomena are treated in chapter III only inasmuch as they contribute to our knowledge of the characteristic properties of discontinuities, summarized in chapter II.

Chapter IV lists the basic experimental techniques as far as these are required for the understanding and criticism of the material in the earlier chapters.

The report is to convey that our knowledge of irreversible magnetization processes, contrary to that of reversible magnetization, is at present still rather incomplete. Much further work is necessary to shed light upon the physical significance of irreversible magnetic properties. The conclusion (V) of the report summarizes the most important problems calling for further investigation.

I. Einleitung

1. Die Bedeutung des Barkhausen-Effekts für Physik und Technik

Im Jahre 1917 entdeckte BARKHAUSEN [1], bei Versuchen mit den kurze Zeit vorher bekannt gewordenen Röhrenverstärkern, sprunghaft ablaufende Magnetisierungsvorgänge. Dieser von GERLACH [2] nach seinem Entdecker benannte Effekt wurde in den folgenden Jahren zum Gegenstand zahlreicher, zunächst meist nur qualitativer Untersuchungen; bis heute sind mehr als 300 Veröffentlichungen darüber erschienen. Doch blieben die Erscheinungen des Barkhausen-Effekts lange Zeit hindurch nichts weiter als eine beliebte Spielerei, die man gern in Vorlesungen über Experimentalphysik vorführte, der man aber im übrigen keine allzu große physikalische Bedeutung beimessen wollte.

Erst während der letzten zehn Jahre kam man zu der Einsicht, daß der Barkhausen-Effekt einen ganz wesentlichen Beitrag zum Verständnis der ferromagnetischen Erscheinungen liefert, und daß systematische Untersuchungen auf diesem Gebiet entscheidend zur Entwicklung neuer Werkstoffe beitragen können. Die Form einer Hystereseschleife hängt hauptsächlich von der Feldstärke- und Größenverteilung der Barkhausen-Sprünge ab (Perminvar-, Isopermschleife). Bei der Herstellung magnetischer Speicherelemente kommt es darauf an, Materialien mit einer genau definierten Verteilung der Sprünge zu erzeugen (Rechteckschleife). Bis heute stellt man diese Werkstoffe meist noch nach empirischen Regeln her, ohne über die Wechselwirkung zwischen Bloch-Wänden und magnetisch aktiven Gitterstörstellen Genaueres zu wissen. Große Bedeutung hat der Barkhausen-Effekt ferner für das Verständnis der ferromagnetischen Fluktuationsnachwirkung, deren technische Anwendung in der künstlichen Alterung von Dauermagneten besteht. Schließlich seien noch die magnetischen Verluste in niederfrequenten Wechselfeldern erwähnt, die ebenfalls zum großen Teil durch Barkhausen-Sprünge entstehen.

Kurze zusammenfassende Darstellungen der wichtigsten Ergebnisse des Gebietes finden sich z. B. bei STONER [3] und KNELLER [4], doch gibt es bisher keine systematische Abhandlung aller mit den Erscheinungen des Barkhausen-Effekts zusammenhängenden Fragen. Andererseits spielen die Eigenschaften der Barkhausen-Sprünge in vielen Theorien über ferromagnetische Vorgänge eine wichtige Rolle. Dies rechtfertigt den Versuch einer Bestandsaufnahme.

2. Historischer Überblick

Das knatternde Geräusch, das BARKHAUSEN [1] vor seinem Lautsprecher hören konnte, deutete er sofort richtig als plötzliche Richtungsänderung größerer Molekularmagnetverbände (im Sinne von EWING [5]). Auch beobachtete er schon, daß sich die Erscheinung irreversibel gegenüber Feldänderungen verhält.

In der Literatur findet man manchmal (z. B. v. AUWERS [6]) die Vermutung, daß es sich bereits bei vor 1919 beschriebenen ähnlichen Erscheinungen (BUFF [7], WARBURG [8], BARRETT [9], CURIE [10]) um Barkhausen-Sprünge gehandelt haben könnte. Bei näherer Betrachtung erweisen sich diese Effekte jedoch entweder als rein magnetostriktive Wirkungen (BUFF [7], BARRETT [9]) oder als Induktionserscheinungen (WARBURG [8]). Lediglich die Beobachtung von CURIE [10]* deutet auf Barkhausen-Sprünge hin; doch finden sich dort keine weiteren Angaben oder Erklärungen für den Effekt.

Bald nach der Entdeckung wurden die Versuche BARKHAUSENs an vielen Stellen wiederholt und weitergeführt, so von GERLACH u. Mitarb. [2, 11—14], v. D. POOL [15, 16], WEISS u. RIBAUD [17]. Sie untersuchten den Einfluß von Temperatur, Magnetfeld und mechanischer Deformation in den meisten damals bekannten magnetischn Werkstoffen. Wichtige Beiträge zum Verständnis der Erscheinungen lieferten ferner TYNDALL [18], PFAFFENBERGER [19] und PREISACH [20]. BOZORTH u. DILLINGER [21—27] bestimmten den Barkhausen-Anteil der Magnetisierung, das mittlere Volumen und die Richtung der Sprünge. 1930 gelang SIXTUS u. TONKS [28] der Nachweis, daß es sich bei den schon früher von FORRER [29] entdeckten „großen" Barkhausen-Sprüngen um Wandverschiebungen handelt, deren Geschwindigkeit sie messen konnten.

---

* Un tor de fer doux était recouvert de deux bobines de fil, l'une en communication avec un galvanomètre sensible, dans l'autre circulait un fort courant constant. Tant que le fer n'est pas saturé, on a des déviations au galvanomètre dues visiblement aux trépidations inévitables qui facilitent l'aimantation du fer.

Einen entscheidenden Fortschritt erzielten dann erst wieder 1948 Tebble u. Mitarb. [30, 31], denen es gelang, die Häufigkeitsverteilung der Sprunggrößen mit Hilfe der inzwischen entwickelten elektronischen Impulsmeßtechnik zu bestimmen. Einen kurzen Überblick über die Ergebnisse gab Stoner [366]. Wichtige neuere Untersuchungen wurden von Arbeitsgruppen in Münster (Bittel, Storm u. Mitarb. [32—37, 345, 347]), Krasnojarsk (Ivlev, Rodichev u. Mitarb. [38—42]) und München (Stierstadt u. Mitarb. [43—46, 320, 363]) veröffentlicht.

3. Die elementaren Magnetisierungsvorgänge
beim Barkhausen-Effekt

Die auffallendste Eigenschaft eines Barkhausen-Sprungs ist seine Eigenschaft, *schnell* abzulaufen, das heißt: Die einzelne mikroskopische Magnetisierungsänderung ΔI erfolgt wesentlich rascher als der zeitliche Mittelwert von $\Delta I/\Delta t$, der durch die Änderungsgeschwindigkeit des äußeren Feldes bestimmt wird. Schon sehr früh hat man daraus den Schluß gezogen, daß Barkhausen-Sprünge von selbst oder irreversibel ablaufen, sobald sie durch ein äußeres Ereignis ausgelöst worden sind.

Wir kennen heute vier verschiedene elementare Magnetisierungs-vorgänge, die ein solches Verhalten zeigen: 1. das Hängenbleiben von Wänden an Gitterstörstellen; 2. die Entstehung und das Verschwinden Néelscher Spieße; 3. Magnetisierungsumkehr in Einbereichsteilchen; 4. Erzeugung oder Bewegung einer Bloch- bzw. Néel-Linie in zwei dicht benachbarten 180°-Wänden mit entgegengesetztem Drehsinn der Spins. Die Größe der im Fall 1 und 2 zu erwartenden Barkhausen-Sprünge wurde von Tebble [47] zum ersten Mal berechnet; Haacke u. Jaumann [48] beobachteten dann an Nickeleinkristallen diese beiden Arten von Sprüngen direkt mit Hilfe der Pulvermethode. Einen Sonderfall von 3 bilden die großen Barkhausen-Sprünge bei Materialien mit einachsiger Anisotropie. Hierbei entsteht vorübergehend eine nicht stabile Wand-konfiguration. Man sollte daher in diesem Fall besser von einem Dreh-prozeß sprechen. Bis heute kann nicht mit Sicherheit entschieden werden, ob es irreversible Drehprozesse auch in Vielbereichsteilchen gibt, wobei die Bereichsgrenzen ihre Lage nicht verändern dürfen. Salanskii u. Mitarb. [49] (vgl. auch Bates u. a. [50]) beobachteten auf der Ober-fläche von Fe-Si-Einkristallen solche irreversiblen Drehungen, doch ist nicht sicher, ob dabei nicht doch Wandverschiebungen im Inneren der Probe stattgefunden haben. Durch Bloch-Linien ausgelöste Barkhausen-Sprünge wurden zum ersten Mal von Feldtkeller [51—53] beobachtet (vgl. auch Middelhoek [54], Döring [55]), doch wurde der Effekt bisher nicht quantitativ untersucht.

Im folgenden wollen wir uns hauptsächlich auf die Erscheinungen 1 und 2 der obigen Aufzählung beschränken. Der Sonderfall 3 wird in einem späteren Kapitel (III, 7) kurz behandelt. Zunächst haben wir es also nur mit der Bewegung von Wänden zu tun.

a) Das Potentialmodell. Üblicherweise stellt man die energetischen Verhältnisse bei der Bewegung einer Wand in einem eindimensionalen Modell dar, das die Energie E der Bereichsanordnung in Abhängigkeit von der Lage x der Wand angibt (Fig. 1). Das Modell wurde zum erstenmal von BECKER [56] benutzt. Man erhält eine stetige, wenn auch im allgemeinen recht komplizierte Funktion mit Maxima und Minima.

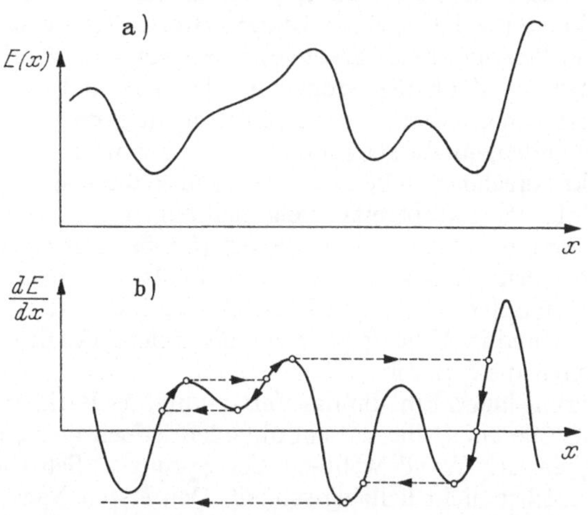

Fig. 1 a u. b. Verlauf der freien Energie E (a) und ihres Gradienten dE/dx (b) als Funktion des Ortes x einer Blochwand. Die in (b) gestrichelten Strecken durchläuft die Wand irreversibel. (Nach KNELLER [4])

Der Verlauf $E(x)$ ist im wesentlichen durch die räumliche Anordnung der magnetisch aktiven Gitterstörstellen gegeben und hängt in zweifacher Weise von der Temperatur ab: Einmal wegen der Temperaturabhängigkeit der magnetischen Materialkonstanten (Spontane Magnetisierung I_s, Kristallenergiekonstante K, Magnetostriktion λ); zum anderen, weil die räumliche Verteilung der Störstellen sich mit der Temperatur ändert (Rekombination von Fehlstellen, Rekristallisation, Wandern von Versetzungslinien). Der Einfluß veränderlicher entmagnetisierender Streufelder auf $E(x)$ wird im allgemeinen vernachlässigt, da man nur kleine Verschiebungen der Wand betrachtet.

Wie man sich die Bewegung einer Wand in diesem Potentialmodell im einzelnen vorzustellen hat, ist in den Lehrbüchern ausführlich beschrieben (z. B. KNELLER [4]). Hier sei nur hervorgehoben, daß im Durchschnitt etwa 5 bis 10% der Potentialmulden von Wänden besetzt sind. Die Wandbewegung ist reversibel, solange $d^2E/dx^2 > 0$, und irreversibel für $d^2E/dx^2 < 0$. Das Modell ist zur einfachen Beschreibung von Barkhausen-Sprüngen außerordentlich nützlich. Man kann es nämlich auch für solche Sprünge verwenden, die nicht durch eine Änderung des äußeren Magnetfeldes, sondern z. B. durch mechanische Deformation oder Temperaturänderung ausgelöst werden. Das Modell verliert jedoch seine Gültigkeit, sobald die Kopplung zwischen benachbarten Wänden

so stark wird, daß $E(x)$ von der Lage der Wand selbst abhängt (Streu-
feld- oder magnetostriktive Kopplung). Eine Erweiterung für diesen
Fall hat Hoffmann [57] angegeben.

Es besteht offenbar ein enger Zusammenhang zwischen der Zahl
und dem Abstand der von einer Wand überstrichenen Potentialmulden
einerseits sowie der Zahl und Größe der Barkhausen-Sprünge andererseits; ferner zwischen der mittleren Steigung des Potentialgebirges und
der Auslösefeldstärke der Sprünge. Durch systematische Untersuchungen
über deren Größen- und Feldstärkenverteilung sollte man auf diese Weise
Auskunft über die Zahl, die Größe und den Abstand der magnetisch
aktiven Störstellen erhalten. Zwar ist noch nicht genügend Erfahrungs-
material vorhanden, um die genannten Größen quantitativ aus dem Barkhausen-Effekt berechnen zu können, doch wurde diese Methode in einem
besonders einfachen Fall bereits erfolgreich angewandt. Es handelt sich
um den bekannten Versuch von Stewart [58, 59] mit einem Rahmeneinkristall, bei dem es gelang, die äußere Feldstärke so zu verändern,
daß sich eine einzelne Wand quasistatisch durch den Kristall bewegte.
Die Lage der Wand in Abhängigkeit von der Feldstärke liefert in diesem
Fall unmittelbar die Funktion $E(x)$.

b) Die Sprungdauer. Eine für das Verständnis des Barkhausen-Effekts
wesentliche Größe liefert das Potentialmodell jedoch nicht, nämlich die
Geschwindigkeit der Wand während des Sprunges. Selbstverständlich
verläuft ein solcher nicht beliebig schnell. Den ersten Nachweis für die
endliche Ausbreitungsgeschwindigkeit einer Wand lieferten die Versuche
von Sixtus u. Tonks [28]. Die Wandbewegung wird durch eine ganze
Reihe verschiedener Mechanismen gebremst. In Metallen vor allem durch
mikroskopische Wirbelströme (vgl. z. B. Becker [60—63]), die zu einer
Wandgeschwindigkeit in der Größenordnung 100 m/s führen. Demgegenüber ist die Spinpräzessionsdämpfung hier praktisch vernachlässigbar,
während sie in nichtleitenden Werkstoffen und dünnen Schichten die
Geschwindigkeit der Wände wesentlich bestimmt (Näheres im Abschnitt
II/3).

Mit der Erkenntnis von der endlichen Geschwindigkeit der Wände
verlor die ursprüngliche Definition des Barkhausen-Effekts in gewisser
Weise ihren Sinn. Man bezeichnete nämlich früher solche Änderungen
des magnetischen Moments als Barkhausen-Sprünge (discontinuities,
jumps), die „schnell" gegenüber der Änderungsgeschwindigkeit des
äußeren Feldes ablaufen. Diese Definition wird unbrauchbar, sobald
man Magnetisierungsvorgänge in hochfrequenten Wechselfeldern oder
solche Sprünge betrachtet, die durch Änderung des mechanischen oder
thermischen Zustands der Probe entstehen. Es erscheint daher zweck-
mäßig, die Definition des Barkhausen-Effekts weiter zu fassen und nicht
mehr auf die Geschwindigkeit und die auslösende Ursache zu beziehen.
Im Sinne des Potentialmodells sollen alle diejenigen Magnetisierungsvorgänge als Barkhausen-Sprünge bezeichnet werden, die „von selbst",
also irreversibel ablaufen $(\mathrm{d}^2E/\mathrm{d}x^2 < 0)$, nachdem sie durch eine be-
liebige Änderung des physikalischen Zustands der Probe ausgelöst
worden sind.

II. Der normale Barkhausen-Effekt in kompakten Metallen bei isothermer Magnetisierung

1. Die Zahl und Größe der Sprünge

Die Größe eines Barkhausen-Sprungs läßt sich von allen seinen physikalischen Eigenschaften am leichtesten messen. Daher beschäftigt sich auch die Mehrzahl der bis heute veröffentlichten Arbeiten mit der Abhängigkeit der Sprunggröße von verschiedenen äußeren Parametern. Die Ergebnisse dieser Untersuchungen werden in den folgenden Abschnitten a) bis i) behandelt.

a) Magnetisches Moment und Sprungvolumen. Unter der Größe eines Barkhausen-Sprungs versteht man üblicherweise das von der irreversibel bewegten Wand überstrichene Volumen. Die klassische Meßanordnung mit Induktionsspule liefert jedoch nicht unmittelbar dieses Volumen, sondern nur die Änderung des magnetischen Flusses in der Suchspule bzw. die Änderung m des magnetischen Moments M der Probe. Nur unter bestimmten Voraussetzungen kann man aus m das ummagnetisierte Volumen berechnen. Bezeichnet man den Winkel zwischen der Achse der Spule und I_s in dem betreffenden Volumen vor dem Sprung mit ϑ, und mit $(-\varphi)$ den Winkel, um den sich I_s beim Sprung dreht (Fig. 2), so folgt

$$v = \frac{m}{I_s[\cos\vartheta\,(\cos\varphi - 1) + \sin\vartheta\,\sin\varphi]} \tag{1}$$

Im allgemeinen sind weder ϑ noch φ bekannt. Man begnügt sich daher oft mit der Berechnung eines Minimalwertes $v_{\min}$, indem man $\vartheta = \varphi = 180°$ setzt, also nur 180°-Wandverschiebungen senkrecht zur Achse der Suchspule zuläßt. Der Winkelfaktor im Nenner von (1) wird dann gleich 2.

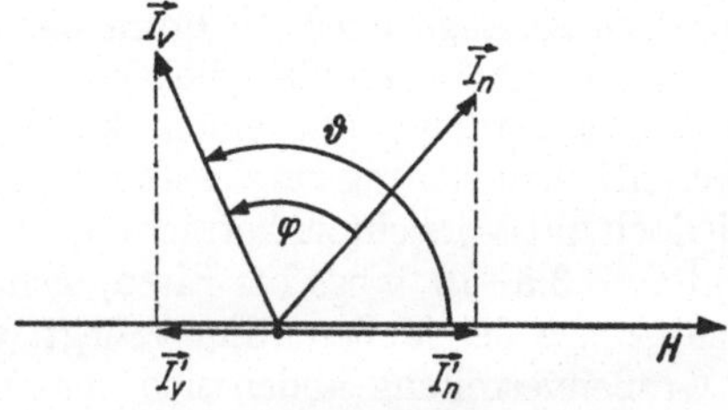

Fig. 2. Zusammenhang zwischen den Magnetisierungsvektoren vor $(\vec{I_v})$ und nach $(\vec{I_n})$ einem Barkhausen-Sprung und den Winkeln ϑ und φ aus Gleichung (1). H Feldrichtung parallel zur Achse der Suchspule; $\vec{I_v'}, \vec{I_n'}$ Magnetisierungskomponenten in Feldrichtung. (Nach STIERSTADT u. BOECKH [45])

In besonders übersichtlichen Fällen kann man diesen Winkelfaktor noch etwas besser abschätzen, z. B. für polykristallines Material mit isotroper Winkelverteilung ϑ und mit diskreten Werten von φ (IGNATCHENKO u. RODICHEV [64], STIERSTADT u. BOECKH [45]).

Wie wichtig die Berücksichtigung der Winkelverteilung bei der Berechnung des Sprungvolumens ist, zeigen z. B. Beobachtungen von KRANZ [65], wonach die Anzahl der Sprünge oberhalb einer bestimmten Größe im Anfangsteil der Neukurve nach thermischer Abmagnetisierung (isotrope Verteilung von ϑ) etwa dreimal größer ist als nach Wechselfeld-Abmagnetisierung. In fast allen bisherigen Untersuchungen ist nur $v_{\min}$ angegeben. Leider wird dabei nicht immer genügend deutlich zwischen dem magnetischen Moment und dem Volumen der Sprünge unterschieden, was zu einer Reihe von Mißverständnissen geführt hat.

Im Gegensatz zur klassischen Meßmethode mit einer Suchspule kann das Volumen eines Barkhausen-Sprungs unmittelbar gemessen werden, wenn man die Bereichskonfiguration direkt beobachtet (Pulvermuster, Kerr-Effekt, elektronenoptische Abbildung). Leider gibt es bisher nur ganz vereinzelte Untersuchungen dieser Art (WILLIAMS u. SHOCKLEY [66—68], STEWART [58, 59], HAACKE u. JAUMANN [48], KIRENSKII u. a. [69], SALANSKII u. a. [49]).

b) Theoretische Überlegungen zur Häufigkeitsverteilung der Sprunggrößen. Während der ersten 15 Jahre, die der Entdeckung des Barkhausen-Effekts folgten, nahm man allgemein an, daß das Volumen der Sprünge identisch sei mit dem der Weißschen Bezirke. Es war dies damals die einzige Methode, das vermeintliche Volumen der Bezirke zu messen. Erst nach Bekanntwerden der Bitter-Streifen-Methode stellte sich heraus, daß die Volumina der Barkhausensprünge meist wesentlich kleiner als die der Bezirke waren.

Es gibt bis heute erst sehr wenige Überlegungen darüber, wie die Häufigkeitsverteilung der Sprünge als Funktion ihrer Größe aussehen muß. Da bisher nur ein kleiner Teil der gesamten Größenverteilungskurve meßtechnisch zugänglich ist, hat man der Frage nach der Gestalt der gesamten Verteilungsfunktion nicht allzuviel Aufmerksamkeit gewidmet. Die kleinsten heute nachweisbaren Sprünge haben ein Volumen von einigen $10^{-11}\,\mathrm{cm}^3$.

Die erste qualitative Aussage über die Form der Größenverteilung findet sich bei BOZORTH u. DILLINGER [23], die feststellten, daß im steilen Teil der Hysteresekurve Sprünge mit einem kleineren Volumen als $10^{-13}\,\mathrm{cm}^3$ keinen wesentlichen Beitrag zur Gesamtmagnetisierung liefern. Diese Aussage ist jedoch mit Vorsicht zu betrachten, weil der angegebene Wert (entsprechend $m = 3,5 \cdot 10^{-10}$ cgs bei Eisen) sicher weit unterhalb der Empfindlichkeitsgrenze der Meßanordnung liegt. Weitere Hinweise auf die Form der Größenverteilung finden sich verschiedentlich in Arbeiten über die Theorie der Koerzitivkraft (z. B. KERSTEN u. GOTTSCHALT [70], NÉEL [71]). Danach sollte die Größe der Barkhausen-Sprünge durch die Abstände der Gitterstörstellen (etwa 10^{-4} cm) bestimmt sein. In einer späteren Arbeit versuchte KERSTEN [72] die Sprunggröße aus dem Modell einer streufeldfreien Bloch-Wand-Wölbung abzuschätzen, erhielt jedoch nur in einem speziellen Fall Übereinstimmung mit den Meßergebnissen. SAWADA [73] berechnete die allgemeine Form der Sprunggrößenverteilung aus derjenigen der Wellenlängen der inneren Spannungen. Je nachdem, ob man für die Wellen-

länge D eine statistisch abhängige oder unabhängige Verteilung zugrunde-
legt $(P(D) = D/\overline{D}^2 \cdot e^{-D/\overline{D}}$ oder $P(D) = 1/\overline{D} \cdot e^{-D/\overline{D}})$ erhält man eine
Sprunggrößenverteilung der Form 2 oder 3 (Fig. 3). Es dürfte jedoch
allein die Form 2 der Wirklichkeit entsprechen, da die Störstellen stets
Zentren einer Spannungsverteilung sind,
zwischen denen aus Stabilitätsgründen ein
gewisser Minimalabstand bestehen muß.

Von einer ganz ähnlichen Überlegung ging
TEBBLE [47] aus. Er berechnete für einen speziellen Fall (180°-Wände im Fe-Einkristall) die
Sprunggröße in Abhängigkeit vom mittleren
Abstand und der Größe der nicht ferromagnetischen Einschlüsse (Störstellen). Das Ergebnis der Rechnung, die allerdings nur für das
angegebene Modell gültig ist, läßt sich folgendermaßen formulieren: Nur Einschlüsse
mit einem mittleren Durchmesser von der
Größenordnung der Bloch-Wanddicke (hier

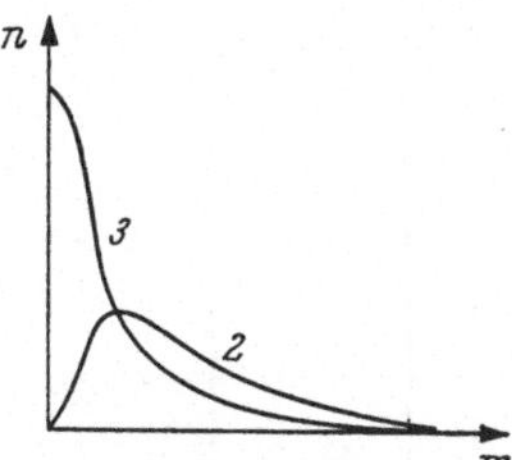

Fig. 3. Häufigkeitsverteilung $n(m)$ der Sprunggrößen m (schematisch) für statistisch abhängige (2) bzw. statistisch unabhängige (3) Verteilung der Wellenlängen der inneren Spannungen. (Nach SAWADA [73])

1 bis $2 \cdot 10^{-5}$ cm) verursachen Barkhausen-Sprünge der beobachteten
Größenordnung (10^{-10} bis 10^{-8} cm³). Die Häufigkeitsverteilung $n = f(m)$
der Sprunggrößen fällt monoton in nicht näher definierter Weise mit
wachsendem m. Wesentlich kleinere Einschlüsse können keine sprunghaften Wandbewegungen verursachen; sie werden von der Wand
reversibel überstrichen. Wesentlich größere Einschlüsse dagegen erzeugen in ihrer Umgebung eine sekundäre Bereichsstruktur, deren Sprunggröße weit unterhalb der Nachweisgrenze ($m = 10^{-7}$ cgs) liegt. Über die
Art der nicht ferromagnetischen Einschlüsse wird nichts Näheres
gesagt; es können z. B. auch Spannungszentren im homogenen Ferromagnetikum sein.

In neuerer Zeit wurden Überlegungen zur Frage der Sprunggrößenverteilung vor allem von HAMPE [74, 75] sowie HAMPE u. BILGER [76]
angestellt. HAMPE [74] berechnete aus dem mittleren Abstand $\bar{a}$ magnetisch wirksamer Gitterstörstellen (10^{-5} bis 10^{-4} cm) eine untere Grenze
für das Sprungvolumen von $10^{-15} < v_{\min} < 10^{-12}$ cm³. Für Fe-3%Si
(mit $4{,}5 \cdot 10^{-3}$ Gew.-% C) erhielt er [75] beispielsweise mit $\bar{a} = 1{,}7 \cdot 10^{-4}$cm
einen Wert für $v_{\min}$ von $5 \cdot 10^{-12}$ cm³. Bei einer 180°-Wandverschiebung
würde das einem magnetischen Moment von $1{,}7 \cdot 10^{-8}$ cgs entsprechen,
also etwas unterhalb der heutigen Nachweisgrenze liegen. Mit Hilfe der
Néelschen Theorie [77] für das Rayleigh-Gebiet berechneten HAMPE
u. BILGER [76] die Zahl solcher kleinster Barkhausen-Sprünge zu 10^{11}
pro cm³ und pro (A/cm)². Hingegen fand METZDORF [78] bei ähnlichen
Überlegungen für einen Ni-Zn-Ferrit ($\mu_a = 80$) eine Sprungzahl von
$1{,}5 \cdot 10^8$ pro cm³ und pro (A/cm)² bei einem mittleren Volumen von
$2{,}3 \cdot 10^{-11}$ cm³.

Zusammenfassend kann man sich heute etwa folgendes Bild von der
Sprunggrößenverteilung $n(v)$ machen: Die Form der Verteilung wird
qualitativ etwa durch Kurve 2 in Fig. 3 wiedergegeben. Quantitative
Angaben gibt es bisher nicht. Auch über die Sprungzahl gehen die

Meinungen noch weit auseinander. Das dem wahrscheinlichsten Sprungvolumen v_w entsprechende Maximum der Verteilungskurve wird nicht bei $\bar{a}^3$ liegen, sondern bei einem etwa 10 bis 100mal größeren Wert. Wie schon HAMPE u. BILGER [76] bemerkten, ist ein Sprung der Größe $\bar{a}^3$ wegen der dabei aufzuwendenden großen Streufeldenergie sehr unwahrscheinlich. Für $10\,\bar{a}^3 < v < 100\,\bar{a}^3$ wird diese jedoch bei geeigneter Geometrie gegenüber dem Gewinn an Feldenergie vernachlässigbar klein (Fig. 4). Nimmt man für $\bar{a}$ einen Wert von 10^{-4} cm an, so erhält man für v_w demnach 10^{-11} bis 10^{-10} cm³. Oberhalb davon wird die Größenverteilungskurve monoton abfallen, sofern keine Teilordnung oder Überstruktur der Störstellen vorhanden ist. Unterhalb von v_w fällt die Verteilungskurve $n(v)$ ebenfalls nach kleineren v-Werten hin ab, da die Störstellenabstände a ja ebenfalls eine gewisse Verteilung um einen Mittelwert aufweisen. Eine untere Grenze für v wird dann erreicht sein, wenn a in die Größenordnung der Wanddicke kommt (10^{-6} bis 10^{-5} cm). Das entspricht einem minimalen Sprungvolumen von 10^{-17} bis 10^{-14} cm³.

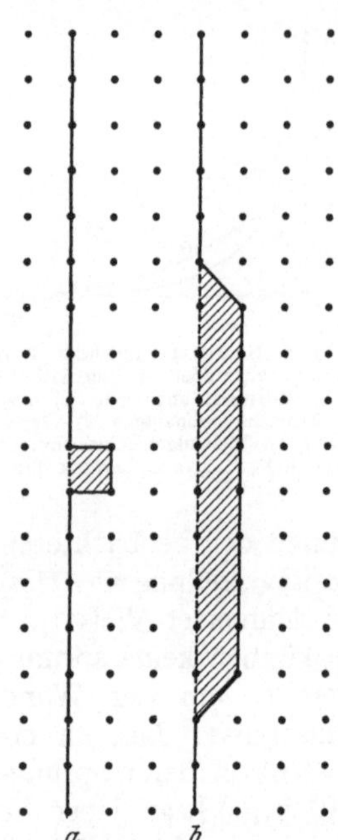

Fig. 4. Von der Wand bei einem Barkhausen-Sprung überstrichene Fläche (schraffiert) in einem regelmäßigen Punktgitter von Störstellen. Minimale (*a*) und wahrscheinlichste (*b*) Sprunggröße

c) **Experimentelle Untersuchungen der Häufigkeitsverteilung der Sprunggrößen.** Die Ergebnisse der Messungen stimmen qualitativ mit den im vorigen Abschnitt entwickelten Vorstellungen überein: Die Zahl der Sprünge nimmt stets monoton mit wachsender Sprunggröße ab. Nur in wenigen Fällen wurde ein Maximum der Verteilungskurve gefunden, doch sind diese Beobachtungen bis heute noch nicht genügend gesichert. Bei den im folgenden diskutierten Untersuchungen handelt es sich, wenn nichts anderes angegeben, stets um Messungen längs der ganzen, voll ausgesteuerten Hystereseschleife.

Die experimentell ermittelte Größenverteilung kann man durch eine analytische Darstellung $n(v)$ bzw. $n(m)$ beschreiben. BUSH u. TEBBLE [30] fanden für Fe, Ni und Mumetall im Bereich $3 \cdot 10^{-6} < m < 20 \cdot 10^{-6}$ cgs eine Beziehung der Form

$$N = A \cdot \mathrm{e}^{-k \cdot m^{1/p}} \tag{2}$$

($N = \int\limits_{m}^{m_{max}} n \cdot \mathrm{d}m$, gemessen längs der Schleife; A und k: Konstante; $p = 2$). TEBBLE u. NEWHOUSE [79] erhielten für die Umgebung der Remanenz bei Fe-Si- und Ni-Einkristallen im Bereich $1 \cdot 10^{-7} < m < 5 \cdot 10^{-6}$ cgs das gleiche Ergebnis. Die Größen A, k und p haben dabei jedoch von Probe zu Probe etwas verschiedene Werte ($2{,}0 < p < 3{,}1$). Die gleiche Beziehung (2), jedoch mit $p \approx 1$ fanden FORD u. PUGH [80] an 3000—4000 Å dicken Fe-Ni-Schichten (70—80% Ni) im steilen Teil der Hystereseschleife ($10^{-4} < m < 10^{-3}$ cgs). Sie versuchten, die exponentielle Beziehung (2) phänomenologisch zu erklären. Unter der Annahme, daß die bewegte Wand mit einer gewissen Wahrscheinlichkeit k'' (unabhängig von N) nach einer bestimmten Strecke x hängen bleibt, erhielten sie für die Anzahl der Wände dN, die den Weg dx zurücklegen $dN = N \cdot k'' \cdot dx$, woraus dann die Beziehung (2) folgt. Schließlich seien noch die Untersuchungen von SALANSKII, RODICHEV u. Mitarb. [49, 81] erwähnt, die für 600—1200 Å dicke Mo-Permalloy-Schichten und für Fe-Si-Einkristalle im Bereich $6 \cdot 10^{-7} < m < 14 \cdot 10^{-6}$ cgs ebenfalls die Beziehung (2) mit $p = 2$ bestätigen konnten.

Auch an Ferriten wurde die Größenverteilung gemessen. ROCHE [82] fand bei Mn-Zn- und Ni-Zn-Ferriten im Bereich $3 \cdot 10^{-7} < m < 2{,}5 \cdot 10^{-5}$ cgs Formel (2) bestätigt mit $2 < p < 4$. Er stellte jedoch fest, daß die Konstanten A, k und p von der Sprunggröße abhängen. p wächst mit abnehmendem m.

Bis heute läßt sich keinerlei Zusammenhang zwischen den Konstanten der experimentell bestimmten Beziehung (2) und irgendwelchen anderen physikalischen oder gar magnetischen Materialkonstanten erkennen. Andererseits liefern auch die im vorhergehenden Abschnitt besprochenen theoretischen Ansätze keine quantitativen Angaben über die Funktion $n(m)$. Keinesfalls ist daher das von ROCHE [82] angewandte Verfahren zulässig, die experimentelle Beziehung (2) bis $m = 0$ zu extrapolieren, um auf diese Weise den Gesamtanteil aller Barkhausen-Sprünge,

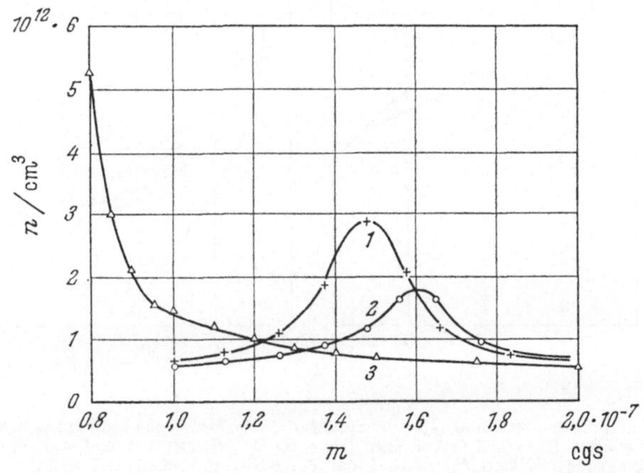

Fig. 5. Häufigkeitsverteilung $n(m)$ der Sprunggrößen m längs eines Hystereseastes von hartem (1), (3) und weichem (2) Nickel. Messungen (1), (2) von IVLEV u. RUDJAK [40, 83]; (3) von PFRENGER u. STIERSTADT [46]

auch der unmeßbar kleinen, an der Magnetisierung zu erhalten. Sicher verliert die Formel (2) für sehr kleine m ihre Gültigkeit, weil es, unterhalb der Nachweisgrenze, eine wahrscheinlichste Sprunggröße m_w gibt. Daher ist die Konstante A auch nicht gleichbedeutend mit der Gesamtzahl aller Sprünge, wie ROCHE [82] annimmt.

Die Existenz einer wahrscheinlichsten Sprunggröße m_w wurde bis heute noch nicht mit Sicherheit nachgewiesen. Abgesehen von einer Untersuchung an Fe, die von TEBBLE u. Mitarb. [31] ausgeführt, deren Ergebnis jedoch später von TEBBLE [47] selbst wieder in Frage gestellt wurde, weisen nur noch die Messungen von IVLEV u. RUDIAK [40, 83] ein Maximum im Verlauf von $n(m)$ auf. Diese Autoren fanden an polykristallinem Ni einen Wert für m_w von etwa $1,5 \cdot 10^{-7}$ cgs (Fig. 5). Das ist etwa 100mal mehr, als man aus dem mittleren Störstellenabstand eines solchen Materials erwarten würde. Die Messungen von IVLEV u. RUDIAK wurden daher von PFRENGER u. STIERSTADT [46] am gleichen Material wiederholt, und zwar mit negativem Ergebnis (Fig. 5): Die Verteilungskurve verläuft im gesamten Meßbereich streng monoton. Es wird vermutet, daß das Ergebnis von IVLEV u. RUDIAK durch meßtechnische Einflüsse verfälscht wurde [46].

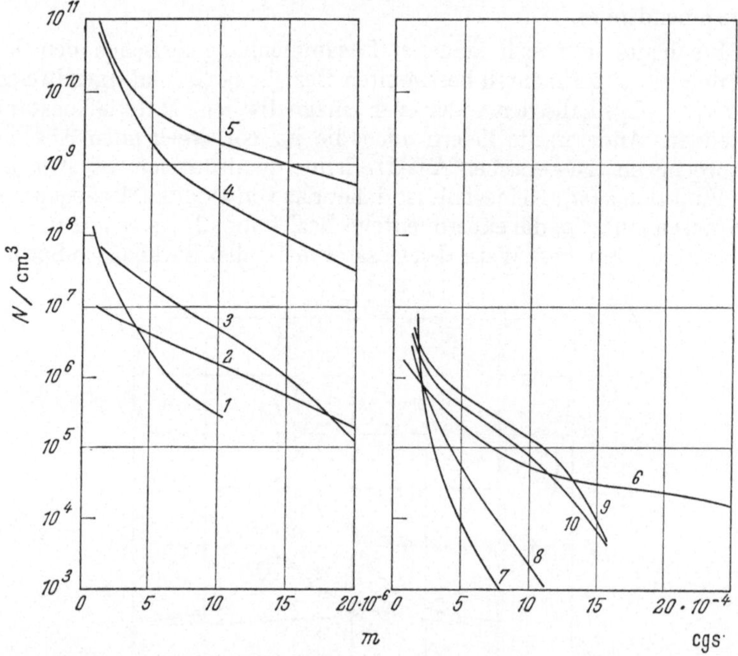

Fig. 6. Integrale Häufigkeitsverteilung $N(m)$ der Sprunggrößen m. Messungen von TEBBLE u. a. [31]: 1 Nickel ($H_c = 1,3$ Oe), 4 Eisen ($H_c = 5,7$ Oe), 5 Eisen ($H_c = 0,4$ Oe); STIERSTADT u. PFRENGER [43]: 2 Nickel ($H_c = 25$ Oe); IVLEV [38]: 3 Nickel ($H_c = 9$ Oe); JOST [34]: 6 Ni-19% Fe-5% Cu ($H_c = 3$ Oe), 7 Eisen (weich); KRANZ [65]: 8 Stahl ($H_c = 12,8$ Oe), 9 Perminvar ($H_c = 6,2$ Oe), 10 Nickel ($H_c = 29$ Oe). Bei den Messungen 6—10 war die Suchspule kürzer als die Probe; das von jener erfaßte Volumen wurde geschätzt. Diese Kurven sind daher nur bedingt untereinander sowie mit 1—5 vergleichbar

Schließlich seien die Untersuchungen von KRANZ [65] erwähnt, die ebenfalls Angaben über die Form der Größenverteilungskurve enthalten. Bei Messungen an Ni, Ni-25% Cu, Perminvar und Stahl im Bereich $1 \cdot 10^{-4} < m < 17 \cdot 10^{-4}$ cgs fand KRANZ, daß zwar n monoton mit wachsendem m abnimmt, die Form der Verteilungskurve jedoch merklich von einer Gaußverteilung abweicht, und zwar zugunsten größererSprünge. Diese Abweichung in Richtung höherer Sprungzahlen nimmt mit wachsender Größe der Sprünge zu. KRANZ deutete dies als Kopplung mehrerer elementarer Barkhausen-Sprünge zu größeren Umordnungsvorgängen. Die einzelnen Komponenten einer solchen gekoppelten Sprunggruppe werden von der Meßanordnung nicht mehr aufgelöst. So entsteht ein scheinbarer Überschuß an großen Sprüngen.

Ein Vergleich zwischen gemessener und berechneter Sprunggrößenverteilung scheitert bis heute noch an zwei Dingen: Erstens kann man die Funktion $n(v)$ nicht quantitativ berechnen; zweitens liefern fast alle Messungen nur $n(m)$, nicht aber $n(v)$. Die Meßergebnisse müßten daher mittels (1) in $n(v)$ umgerechnet werden. Das scheitert aber wieder an der Unkenntnis der Winkelverteilung (Fig. 2). Nur in besonders einfachen Fällen ist diese Umrechnung möglich. Ein Beispiel dafür findet sich bei IGNATCHENKO u. RODICHEV [64].

Einige Ergebnisse der neueren Messungen sind in Fig. 6 zusammengestellt.

d) Die „mittlere" Sprunggröße. Für Vergleichszwecke ist es oft erwünscht, ein Material durch die Angabe einer mittleren Sprunggröße zu charakterisieren, ohne die vollständige Größenverteilung angeben zu müssen. Bei der Berechnung der wahren mittleren Sprunggröße $\overline{m}' = \Sigma\, n_i m_i / \Sigma\, n_i$ bzw. $\overline{v}' = \Sigma\, n_i v_i / \Sigma\, n_i$ ist die Summation über *alle* vorkommenden Werte, von $m = 0$ bis $m = m_{\max}$ zu erstrecken. Da der direkten Messung jedoch nur ein Teil der größeren Sprünge zugänglich ist, kann man die Mittelwertbildung nur in diesem Bereich durchführen. Der so gewonnene, „scheinbare" Mittelwert $\overline{m}$ bzw. $\overline{v}$ hat nur dann einen Sinn, wenn man gleichzeitig die Grenzen des Meßbereichs mit angibt. Zwei Proben mit gleichem scheinbarem Mittelwert können ganz verschiedene wahre Mittelwerte haben, weil die Größenverteilungen unterhalb der Nachweisgrenze ja erheblich voneinander abweichen können.

Eine andere Definition des Mittelwerts haben TEBBLE u. Mitarb. [31] vorgeschlagen. Sie bezeichnen als mittleres Sprungvolumen v'' denjenigen Wert, oberhalb dessen gerade die Hälfte der gesamten irreversiblenMagnetisierungsänderung durch Barkhausen-Sprünge bewirkt wird. Diese Definition setzt die Kenntnis der reversiblen Magnetisierungsänderung voraus.

STIERSTADT u. BOECKH [45] schlagen vor, als mittlere Sprunggröße diejenige zu bezeichnen, deren kritische Feldstärke (bei der $\mathrm{d}n/\mathrm{d}H$ maximal wird) den gleichen Temperaturverlauf wie die pauschal gemessene Koerzitivkraft aufweist. Auch diese Definition schließt an andere magnetische Meßgrößen an und ist daher nur von beschränktem praktischem Nutzen. Über die wahre mittlere Sprunggröße sagt sie nichts aus.

Eine experimentelle Bestimmung des wahren mittleren Sprungvolumens $\overline{v}'$ wäre prinzipiell aus der Größe des thermischen Schwankungsfeldes (Abschnitt III/4) bzw. des Barkhausen-Rauschens (Abschnitt III/8) möglich. Doch setzt ein solches Verfahren in beiden Fällen wiederum die Kenntnis anderer magnetischer Materialkenngrößen voraus.

e) Entwicklung und heutiger Stand unserer Kenntnisse von der Sprunggröße. Die erste Abschätzung über Zahl und Größe der durch Barkhausen-Sprünge ummagnetisierten Volumina findet sich bei v. D. POOL [15, 16]. Längs eines Hystereseastes beobachtete er an Fe-Ni-Stahl etwa 5000—7000 Sprünge pro cm³. Das Volumen der größten bestimmte er durch Eichung mit einem Solenoid zu etwa 10^{-4} cm³. Auch stellte er fest, daß die Sprünge fast nur auf den steilen Teil der Schleife, in der Nähe der Koerzitivkraft H_c, beschränkt sind. In den darauffolgenden Arbeiten von GERLACH u. LERTES [12, 13] (ebenso bei WILLIAMS [84]) finden sich keine quantitativen Angaben. Aus systematischen Untersuchungen an fein unterteilten Proben schlossen sie jedoch, daß es sich beim Barkhausen-Effekt nicht um einen rein magnetischen Vorgang handeln könne, sondern um eine magnetoelastische Gitterdeformation. Diese soll sich, nach Überwindung der Haftreibung zwischen benachbarten Kristalliten, sprunghaft ausgleichen (Magnetisches Zinngeschrei: GERLACH [2], ZSCHIESCHE [14]). Diese Vorstellung, zunächst von HEAPS u. TAYLOR [85] unterstützt, konnte jedoch später nicht mehr aufrecht erhalten werden (siehe STEINHAUS [367]).

Die erste kritische Untersuchung über die Möglichkeiten zur Sprunggrößenbestimmung veröffentlichte TYNDALL [18]. Er zeigte, daß man aus dem Zeitintegral der in der Suchspule induzierten Spannung $\int U \cdot dt$ die Sprunggröße berechnen kann, wenn der Proportionalitätsfaktor zwischen der Flußänderung $\Delta \Phi$ und $\int U \cdot dt$ experimentell bestimmt wird (näheres hierüber im Abschnitt IV/2). TYNDALL fand für das Minimalvolumen der größten Sprünge in Fe-Si einen Wert von $4 \cdot 10^{-6}$ cm³. Er zeigte ferner, daß sich die Feldstärkeverteilung der Sprünge nach Zahl und Größe nicht reproduzieren läßt, wenn man die magnetische Vorgeschichte der Probe wiederholt. Auch konnte TYNDALL nachweisen, daß das Sprungvolumen nicht mit demjenigen der Kristallite identisch ist, wie WEISS u. RIBAUD [17] vermuteten. Mit dieser Frage beschäftigten sich auch schon GERLACH u. LERTES [13], die eine Abhängigkeit des Barkhausen-Effekts vom Kristallitzustand der Probe feststellten. Ausführliche Untersuchungen von SIZOO [86, 87] ergaben jedoch, daß ein solcher Einfluß nicht existiert. Gleich große Drähte aus dem gleichen Material (Fe bzw. Ni) — einmal aus 20, das andere Mal aus 5000 Kristalliten bestehend — zeigten genau den gleichen Effekt. Damit war bewiesen, daß das Sprungvolumen nicht mit dem der Kristallite identisch ist.

PFAFFENBERGER [19] untersuchte den Zusammenhang zwischen der Stärke des pauschalen Effekts und der Wärmetönung durch Hystereseverluste. Er fand, daß die beiden Größen längs der Schleife nicht immer gleichsinnig verlaufen, daß jedoch beide in der Nähe von H_c maximal werden. Zu einem ähnlichen Ergebnis kam PREISACH [20], indem er die Form der Hystereseschleife durch mechanische Vorbehandlung in weiten Grenzen veränderte. Er stellte fest, daß bei Proben mit praktisch identischer Schleife der Barkhausen-Effekt längs derselben völlig anders verteilt sein kann.

Auf zwei ganz verschiedenartigen Wegen versuchten HEAPS u. Mitarb. [85, 88] die Sprunggröße zu bestimmen. HEAPS u. TAYLOR [85] verwendeten sehr kleine Proben mit nur wenigen Sprüngen. Die hierbei auftretende Magnetisierungsänderung konnten sie auf der Schleife ablesen und durch Vergleich mit I_s dann v zu etwa 10^{-7} cm³ für Nickel berechnen. HEAPS u. BRYAN [88] bestimmten aus der mit einem Barkhausen-Sprung verbundenen Längenänderung (10^{-7} cm) einer Nickelprobe ein maximales Sprungvolumen von $4 \cdot 10^{-7}$ cm³.

Zu einem vorläufigen Abschluß kamen die Bemühungen um die Bestimmung der Sprunggröße durch die umfangreichen Untersuchungen von BOZORTH u. DILLINGER [21—27] um 1930. Sie entwickelten auf der Grundlage des von TYNDALL [18] angegebenen Verfahrens eine Meßanordnung, die es ihnen erlaubte, den zeitlichen Mittelwert der in der Suchspule induzierten Spannungsimpulse kontinuierlich zu registrieren. Das bedeutete einen großen Fortschritt gegenüber den bisherigen Verfahren, bei denen der Flächeninhalt der photographisch aufgezeichneten Impulse einzeln ausgemessen werden mußte (vgl. Abschnitt IV/1, b). Zwar erlaubte die Anordnung von BOZORTH u. DILLINGER es noch nicht, die Sprünge einzeln zu zählen, doch erhielten sie dafür unmittelbar das

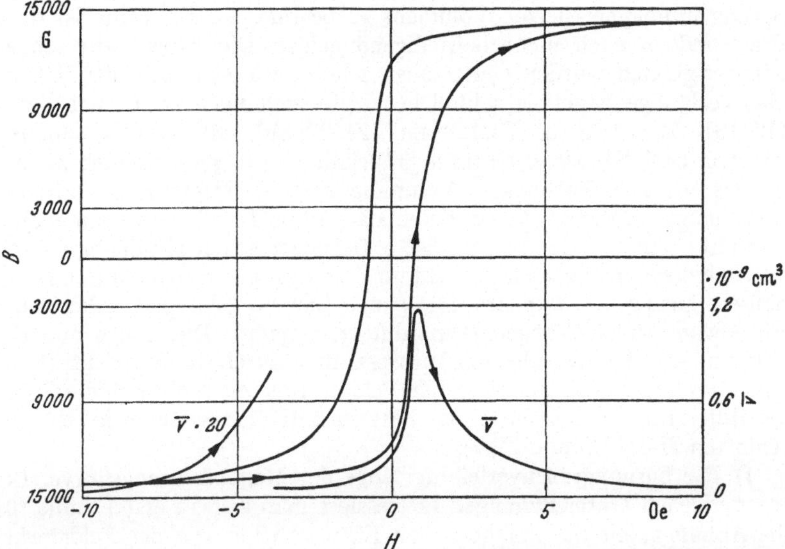

Fig. 7. Mittleres Sprungvolumen $\bar{v}$ längs eines Hystereseastes von weichem Eisen (Nach BOZORTH u. DILLINGER [24])

„mittlere" Volumen $\bar{v}$ als Funktion der Feldstärke. Fig. 7 zeigt einige Beispiele (aus [24]), wobei die untere Nachweisgrenze der Apparatur für einen einzelnen Sprung bei einigen 10^{-10} cm³ (für Fe) gelegen haben dürfte.

Die Frage nach der Größe der Barkhausen-Sprünge schien mit den Arbeiten von BOZORTH u. DILLINGER abgeschlossen. Die Entwicklung der Meßtechnik erlaubte zunächst keine weiteren Fortschritte in bezug auf Nachweisempfindlichkeit und zeitliches Auflösungsvermögen.

Während der folgenden 20 Jahre wurden lediglich eine Reihe von Untersuchungen über den Einfluß der verschiedensten äußeren Parameter (Temperatur, mechanische Deformation usw.) auf die Sprunggröße veröffentlicht. Einen wesentlichen Fortschritt brachte erst 1948 wieder die Arbeit von Bush und Tebble [30], die sich die Möglichkeiten der inzwischen entwickelten elektronischen Impulsmeßtechnik zunutze machten. Auf diese Weise gelang es, die in der Suchspule induzierten Spannungsimpulse nach Größe und Dauer zu sortieren und gleichzeitig zu zählen. So konnte die Häufigkeitsverteilung dieser Größen unmittelbar gemessen werden. Es war damit ein quantitatives Meßverfahren verfügbar, das, im Gegensatz zu den früheren, eine statistisch ausreichende Zahl von Beobachtungen mit einem vertretbaren Zeitaufwand liefern konnte. Die Ergebnisse der auf diese Weise durchgeführten neueren Untersuchungen werden weiter unten in gesonderten Abschnitten besprochen.

Hier sei nur noch auf eine Erscheinung besonders hingewiesen: Schon seit den ersten Untersuchungen ist viel Zeit und Mühe darauf verwendet worden, die geometrische Form des bei einem Barkhausen-Sprung ummagnetisierten Volumens zu bestimmen. Bis heute ist diese Frage jedoch noch nicht befriedigend gelöst. Die dabei auftretenden Schwierigkeiten wurden weiter oben schon erwähnt (Abschnitt II/1, a). Das vorläufige Ergebnis zahlreicher Untersuchungen (z. B. v. d. Pool [15, 16], Bozorth u. Dillinger [24, 27, 89], Murakawa [90, 91], Sawada [92], Storm u. Heiden [37]) läßt sich folgendermaßen zusammenfassen: Die Barkhausen-Volumina sind in Richtung der Probenachse langgestreckte Zylinder deren Länge und Durchmesser annähernd bestimmt werden kann (Storm [346]). Bei einem solchen Zylinder handelt es sich jedoch im allgemeinen nicht um einen einzelnen elementaren Barkhausen-Sprung, sondern um eine ganze Lawine gekoppelt ablaufender Einzelwandverschiebungen (Umordnungsvorgang). Die Länge und der Durchmesser der Zylinder werden wesentlich durch die Form der Probe bzw. durch das entmagnetisierende Feld im Inneren und durch die Größe der differentiellen Suszeptibilität bestimmt. (Näheres hierzu in den Abschnitten II/4, II/5 und IV/2).

f) Die Sprunggrößenverteilung längs der Magnetisierungskurve. Bei magnetischen Untersuchungen interessiert man sich in erster Linie für die Abhängigkeit der magnetischen Eigenschaften von der Feldstärke. Auch bei den Arbeiten über den Barkhausen-Effekt stand diese Frage im Vordergrund. In der Literatur vor 1948, dem Jahr der Erfindung der quantitativen Zählmethode durch Bush u. Tebble [30], finden sich zahlreiche derartige Beobachtungen qualitativer Art. Diese sollen hier nicht im einzelnen besprochen werden. Wir beschränken uns im wesentlichen auf die nach 1948 gewonnenen Ergebnisse, während wir als Resultat der früheren Messungen nur zwei wichtige Dinge festhalten wollen: Erstens läuft die Hauptmasse der Sprünge auf den steilen Teilen der Hystereseschleife ab, und zweitens ist das „mittlere" Sprungvolumen umso größer, je steiler die Schleife ist (dieser Effekt erwies sich später zum Teil als Einfluß der Streufeldkopplung).

Genaue Angaben über die Zahl Δn der Barkhausen-Sprünge verschiedener Größe im Feldstärkeintervall ΔH als Funktion von H finden sich nur bei Ivlev [38] (Ni), Kranz [65] (Ni, Ni-25%Cu), Jost [34]

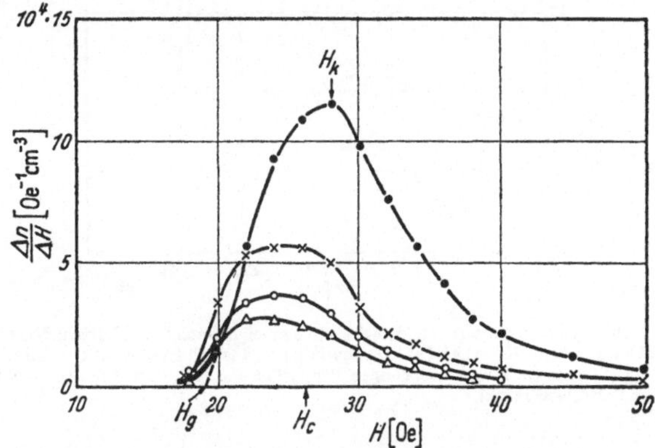

Fig. 8. Zahl Δn der Barkhausen-Sprünge verschiedener Größe m im Feldstärkeintervall ΔH als Funktion von H bei hartem Nickel. ($\bullet$) $1,41 < m < 2,36$: ($\times$) $2,36 < m < 3,83$; ($\circ$) $3,83 < m < 5,53$; ($\triangle$) $5,53 < m < 11,60 \cdot 10^{-6}$ cgs. H_k kritische, H_g Grenzfeldstärke (Nach Stierstadt u. Boeckh [45])

(Fe-76%Ni-5%Cu), Salanskii u. Mitarb. [49] (Fe-Si-Einkristall) sowie Stierstadt u. Boeckh [45] (Ni). Fig. 8 zeigt ein Beispiel und gleichzeitig die Definition der charakteristischen Feldstärkewerte: kritische

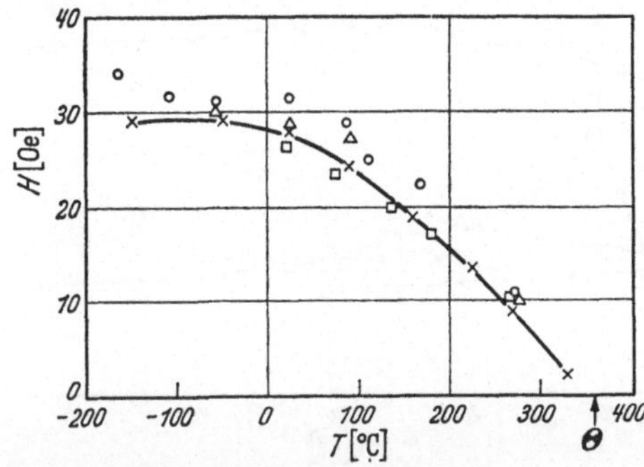

Fig. 9. Koerzitivkraft ($\times$) und kritische Feldstärke ($\square$ $\triangle$ $\circ$) von hartem Nickel als Funktion der Temperatur (Θ Curie-Punkt). ($\triangle$) Neukurve, ($\square$ $\circ$) Hystereseschleife; Sprunggröße $m = (2,5 \pm 1,0) \cdot 10^{-6}$ cgs ($\square$) bzw. $(0,5 \pm 0,04) \cdot 10^{-6}$ cgs ($\triangle$ $\circ$). (Nach Stierstadt u. Boeckh [45])

Feldstärke H_k (Maximum der $(\Delta n/\Delta H)$-H-Kurve) (vgl. auch Ivlev u. Rudiak [372]) und Grenzfeldstärke H_g (Schnittpunkt der Tangente an den steil ansteigenden Kurventeil mit der H-Achse). Den meisten bisher veröffentlichten Messungen dieser Art ist die einer Poisson-Verteilung ähnliche Kurvenform gemeinsam; ebenso die Verschiebung von H_k zu kleineren Werten mit wachsendem m. H_k hat den gleichen Temperaturverlauf wie H_c (Fig. 9) und nimmt mit zunehmender Sprunggröße ab. Die pauschale Koerzitivkraft ergibt sich als Mittelwert von H_k über alle Sprunggrößen. H_g entspricht der Grenzfeldstärke des Rayleigh-

Gebietes und zeigt eine ähnliche Temperaturabhängigkeit wie diese
(Fig. 10). Aus den Messungen von KRANZ [65] sowie STIERSTADT u.
BOECKH [45] folgt, daß die Halbwertsbreite der $(\Delta n/\Delta H)$-H-Kurven

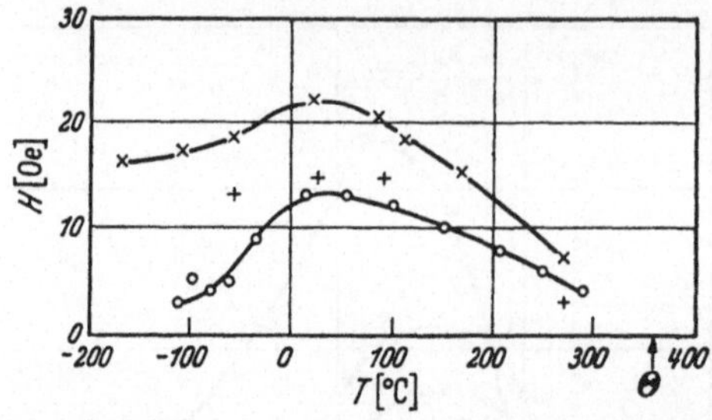

Fig. 10. Temperaturabhängigkeit der Grenzfeldstärke des Rayleigh-Gebiets bei hartem Nickel. (o) pauschal
gemessene Grenzfeldstärke nach KNELLER [97] (Probe IV), (+ ×) nach STIERSTADT u. BOECKH [45] Beginn
(Definition siehe Fig. 8) von Barkhausen-Sprüngen der Größe $0{,}5 \cdot 10^{-6}$ cgs auf der Neukurve (+) bzw.
Hystereseschleife (×); Θ Curie-Punkt

unabhängig vom m ist. Wenn man von der geringfügigen Maximums-
verschiebung $(H_k(m))$ absieht, folgt daraus, daß das mittlere Sprungvolumen $\bar{v}$ von der Feldstärke unabhängig sein muß.

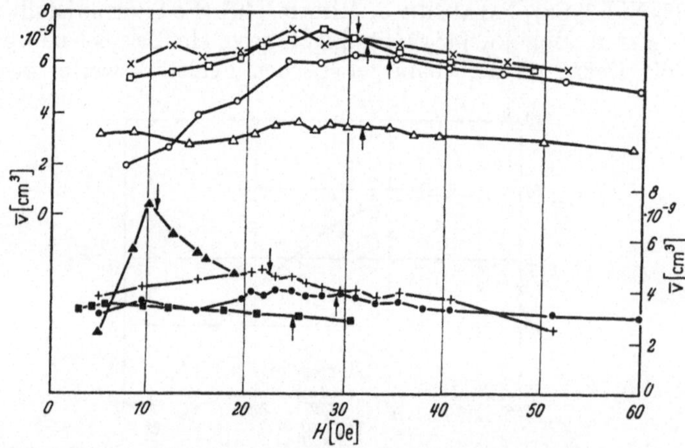

Fig. 11. Mittleres Volumen $\bar{v}$ aller Barkhausen-Sprünge $m > 0{,}5 \cdot 10^{-6}$ cgs als Funktion der Feldstärke längs
eines Hystereseastes von hartem Nickel. Linker Ordinatenmaßstab für die Temperaturen —166 (o), —110 (×),
—58 (□) und +22 (△); rechter für 86 (●), 110 (■), 166 (+) und 270° C (▲). Die Pfeile bezeichnen H_k (siehe
Fig. 8) für $m = 0{,}5 \cdot 10^{-6}$ cgs. (Nach STIERSTADT u. BOECKH [45])

Diese Aussage steht im krassen Widerspruch zu einigen älteren
Messungen (BOZORTH u. DILLINGER [24], FÖRSTER u. WETZEL [93],
BUSH u. TEBBLE [30]), die ein ausgeprägtes Maximum von $\bar{v}$ in der
Nähe von H_c zeigen (Fig. 7). Im Gegensatz dazu ändert sich nach neueren
und genaueren Untersuchungen von STIERSTADT u. BOECKH [45] das
mittlere Sprungvolumen bei hartem Nickel nur relativ wenig längs der
Hystereseschleife (Fig. 11) (ähnliches beobachtete WIDMANN [364]
an Fe-Si-Bandringkernen). $\bar{v}$ wächst jedoch immer dann, wenn die

differentielle Suszeptibilität χ_{diff} groß wird, also z. B. mit wachsender
Temperatur oder mit zunehmender mechanischer Erholung des Materials.
In demselben Maße steigt aber auch die Kopplung der Bewegung benachbarter Wände über das innere Streufeld. Man beobachtete dann
nicht mehr isolierte Verschiebungen einzelner Wände, sondern Um-
ordnungen größerer Bereichskonfigurationen, an denen viele Wände
beteiligt sind. Damit wächst dann auch das beobachtete mittlere magnetische Moment der Sprünge, weil die Einzelereignisse des Umordnungs-
vorgangs von der Suchspule zeitlich nicht mehr aufgelöst werden können.
Das in den älteren Arbeiten gefundene $\bar{v}$-Maximum in der Nähe von H_c
scheint daher nur ein, durch Ansteigen von χ_{diff} vorgetäuschter, Kopp-
lungseffekt zu sein, worauf schon bei BECKER u. DÖRING [94] (S. 181) hingewiesen wurde. Unterstützt wird diese Vermutung durch die Tatsache,
daß die genannten älteren Untersuchungen ausschließlich an Materialien
mit großen χ_{diff} (weiches Ni, Fe, Permalloy) ausgeführt worden sind,
bei denen eine solche Kopplung von vornherein zu erwarten ist.

Von besonderem Interesse ist die Frage, ob Barkhausen-Sprünge
auf der Neukurve schon bei beliebig kleiner Feldaussteuerung ablaufen,
und ob sich bei der Grenzfeldstärke H_R des Rayleigh-Gebiets irgendwelche
charakteristischen Änderungen im Barkhausen-Effekt bemerkbar machen.
Erste Versuche in dieser Richtung unternahm SIZOO [86, 87]. Er fand
sowohl auf der Neukurve als auch auf der Hystereseschleife eine charakteristische Feldstärke H_g, unterhalb derer keine Sprünge nachweisbar
waren. MONTALENTI [95] zeigte dann, daß das so bestimmte H_g bei einer
Reihe von Stoffen mit H_R (aus Suszeptibilitätsmessungen) übereinstimmt.
BUSH [96] beobachtete Barkhausen-Sprünge auch noch unterhalb H_g,
also im Rayleigh-Gebiet, jedoch wächst ihre Zahl bei Überschreiten
von H_g plötzlich stark an (Fig. 8). KNELLER [4] (S. 568) nimmt an, daß
H_R und H_c allgemein einander proportional sind. Dies ist nach neueren
Messungen von STIERSTADT u. BOECKH [45] jedoch nicht der Fall (Fig. 9
und 10). H_g verläuft demnach proportional zum Eigenspannungsanteil
von H_c (was KNELLER [97] in einer früheren Arbeit ebenfalls schon festgestellt hatte). JOST [34] fand bei Fe-76%Ni-5%Cu-Legierungen eine
starke Zunahme von H_g mit wachsender Sprunggröße. Er schloß daraus
auf eine gewisse Teilordnung der Störstellen in dem betreffenden Material,
von der Art, daß ihr gegenseitiger Abstand umso größer ist, je stärker sie
magnetisch wirksam sind. Sieht man diese Deutung als richtig an, so
folgt daraus, daß in hartem Nickel sicher keine solche Teilordnung vorhanden ist (Fig. 8); H_g hängt hier nicht wesentlich von m ab.

Die Ergebnisse dieses Abschnitts kann man dahingehend zusammenfassen, daß die Sprunggrößenverteilung längs der Magnetisierungskurve
zwar qualitativ einigermaßen bekannt ist, daß aber für ein wirkliches
Verständnis der Erscheinungen noch viel zu wenig Meßergebnisse vor-
liegen. Insbesondere fehlen Untersuchungen im Rayleigh-Gebiet, auf
der Neukurve (nach verschiedenartiger Abmagnetisierung), sowie an
Proben mit wohldefinierter Störstellenverteilung.

g) Die Sprunggröße als Funktion der Temperatur. Unter der großen
Zahl von Untersuchungen über den Barkhausen-Effekt finden sich nur

sehr wenige über die Abhängigkeit der Sprunggröße von der Temperatur. Die Ursache dafür darf wohl in erster Linie in experimentellen Schwierigkeiten zu suchen sein. Es ist nicht leicht, sehr dünne Spulen mit großer Windungszahl, kleiner Zeitkonstante sowie mit in einem großen Temperaturbereich zuverlässigen Isolationseigenschaften herzustellen. Gerade die Temperaturabhängigkeit magnetischer Eigenschaften gestattet aber besonders wichtige Einblicke in die Natur des Ferromagnetismus und der technischen Magnetisierung (GERLACH [98]).

Orientierende Untersuchungen wurden schon von GERLACH u. LERTES [12] durchgeführt. Sie fanden, daß der pauschale Effekt bei Ni mit steigender Temperatur in ähnlicher Weise wie die Koerzitivkraft abnimmt und am Curie-Punkt verschwindet. ZSCHIESCHE [14] berichtete über Messungen an der Fe-Ni-Legierungsreihe bei $-180°$ C und bei

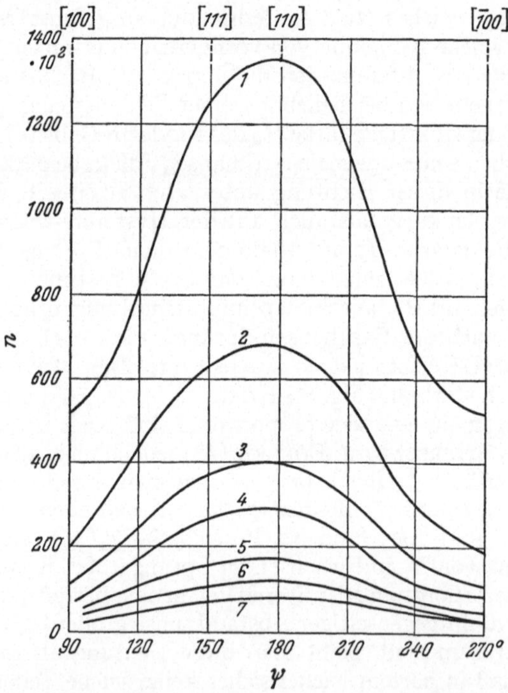

Fig. 12. Zahl n der Barkhausen-Sprünge verschiedener Größe längs eines Hystereseastes einer Fe-3,4% Si-Einkristallscheibe als Funktion des Winkels ψ zwischen Feld und [$\overline{1}10$]-Richtung bei Zimmertemperatur. Parameter Sprungvolumen in 10^{-9} cm³: $0,3 < v < 0,6$ (1), $0,6 < v < 0,9$ (2), $0,9 < v < 1,2$ (3), $1,2 < v < 1,5$ (4), $1,8 < v < 2,1$ (5), $2,4 < v < 2,7$ (6), $v > 3,0$ (7). (Nach IVLEV, ILIUSHENKO u. ASEEVA [39])

Zimmertemperatur. TESCHE [99] beobachtete an Fe, Ni und Co eine starke Abnahme des Effekts mit steigender Temperatur. Ausführliche und systematische Untersuchungen an Ni und Fe-40% Ni veröffentlichte TAKAGI [100], und stellte dabei eine annähernd lineare Abnahme des Effekts von Zimmertemperatur bis zum Curie-Punkt fest. Auch fand er, daß die kritische Feldstärke H_k einzelner großer Sprünge mit steigender

Temperatur zu- bzw. abnimmt, je nachdem ob H_k kleiner bzw. größer ist als H_c. Die untere Nachweisgrenze dürfte bei allen bisher genannten Untersuchungen über 10^{-5} cgs gelegen haben.

Quantitative Messungen mit der Zählmethode wurden 1951 von Tebble, Corner u. Wood [101] wegen der großen experimentellen Schwierigkeiten als „undurchführbar" bezeichnet. Jedoch schon ein Jahr später veröffentlichte Ivlev [38] die ersten Untersuchungen an hartem Ni ($m > 1{,}2 \cdot 10^{-6}$ cgs) zwischen $-180°$ C und dem Curie-Punkt. Er fand, daß die Gesamtzahl der Sprünge längs der Schleife, und ebenso deren „mittleres" Volumen mit steigender Temperatur exponentiell abnimmt. Oberhalb $300°$ C konnte er keine Sprünge mehr nachweisen. Wenig später berichteten Ivlev, Iliushenko u. Aseeva [39] über ähnliche Messungen an ein- und vielkristallinem Fe zwischen $-183°$ und $+650°$C. Am Einkristall bestimmten sie die Größenverteilung bei verschiedener Orientierung des Kristalls im äußeren Feld (Fig. 12). Die Sprungzahlen verlaufen, in Abhängigkeit von Temperatur und Kristallrichtung, gegensinnig zur Sättigungsmagnetostriktion. Hierfür wird keine weitere Erklärung gegeben, die sich auch ohne spezielle Annahmen über die Bereichsstruktur sicher nicht finden läßt.

Ausführliche Messungen an Ni wurden in letzter Zeit von Stierstadt u. Mitarb. [43—45] veröffentlicht. Durch Steigerung der Empfindlichkeit ($m > 5 \cdot 10^{-7}$ cgs) konnten Barkhausen-Sprünge noch zehn Grad unterhalb des Curie-Punkts nachgewiesen werden. Die unterschiedliche Temperaturabhängigkeit für große bzw. kleine Sprünge (Fig. 13) wird auf die Kopplung individueller Wandbewegungen zurückgeführt. Das „mittlere" Volumen $\bar{v}$ hängt unterhalb $200°$ C nicht von der Temperatur ab (Fig. 14); seine scheinbare Zunahme bei höheren Tempera-

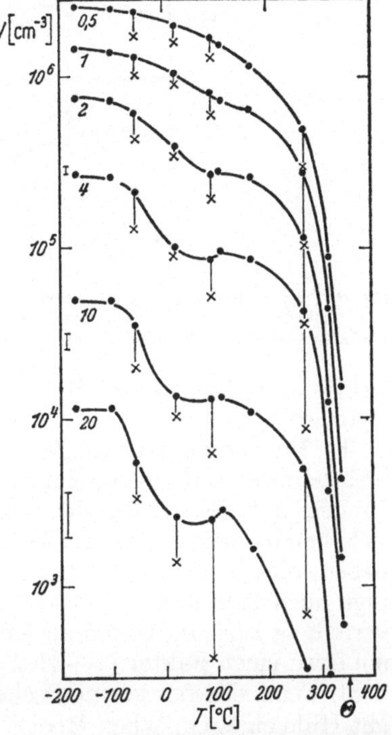

Fig. 13. Gesamtzahl N aller Sprünge längs der Neukurve ($\times$) bzw. eines Hystereseastes ($\bullet$) von hartem Nickel als Funktion der Temperatur (Θ Curie-Punkt). N ist die Anzahl aller Sprünge der als Kurvenparameter $\pm$ 0,041 mal 10^{-6} cgs angegebenen Größe; I Fehlergrenze der Impulszählung. (Nach Stierstadt u. Boeckh [45])

turen (größeres χ_{diff}!) wird auf Streufeldkopplung zurückgeführt. Die Verfasser vermuten, daß $\bar{v}$ sich solange nicht ändert, wie die räumliche Verteilung der Gitterstörstellen erhalten leibt. (Bei kaltverformtem Ni erholen sich nach Reimer [102] Eigenspannungen II. Art erst oberhalb $400°$ C merklich.) Bei Untersuchungen der thermischen Nachwirkung (vgl. Abschnitt III/4) kamen Street, Wooley u. Smith [103] zu dem

Ergebnis, daß bei Alnico das mittlere Sprungvolumen zwischen 100°
und 500° K ebenfalls temperaturunabhängig sein muß.

Diese wenigen quantitativen Messungen, die bis heute veröffentlicht
wurden, ergeben noch kein zusammenhängendes Bild von derTemperatur-
abhängigkeit der Sprunggröße. Inwieweit die qualitativen Deutungen

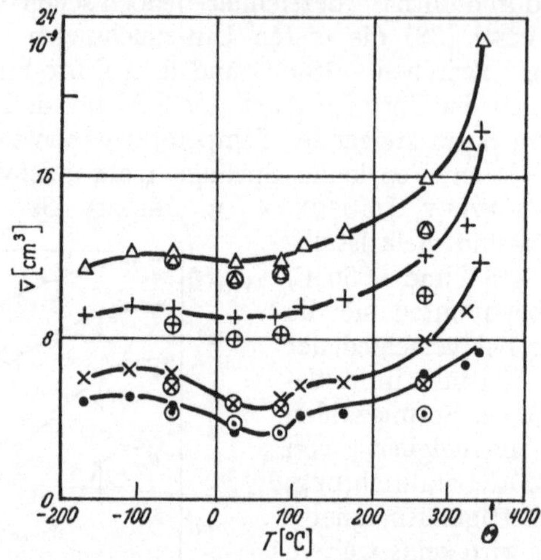

Fig. 14. Temperaturabhängigkeit des mittleren Sprungvolumens $\bar{v}$ längs der Hystereseschleife ($\bullet$ × + $\triangle$)
bzw. Neukurve ($\odot$ $\otimes$ $\oplus$$\circledcirc$) von hartem Nickel ($\Theta$ Curie-Punkt). Parameter: Untere Grenze der berücksichtigten Sprunggröße ($\bullet$) 0,5, (×) 1,0, (+) 2,0, ($\triangle$) 3,0 · 10⁻⁶ cgs. (Nach STIERSTADT u. BOECKH [45])

richtig sind, kann ebenfalls erst entschieden werden, wenn mehr und
genauere Messungen zur Verfügung stehen.

h) Die Sprunggröße als Funktion des Entmagnetisierungsfaktors. Der
erste Hinweis auf einen möglichen Einfluß der geometrischen Form der
Proben auf die Größe der registrierten Barkhausen-Sprünge findet
sich bereits bei HEAPS u. TAYLOR [85]. TEBBLE u. NEWHOUSE [79]
haben diesen Effekt dann an Fe-Si-Einkristallen näher untersucht
(vgl. auch PFRENGER u. STIERSTADT [46]). Sie fanden, daß die Größenverteilung $n(m)$ im gesamten Meßbereich ($0,8 \cdot 10^{-6} < m < 5 \cdot 10^{-6}$ cgs)
um etwa einen Faktor $(1 + \Delta N' \cdot \chi_{rev})$ parallel zur n-Achse verschoben
wird, wenn sich der geometrische Entmagnetisierungsfaktor N' ändert.
Mit Hilfe eines einfachen Modells konnten die Verfasser zeigen, daß mit
zunehmendem N' das Verhältnis von reversiblem zu irreversiblem
Magnetisierungsanteil (I_{rev}/I_{irr}) wächst, in Übereinstimmung mit den
Meßergebnissen. Diese waren jedoch für eine quantitative Nachprüfung
des Modells nicht ausreichend.

Nach STORM [346] (vgl. auch HEIDEN u. STORM [347]) ergeben sich
zwei Deutungsmöglichkeiten: Einmal werden infolge meßtechnischer
Einflüsse nach Gleichung (21) die relativ großen, in der Nähe von H_c
ablaufenden Sprünge gegenüber den kleineren unterbewertet, weil μ
hier (bei H_c) besonders groß ist. Zum anderen bringt das entmagnetisierende Gegenfeld eine bewegte Wand umso eher wieder zum Still-
stand, je größer es, bzw. je größer N' ist. Ein Sprung, der bei kleinem N'

aus vielen gekoppelten Einzelereignissen besteht, löst sich bei großem N' (vgl. die durch (7) definierte Sperrzeit) in eine Anzahl kleinerer Sprünge auf. Jost [34] fand an einer Ni-15% FE-5% Cu-Legierung genau dieses Verhalten. Mit steigendem Entmagnetisierungsfaktor nimmt die Zahl der größeren Sprünge ab, die der kleineren zu (Fig. 15).

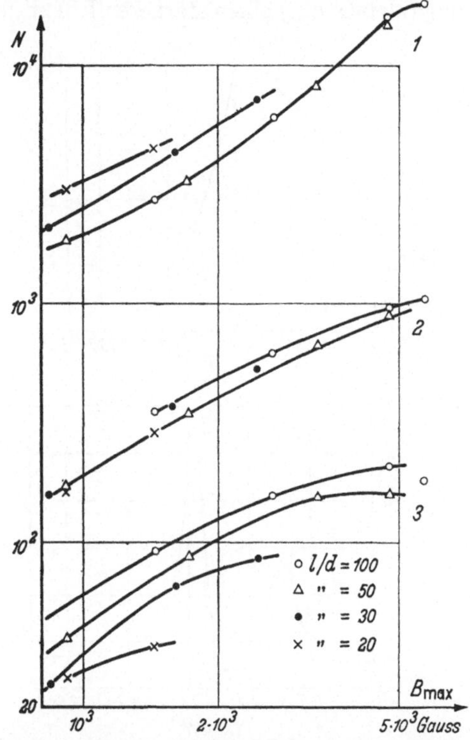

Fig. 15. Anzahl N der Barkhausen-Sprünge verschiedener Größe als Funktion der Feldaussteuerung in Ni-19%-Fe-5% Cu für verschiedene Probendimensionen. N bezeichnet die Anzahl derjenigen in einem Probenvolumen von etwa 0,015 cm³ stattfindenden Sprünge, deren Volumen größer als 0,52 (1) bzw. 5,2 (2) bzw. 13,0 · 10⁻⁷ cm³ (3) ist. Länge: Durchmesser der Probe = 100 (o), 50 (△), 30 (●), 20 (×). (Nach Jost [34])

Die bisher bekannten Beobachtungen lassen erkennen, daß die gemessene Größenverteilung mitunter wesentlich durch die geometrische Form der Probe bestimmt sein kann. Um diesen Einfluß möglichst zu vermeiden, empfiehlt es sich, Proben mit kleinem Entmagnetisierungsfaktor und kleiner differentieller Suszeptibilität zu verwenden.

i) Der Einfluß mechanischer Deformation. Da es relativ einfach ist, eine Probe mechanisch zu deformieren, wurde der Einfluß einer solchen Behandlung auf den Barkhausen-Effekt sehr oft untersucht. Die meisten Ergebnisse sind jedoch nur qualitativer Art und sollen daher hier nur kurz erwähnt werden. Als erster beobachtete Zschiesche [14] den pauschalen Effekt unter dem Einfluß einer äußeren Zugspannung. Er stellte, ebenso wie Preisach [20], fest, daß kein einfacher Zusammenhang zwischen der „Stärke" des Effekts und der differentiellen Suszeptibilität besteht. Ähnliche Beobachtungen machten Bozorth u. Dillinger [24].

BOZORTH [23] fand auch die Erklärung dafür, daß hartes Material im allgemeinen einen stärkeren Barkhausen-Effekt zeigte als weiches: Bei der damals verwendeten Meßmethode wird der zeitliche Verlauf der Flußänderung differenziert. Da die Abklingzeit der Wirbelströme proportional zur reversiblen Permeabilität ist, ergibt eine rasch verlaufende Änderung (kleines μ_{rev}) einen stärkeren Effekt als eine langsame (großes μ_{rev}).

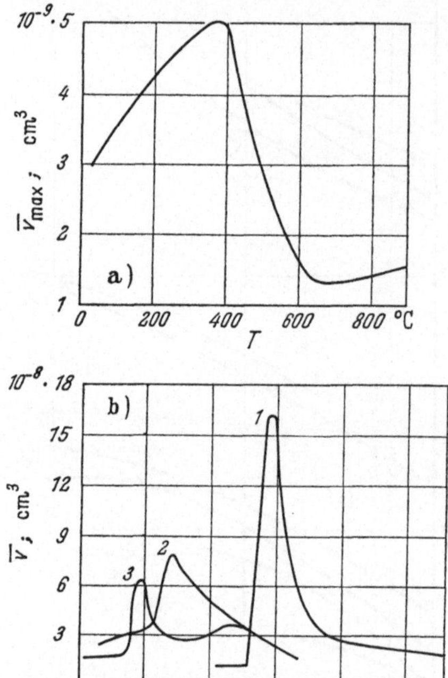

Fig. 16a. Maximalwert $\bar{v}_{\mathrm{max}}$ des mittleren Sprungvolumens längs der Hystereseschleife von Eisen als Funktion der Anlaßtemperatur; Anlaßdauer 30 min. (Nach FÖRSTER u. WETZEL [93])

Fig. 16b. Feldabhängigkeit der mittleren Sprunggröße $\bar{v}$ längs der Hystereseschleife von Nickel. Anlaßdauer 30 min bei 500 (1), 650 (2) und 900° C (3). (Nach FÖRSTER u. WETZEL [93])

Die sehr ausführlichen Untersuchungen von ÔKUBO u. TAKAGI [104] führten zu dem Ergebnis, daß pauschaler Barkhausen-Effekt, Hystereseverluste und χ_{diff} einander weitgehend proportional verlaufen, unabhängig von der äußeren Spannung σ_{a}. (Die Meßanordnung von ÔKUBO u. TAKAGI war vermutlich empfindlicher als diejenige PREISACHs [20], so daß dessen abweichendem Ergebnis nicht allzugroße Bedeutung zukommt.) Sie konnten ferner feststellen, daß der Effekt sich unter Zugspannung vergrößert bzw. verkleinert, je nachdem die Sättigungsmagnetostriktion positiv oder negativ ist. Von im wesentlichen metallkundlichen Fragestellungen gingen FÖRSTER u. WETZEL [93] aus. Sie bestimmten $\bar{v}$ von Fe und Ni in Abhängigkeit von der Anlaßtemperatur und σ_{a} (Fig. 16). Ihre Ergebnisse konnten sie unter Berücksichtigung der räumlichen Verteilung der Eigenspannungen qualitativ deuten.

Die ersten quantitativen Untersuchungen wurden von TEBBLE u. Mitarb. [30, 31] ausgeführt. Die Größenverteilungskurve $n(m)$ liegt im ganzen Meßbereich $(m > 3 \cdot 10^{-7}\text{ cgs})$ bei weichem Fe $(H_c = 0{,}4\text{ Oe})$ um etwa ein Drittel niedriger als bei hartem $(H_c = 5{,}7\text{ Oe})$. (Das in [31] angegebene Maximum der Verteilung wurde später von TEBBLE [47] als Meßfehler erkannt.) Ähnliche Ergebnisse erhielt KRANZ [65] $(m > 10^{-5}\text{ cgs})$ an Fe, Ni, Perminvar und Ni-25% Cu. WOTRUBA [105] fand an kalt gewalztem Mumetall eine starke Verringerung des Barkhausen-Anteils I_B der Magnetisierung $(m > 5{,}5 \cdot 10^{-6}\text{ cgs})$ nach einmaliger Wärmebehandlung (5 h, 850° C). Mit zunehmender plastischer Deformation (Kaltwalzen) nimmt I_B dann wieder zu. Bei systematischen Untersuchungen an Fe, Ni und Hipernik beobachtete WOTRUBA [106] später, daß I_B mit steigendem Deformationsgrad in einzelnen Fällen auch abnehmen kann (Fig. 17). Hierfür versuchte er eine qualitative Erklärung zu geben, die auf das Verhältnis von Wanddicke zur

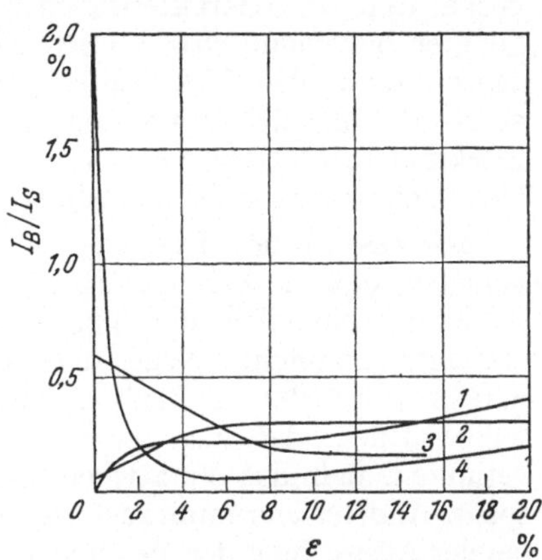

Fig. 17. Barkhausen-Anteil I_B/I_s der Magnetisierung längs der Hystereseschleife als Funktion der plastischen Deformation beim Recken von Mumetall (1), Hypernik (2), Eisen (3) und Nickel (4). Nachweisgrenze bei (1) (2) (3) $1 \cdot 10^{-5}$, bei (4) $0{,}5 \cdot 10^{-5}$ cgs. (Nach WOTRUBA [106])

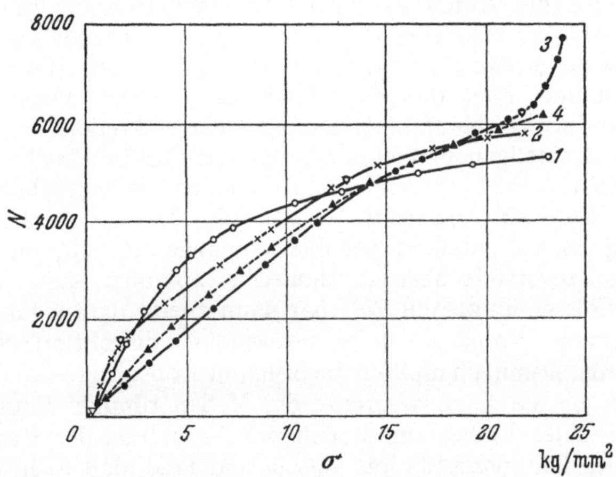

Fig. 18. Anzahl N der Sprünge pro mm³ längs eines Hystereseastes als Funktion der Zugspannung σ bei 3,4% Si-Eisen. Nachweisgrenze etwa 10^{-6} bis 10^{-5} cgs; Zugspannung in [100]- (1), [110]- (2), [111]- (3) -Richtung, Polykristall (4). (Nach KIRENSKII, SAVCHENKO u. RODICHEV [69])

Inhomogenität der Eigenspannungen zurückgeht, im einzelnen jedoch nicht voll befriedigt.

Quantitative Messungen an Einkristallen wurden von KIRENSKII, SAVCHENKO u. RODICHEV [69] veröffentlicht. In verschiedenen kristallographischen Richtungen ergibt sich eine verschieden starke Zunahme der Sprungzahl mit wachsender Zugspannung (Fig. 18). Gleichzeitig wurde die Veränderung der Pulvermuster auf der Oberfläche des Kristalls beobachtet. Den charakteristischen Punkten der $n(\sigma)$-Kurven (Fig. 18) konnten bestimmte charakteristische Änderungen der Bereichsstruktur zugeordnet werden. Eine Deutung der Erscheinungen wurde jedoch nicht gegeben. Schließlich sei noch eine neuere Untersuchung des Barkhausen-Effekts an reaktorbestrahlten Fe und Ni erwähnt (Teimuty u. Swedlund [107]), die jedoch keine quantitativen Angaben enthält.

Als wesentliches Ergebnis der bisherigen Messungen bleibt fest-zuhalten, daß die Zahl der Sprünge oberhalb etwa 10^{-7} cgs mit wachsender mechanischer und magnetischer Härte des Materials im allgemeinen zunimmt. Neue und systematische Untersuchungen von Stierstadt u. Preuss [363] an Nickel zeigten jedoch gerade den gegenteiligen Effekt, der auch schon in Fig. 17 (Ni) erkennbar ist. Man kann vermuten, daß das Vorzeichen der Magnetostriktion hier eine Rolle spielt. Andererseits muß auch der Faktor $N'(\mu - 1)$ in Gleichung (21) bei der Auswertung der Messungen beachtet werden, was bei den früheren Untersuchungen nicht geschehen ist.

2. Der Barkhausen-Anteil der Magnetisierung und der Suszeptibilität

Schon in einer Arbeit von Weiss u. Ribaud [17] wird die Frage diskutiert, welcher Anteil der gesamten Magnetisierung durch Barkhausen-Sprünge und welcher durch reversible Vorgänge bewirkt wird. Einerseits kannte man Materialien mit Rechteckschleife (Forrer [29]), bei welchen über 90% der Magnetisierung in einem einzigen großen Barkhausen-Sprung ablaufen. Andererseits gab es Werkstoffe, bei denen im Rahmen der Meßgenauigkeit überhaupt keine Sprünge beobachtet werden konnten, obwohl die Hystereseschleife einen beträchtlichen Flächeninhalt hat (Sizoo [86], Heaps u. Taylor [85]). Da man zunächst an der Vorstellung festhielt, daß irreversible Vorgänge stets diskontinuierlich als Sprünge, reversible aber kontinuierlich ablaufen, stand man hier vor einem Rätsel. Preisach [20] hat dann zuerst darauf hingewiesen, daß irreversible Vorgänge nicht notwendig „diskontinuierlich" ablaufen müssen. Demnach müßten die bisher nicht beobachtbaren Sprünge kleiner sein als die Nachweisgrenze der Meßanordnung. Preisach bestimmte an einer Reihe von Stoffen das Verhältnis der Barhkausen- zur differentiellen Suszeptibilität $\chi_B/\chi_{\text{diff}}$ und fand, daß es in der Nähe von H_c maximal wird.

Bozorth u. Dillinger [23, 24] beobachteten für $\chi_B/\chi_{\text{diff}}$ in der Nähe von H_c einen Wert von etwa 0,5, und bei den meisten der untersuchten Materialien eine weitere Zunahme dieses Verhältnisses mit Annäherung an die Sättigung. Doch dürfte dieses Ergebnis auf apparative Einflüsse zurückzuführen sein. In der Nähe von H_c werden die hier stark gekoppelten Sprünge nicht mehr einzeln aufgelöst; daher wird χ_B zu klein gemessen. Bei größerer zeitlicher Auflösung (etwa 10^{-4} s) erhielt SAWADA [108, 368] dann auch, wie erwartet, ein Maximum von $\chi_B/\chi_{\text{diff}}$ bei H_c, jedoch zunehmend kleinere Werte bei Annäherung an die Sättigung.

Die ersten quantitativen Messungen von TEBBLE u. Mitarb. [30, 31] zeigen folgendes: Auf der voll ausgesteuerten Schleife werden (je nach Material) zwischen 20 und 90% der Gesamtmagnetisierung durch Barkhausen-Sprünge ($m > 3 \cdot 10^{-7}$ cgs) erzeugt (Fig. 19). Addiert man hierzu

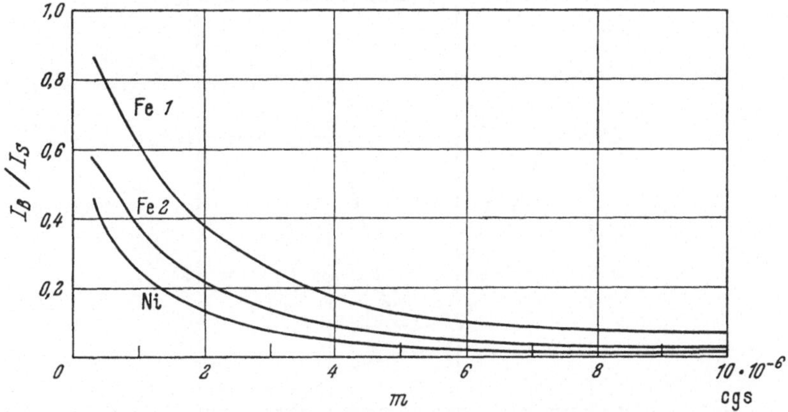

Fig. 19. Barkhausen-Anteil I_B/I_s der Gesamtmagnetisierung längs der Hystereseschleife als Funktion der Sprunggröße bei Eisen (Fe 1: $H_c = 5,7$ Oe, Fe 2: $H_c = 0,4$ Oe) und Nickel ($H_c = 1,3$ Oe). (Nach TEBBLE, SKIDMORE u. CORNER [31])

die aus Suszeptibilitätsmessungen bestimmte reversible Magnetisierungsänderung I_{rev}, so erhält man für das Verhältnis I_B/I_s bei hartem Fe 0,94, bei weichem Fe 0,62 und bei weichem Ni 0,63. Zur Erklärung des Fehlbetrages (bis zu 40% von I_s) gibt es drei Möglichkeiten: Entweder handelt es sich um sehr kleine Sprünge unterhalb der Nachweisgrenze oder um Zählverluste auf Grund der Streufeldkopplung, die innerhalb weniger Mikrosekunden erfolgt, oder aber um einen meßtechnischen Einfluß durch den Faktor $N'(\mu - 1)$ in Gleichung (21). Zwischen diesen Möglichkeiten könnte man durch Untersuchung von Proben mit verschiedenem Entmagnetisierungsfaktor entscheiden. Dann müßten z. B. die Zählverluste mit zunehmendem N' abnehmen (vgl. Abschnitt II/1, h). Ein solches Experiment wurde bis heute noch nicht durchgeführt. Verschiedene Autoren (BUSH u. TEBBLE [30], TEBBLE, SKIDMORE u. CORNER [31], ROCHE [82]) haben hingegen versucht, den Fehlbetrag durch Extrapolation der gemessenen Größenverteilung $n(m)$ bis $m = 0$ abzuschätzen. Diese Methode ist jedoch unzulässig, wenn man die Lage des Maximums der Funktion, also die wahrscheinlichste Sprunggröße, nicht genau kennt (vgl. Abschnitt II/1, c).

In einer Reihe weiterer neuerer Untersuchungen wurde das Verhältnis I_B/I_s bestimmt, so von WOTRUBA [105, 106] an Fe, Ni, Mumetall und Hipernik. Er fand für Sprünge $m > 10^{-5}$ cgs I_B/I_s in der Größenordnung

0,1. Salanskii, Rodichev u. Buravikhin [49] konnten an Fe-Si-Einkristallen nur einige Prozent der Magnetisierung als Barkhausen-Sprünge ($m > 10^{-6}$ cgs) registrieren. Roche [82] erhielt an Mg-Zn-, Mn-Zn- und Ni-Zn-Ferriten für I_B/I_s Werte zwischen 0,15 und 0,4, für $(I_B + I_{rev})/I_s$ 0,4 bis 0,8. Stierstadt u. Boeckh [45] fanden, daß I_B/I_s stark temperaturabhängig ist und sich bei Nickel ungefähr wie die Summe aus Kristall- und Spannungsenergie ändert (Fig. 20).

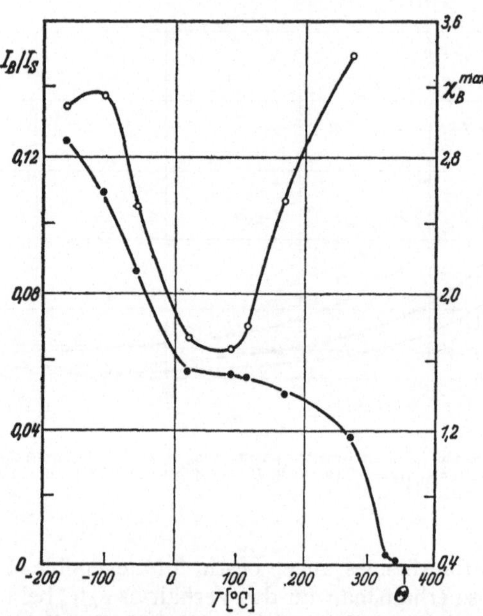

Fig. 20. Temperaturabhängigkeit des Barkhausen-Anteils I_B/I_s (●) der Magnetisierung und der maximalen Suszeptibilität χ_B^{max} (o) längs der Hystereseschleife von hartem Nickel (Θ Curie-Punkt). Nachweisgrenze $0,5 \cdot 10^{-6}$ cgs. (Nach Stierstadt u. Boeckh [45])

Den Verlauf von χ_B längs der Hystereseschleife bestimmten Tebble u. Mitarb. [30, 31, 79], Roche [82] sowie Stierstadt u. Boeckh [45]. Allen diesen Untersuchungen ist gemeinsam, daß χ_B in der Nähe von H_c ein ausgeprägtes Maximum durchläuft (ebenso wie χ_{rev} und χ_{diff}), was auch schon bei den früheren qualitativen Untersuchungen festgestellt wurde. Das Verhältnis χ_B/χ_{diff} bzw. I_B/I ändert sich jedoch längs der Hystereseschleife ganz beträchtlich, und zwar nimmt es im allgemeinen mit wachsender Entfernung von H_c ab (Fig. 21).

Zusammenfassend ergibt sich folgendes Bild: Durch Barkhausen-Sprünge oberhalb der Nachweisgrenze ($m > 10^{-7}$ cgs) läßt sich stets nur ein Teil der gesamten irreversiblen Magnetisierungsänderung erfassen; je nach Material zwischen 1 und 98%. Der Rest entfällt entweder auf Sprünge mit einem Moment $< 10^{-7}$ cgs oder geht durch Streufeldkopplung für die Messung verloren.

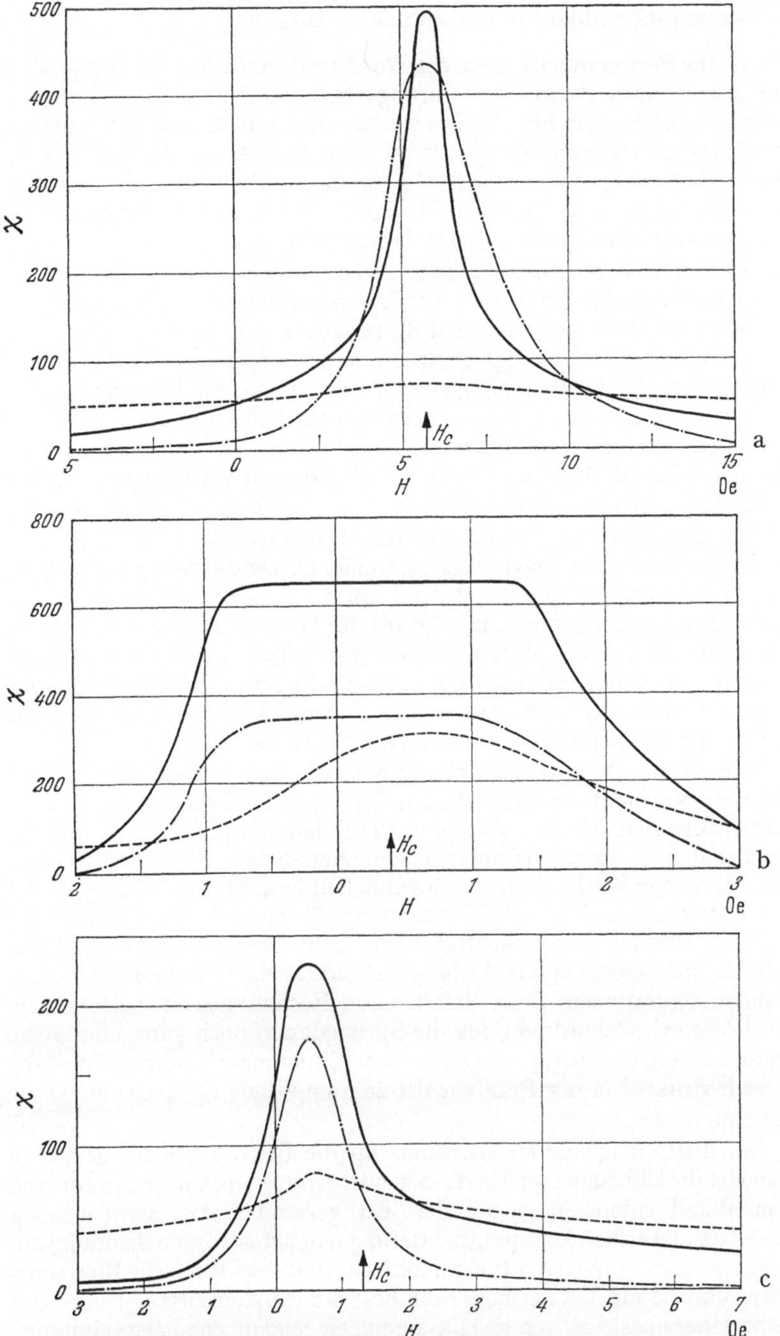

Fig. 21a—c. Feldstärkeabhängigkeit der verschiedenen Suszeptibilitäten längs der Hystereseschleife. Differentielle (————), reversible mal 10 (- - - - -), Barkhausen-Suszeptibilität (— · — · —) für Sprünge $> 3 \cdot 10^{-7}$ cgs; Fe 1 (a), Fe 2 (b) und Ni (c) aus Fig. 19. (Nach TEBBLE, SKIDMORE u. CORNER [31])

3. Der zeitliche Ablauf des einzelnen Sprunges

a) Die Bestimmungsgrößen der Wandgeschwindigkeit. Die Frage nach der Dauer eines Barkhausen-Sprungs taucht schon in den allerersten Arbeiten auf. So berichtet BARKHAUSEN [109], daß die von ihm beobachteten Impulse kürzer als $3 \cdot 10^{-6}$ s seien. PREISACH [20] findet sogar einen Wert von weniger als 10^{-8} s für die Zeitkonstante der Sprünge. Diese Angaben sind jedoch sicher nicht richtig und beruhen auf der mangelhaften Meßanordnung der damaligen Zeit.

Wodurch ist nun der zeitliche Ablauf und die Dauer eines Barkhausen-Sprungs bestimmt? Da wir im wesentlichen nur Wandverschiebungen betrachten wollen (vgl. I/3), reduziert sich diese Frage auf jene nach der Wandgeschwindigkeit, wenn man die Sprunggröße als bekannt voraussetzt. Mit der Bewegung einer Wand ist stets ein Energietransport verbunden; daher kann dieser Vorgang nicht beliebig schnell verlaufen. Bis heute sind im wesentlichen drei verschiedene Mechanismen bekannt, durch welche die Bewegung einer Wand gebremst wird: Spinrelaxation, Wirbelströme und Gitterdiffusion.

Die Spinrelaxation beruht auf der mechanischen Trägheit der elementaren Träger des magnetischen Moments. Da die Spins elastisch an Gleichgewichtslagen gebunden sind, führt diese Trägheit zu Eigenfrequenzen der Größenordnung 10^6 bis 10^7 Hz (vgl. z. B. KITTEL [110]). Die Spinrelaxationsdämpfung (manchmal auch quantenmechanische Dämpfung genannt) wird jedoch erst bei sehr hohen Wandgeschwindigkeiten ($> 10^6$ cm/s) wirksam, wie sie in normalen metallischen Werkstoffen nur sehr selten vorkommen (vgl. DE BLOIS [111]).

Der zweite Dämpfungsmechanismus, die Entstehung von Wirbelströmen, bestimmt im wesentlichen die Wandgeschwindigkeit in kompakten Metallen. Bereits THOMSON [112] hat die hierbei auftretenden Erscheinungen unter vereinfachenden Annahmen berechnet. Bessere Abschätzungen für die Wandgeschwindigkeit bzw. für die Abklingzeit der Wirbelströme wurden von WWEDENSKY [113] und BECKER [60—63] gegeben. BECKER berücksichtigt dabei zum ersten Mal die Bereichsstruktur und berechnet das Wirbelstromfeld für einige besonders einfache Wandkonfigurationen. Zwar liefern diese Rechnungen in vielen Fällen die richtige Größenordnung für die Sprungdauer, doch kann man keine quantitative Übereinstimmung mit dem Experiment erwarten, weil die Bereichsstruktur in der Praxis meist zu kompliziert ist, um eine exakte Berechnung zu gestatten.

Der dritte mögliche Mechanismus für die Bremsung einer bewegten Wand ist die Diffusion von Elektronen oder Atomen im Gitter. Im Inneren einer Wand entstehen wegen der hier gegenüber den angrenzenden Bereichen abweichenden Spinorientierung magnetostriktive Spannungen. Diese erzeugen Vorzugsrichtungen für bestimmte elektronische Bindungskräfte und damit Vorzugslagen für bestimmte Atomsorten. Die Wand bleibt daher quasielastisch an eine einmal eingenommene Lage gebunden, solange, bis durch Diffusion eine neue Lage stabilisiert ist. Als Beispiel für die Diffusion von Atomen sei die von RICHTER [114] entdeckte

Nachwirkung in kohlenstoffhaltigem Eisen genannt, deren physikalische Erklärung SNOEK [115—117] gegeben hat. Die Diffusion von Elektronen zwischen zwei- und dreiwertigen Eisenionen wird von GALT [118] zur Erklärung der Wandgeschwindigkeit in Fe-Ni-Ferrit herangezogen.

Wir müssen uns hier auf diese knappe Übersicht beschränken. Eine ausführliche Behandlung der angeführten Fragen findet sich z. B. bei STEWART [119], der Theorie der Wirbelstromdämpfung bei BECKER u. DÖRING [94].

b) Die Berechnung der Wandgeschwindigkeit. Nach DÖRING [120] hat die vollständige Bewegungsgleichung einer 180°-Wand folgende Form

$$m_t \cdot \ddot{x} + \beta \cdot \dot{x} + \alpha \cdot x = 2 I_s H \ . \tag{3}$$

Dabei bedeutet m_t die träge Masse der bewegten Wand (Größenordnung $10^{-10}\,\mathrm{g/cm^2}$), β den Dämpfungskoeffizienten (Größenordnung 10^1 bis $10^3\,\mathrm{g/cm^2 \cdot s}$) und α den Koeffizienten der rücktreibenden Kraft (Größenordnung 10^6 bis $10^9\,\mathrm{g/cm^2 \cdot s^2}$). Die Größe der Parameter α und β hängt von der Art des Modells ab, das man für die Form der magnetisch aktiven Störstellen bzw. für den Dämpfungsmechanismus zugrunde legt. Hierzu muß auf die Originalarbeiten verwiesen werden (BECKER [63], WILLIAMS, SHOCKLEY u. KITTEL [121]). Für den Grenzfall konstanter Wandgeschwindigkeit ($\ddot{x} = 0$), und indem man $\alpha \cdot x$ proportional H_c setzt, ergibt sich aus (3) die bekannte Beziehung des Sixtus-Tonks-Experiments

$$\dot{x} = \mathrm{const}\,\frac{H - H_c}{\beta}$$
$$= G(H - H_0) \ . \tag{4}$$

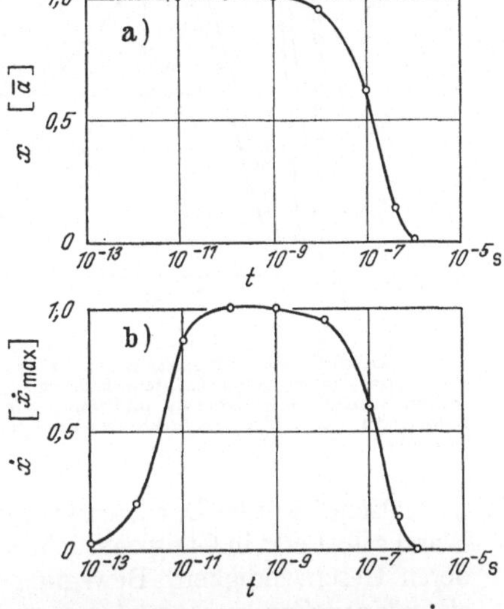

Fig. 22a u. b. Ort x (a) und Geschwindigkeit $\dot{x}$ (b) der Wand während eines Barkhausen-Sprungs. Berechnet in Einheiten des mittleren Störstellenabstands $\bar{a}$ bzw. der Maximalgeschwindigkeit ($\dot{x}_{\max}$) für $\beta/2m_t = 10^{11}$ und $\sqrt{\alpha/m_t} = 10^9$. (Nach RODICHEV u. IGNATCHENKO [41])

Ohne spezielle Annahmen über die Parameter α und β kann man unter der sinnvollen Voraussetzung $\alpha \ll \beta^2/m_t$ (starke Dämpfung) die Bewegungsgleichung (3) näherungsweise lösen. RODICHEV u. IGNATCHENKO [41] erhielten als Lösung der homogenen Gleichung das in Fig. 22 dargestellte Ergebnis. Die Größen x bzw. $\dot{x}$ sind für $x = \bar{a}$ bzw. $\dot{x} = \dot{x}_{\max}$ normiert. ($\bar{a}$: mittlerer Störstellenabstand; $\dot{x}_{\max} = \bar{a} \cdot \alpha/\beta$: Maximalgeschwindigkeit der Wand.) Ein ähnliches Ergebnis erhielt ROCHE [82], der jedoch das Trägheitsglied in (3) vernachlässigte und für α eine sinusförmige Spannungsverteilung zugrunde legte. Da keine speziellen Annahmen über die Parameter α und β gemacht werden, ergibt sich auf

diese Weise nur der zeitliche Verlauf und die Größenordnung der Wandgeschwindigkeit bzw. der Sprungdauer.

Diese definiert man meßtechnisch am zweckmäßigsten als diejenige
Zeit, in welcher die Änderung $d\Phi/dt$ des magnetischen Flusses in der
Probe größer als 1/e ihres Maximalwertes ist.

Die Dauer eines Barkhausen-Sprungs wird stets durch den vor-
handenen Dämpfungsmechanismus bestimmt. Doch kann man nicht,
wie z. B. Rodichev u. Ignatchenko [41], behaupten, daß sie dadurch

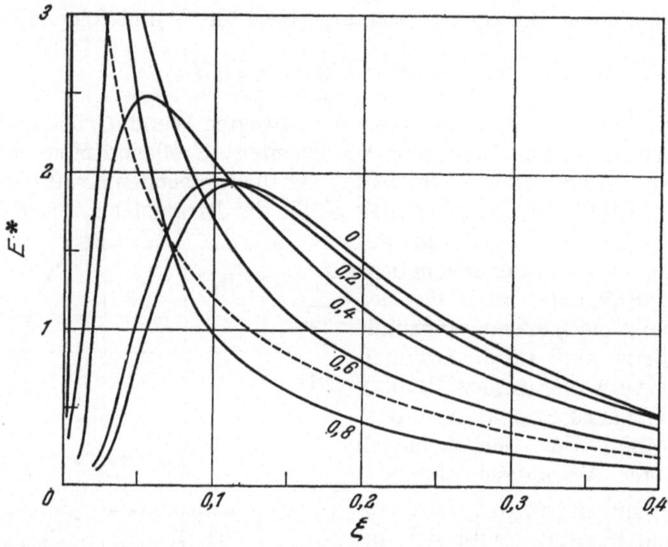

Fig. 23. Zeitlicher Verlauf der magnetischen Flußänderung d Φ/dt bei einem wirbelstromgedämpften Bark-
hausen-Sprung in einer sehr langen kreiszylindrischen Probe (Radius r). Ordinate $E^* = (d\,\Phi/dt)\,(r^2 \cdot l_B \cdot \mu_{rev} \cdot \sigma_e/2m)$, Abszisse $\xi = t/4\pi r^2 \cdot \mu_{rev} \cdot \sigma_e$, Parameter $(r-c)/r$ (c Entfernung des Barkhausen-Volumens von der
Probenoberfläche), l_B Länge des Barkhausen-Volumens. (-----) Wwedenski [113] Näherung. (Nach Tebble,
Skidmore u. Corner [31])

„verfälscht" würde. Der Bremsvorgang wird ja durch die Bewegung der
Wand selbst erst in Gang gebracht und bestimmt dann seinerseits wieder
deren Geschwindigkeit. Bewegung und Bremsung sind unlösbar miteinander verbunden und können nicht getrennt voneinander beobachtet
werden.

Speziell im Fall der Wirbelstromdämpfung hängt die Sprungdauer
von den geometrischen Dimensionen und von der elektrischen Leitfähigkeit der Probe ab. Murakawa [91], Tebble, Skidmore u. Corner [31]
sowie Polivanov, Rodichev u. Ignatchenko [122] haben für zylindri-
sche Proben den zeitlichen Verlauf der magnetischen Flußänderung berechnet. Dabei wurde vorausgesetzt, daß die Wandverschiebung selbst
schnell gegenüber der Abklingzeit der Wirbelströme abläuft bzw. wurde
deren Bremsfeld vernachlässigt. Trotzdem liefern diese Rechnungen die
richtige Größenordnung von etwa $10^{-8} < \tau_s < 10^{-4}$ s (Fig. 23).

Schließlich sei noch eine Arbeit von Enz [123] erwähnt, der unter der
Annahme reiner Spinpräzessionsdämpfung für die Wandgeschwindig-

keit eine obere Grenze $\dot{x}_g = 2\,\gamma'\,\sqrt{2\pi\,A}$ berechnet (γ': Gyromagnetisches Verhältnis; A: Austauschenergie). $\dot{x}_g$ liegt bei Ferriten in der Größenordnung von einigen 10^4 cm/s und bestimmt eine prinzipielle obere Grenze für die Schaltgeschwindigkeit von Speicherkernen aus diesem Material. In Metallen kann, wegen der größeren Austauschenergie, $\dot{x}_g$ noch bis zu einem Faktor 5 höhere Werte erreichen. Bei der Rechnung wurde vorausgesetzt, daß die Wand sich annähernd in ihrer Normalenrichtung verschiebt. Ist das nicht der Fall, so ergeben sich größere Geschwindigkeiten, was auch im Sixtus-Tonks-Versuch bestätigt wird (z. B. DE BLOIS [111]).

c) Experimentelle Ergebnisse. Es gibt eine ganze Reihe verschiedener Möglichkeiten, die Wandgeschwindigkeit bzw. die Dauer eines Barkhausen-Sprungs zu messen. Die Methoden werden hier in historischer Reihenfolge behandelt.

α) *Der Sixtus-Tonks-Versuch.* 1930 gelang es SIXTUS u. TONKS [28], die Geschwindigkeit einer bewegten Wand zum ersten Mal direkt zu

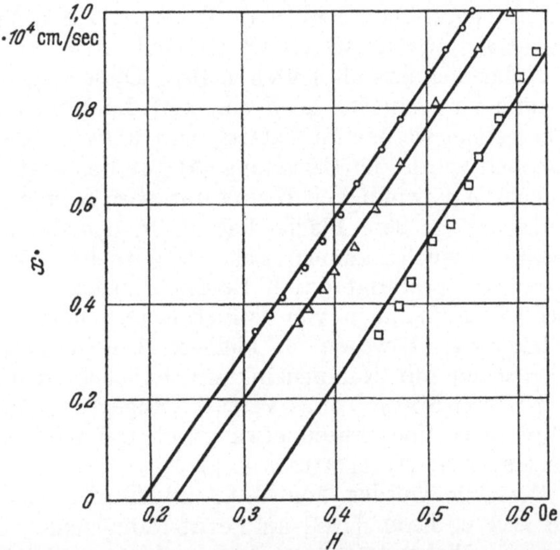

Fig. 24. Geschwindigkeit $\dot{x}$ der Sixtus-Tonks-Welle in einem 0,02 cm dicken Ni-40% Fe-Draht als Funktion der treibenden Feldstärke H. Zugspannung 4,8 (□), 8,8 (△), 12,8 (o) kg/mm². (Nach DIJKSTRA u. SNOEK [283])

messen. Die Versuchsanordnung und ihre Ergebnisse sind an vielen Stellen ausführlich beschrieben (z. B. SIXTUS [124], BECKER u. DÖRING [94], KNELLER [4]), so daß hier nicht näher darauf eingegangen werden braucht. Als wesentlichstes Ergebnis sei erwähnt, daß man für die Wandgeschwindigkeit fast immer eine Beziehung der Form (4) erhält, wobei unter Vernachlässigung der trägen Masse der Wand nach (3) und (4) gilt $G = 2 \cdot I_s/\beta$. Einige Meßergebnisse zeigt Fig. 24. Für die spezifische Wandgeschwindigkeit G findet man Werte zwischen 10^3 und 10^5 cm/s · Oe. Abweichungen von der Beziehung (4) ergeben sich vor allem bei sehr hohen Feldstärken (DE BLOIS [111]); die Ursachen dafür sind noch nicht bekannt.

Die Versuchsanordnung von SIXTUS und TONKS weist drei große Nachteile auf, die ihre allgemeine Anwendbarkeit stark einschränken: Einmal ist die geometrische Form der Wand so kompliziert, daß man die räumliche Anordnung und den bremsenden Einfluß der Wirbelströme nicht genau berechnen kann. Zum zweiten bewegt sich die Wand nicht in Richtung ihrer Normalen, so daß ein Vergleich mit der Geschwindigkeit gewöhnlicher, in Normalenrichtung bewegter Wände schwierig ist. Schließlich kann die geometrische Form der bewegten Wand nicht direkt beobachtet werden, weil sie bei der gewählten Versuchsanordnung im Gleichgewicht nicht stabil ist. Schon KOCH [125] vermutete, daß die bewegte Wand gar nicht die einfache Tütenform hat, wie immer angenommen wird, sondern eine viel kompliziertere Struktur. Neuere Untersuchungen von KIRENSKII, SALANSKII u. RODICHEV [126, 127] (vgl. auch KIM u. RODICHEV [133]) ergaben dann, daß bei hoher zeitlicher Auflösung der große Ummagnetisierungssprung aus vielen Einzelereignissen besteht, deren Größe und Dauer man messen kann.

β) *Die Wandgeschwindigkeit in großen Einkristallen.* Einen wesentlichen Fortschritt gegenüber SIXTUS u. TONKS erzielten WILLIAMS u. SHOCKLEY [66—68] sowie STEWART [58, 59], indem sie eine 180°-Wand durch einen Rahmeneinkristall laufen ließen. Diese Wand ist stabil, sie hat eine einfache geometrische Form, und die Konstante G kann daher exakt berechnet werden (WILLIAMS, SHOCKLEY u. KITTEL [121]). Bei den Versuchen wurde die Beziehung (4) gut bestätigt, jedoch mit einer spezifischen Geschwindigkeit G von nur etwa $5 \, cm/s \cdot Oe$. Da die Wand hier eine viel größere Fläche hat als in den dünnen Drähten des Sixtus-Tonks-Versuchs, können sich die Wirbelströme viel besser ausbilden. Dies wird bestätigt durch Beobachtungen von NAGASHIMA [128], der bei Filmaufnahmen von Pulvermustern fand, daß größere Wände sich langsamer bewegen als kleinere. Die Wirbelströme sind bei diesen Versuchen mit Rahmeneinkristallen allein maßgebend für die Dämpfung. Beim Sixtus-Tonks-Versuch hingegen dürften Wirbelstrom- und Spinrelaxations-Anteil etwa gleichgroß sein, was die Berechnung sehr erschwert (WILLIAMS u. a. [121]).

Ähnliche Versuche wurden von GALT u. Mitarb. [129—131, 118] sowie von DILLON u. EARL [132] an Ferrit-Rahmeneinkristallen ausgeführt. Da die Wirbelstromverluste hier bedeutungslos sind, bewegt sich die Wand unter dem Einfluß der Spinpräzessionsdämpfung mit einer Geschwindigkeit der Größenordnung 10^3 bis $10^4 \, cm/s \cdot Oe$. GALT [118] fand an Ni-Fe-Ferrit unterhalb 100° K eine starke zusätzliche Dämpfung, die er auf Valenzelektronen-Austausch zwischen zwei- und dreiwertigen Fe-Ionen zurückführte. Die Konstante $G \approx 100 \, cm/s \cdot Oe$ konnte er für diesen Fall näherungsweise berechnen.

KNOWLES [134] gelang es mit Hilfe von Feldimpulsen variabler Größe und Dauer, die Wandgeschwindigkeit auch in polykristallinem Mg-Mn-Ferrit zu messen. Er beobachtete die Veränderung der Pulvermuster auf einem Kristallit von 0,01 cm Länge mit parallel zur Feldrichtung liegenden 180°-Wänden. Es ergab sich ebenfalls eine lineare Beziehung der Form (4) mit $G = 985 \, cm/s \cdot Oe$. Über ähnliche Untersuchungen an Mo-Permalloy berichtete NEWHOUSE [369].

γ) *Die Dauer der Barkhausen-Sprünge in Vielkristallen.* Trotz der zahlreichen quantitativen Einzelergebnisse liefern die bisher besprochenen Messungen praktisch keine brauchbaren Angaben über die Dauer von Barkhausen-Sprüngen bzw. die Wandgeschwindigkeit in vielkristallinem Material. Beim Sixtus-Tonks-Experiment untersucht man Quasi-Einbereichsteilchen, in denen keine Wände stabil sind (die „eingefrorenen" Keime liefern hier keine Aussage über die Wandgeschwindigkeit). Die Ergebnisse der Versuche an Rahmeneinkristallen lassen sich ebenfalls nur bedingt auf Vielkristalle übertragen. Wegen der viel kleineren Bereichsdimensionen wird die Ausbildung der Wirbelströme hier ganz anders verlaufen als im großen Einkristall, da die relativ starren Abschlußbezirke einen viel größeren Anteil am Gesamtvolumen der Probe beanspruchen. Ferner hat man im Polykristall keine Möglichkeit, eine einzelne Wand unter definierten Feldbedingungen zu beobachten und damit die Beziehung (4) zu prüfen (Ausnahme siehe oben, KNOWLES [134]). Stets werden sich mehrere Wände gleichzeitig und unter dem Einfluß verschieden großer wirksamer Feldstärken $(H - H_0)$ bewegen. Man wird also nur eine mittlere Geschwindigkeit $\bar{x}$ beobachten können. Dieser Mittelwert wird ferner noch von der Lage der bewegten Wand in der Probe abhängen, da das Wirbelstromfeld in der Nähe der Oberfläche gestört ist.

Die ersten Versuche zur Messung der Sprungdauer wurden von TYNDALL [18] unternommen. Er erhielt Werte zwischen 10^{-4} und 10^{-5} s für einen 0,1 cm dicken Fe-Si-Draht. Da die Zeitkonstante seiner Suchspule jedoch größer war als die der Probe, dürfte er im wesentlichen jene gemessen haben. Das gleiche gilt für MURAKAWA [90, 91], der mit Spulen kleiner Windungszahl jedoch qualitativ die richtige Abhängigkeit der Sprungdauer vom Drahtradius gefunden hat. Er erhielt für Fe-Drähte von 0,083 bzw. 0,061 bzw. 0,036 cm Durchmesser eine mittlere Sprungdauer $\bar{\tau}_s$ von 5,4 bzw. 3,2 bzw. $2,3 \cdot 10^{-4}$ s (ähnliche Ergebnisse fand TELESNIN [135, 136]). FÖRSTER u. WETZEL [93] berücksichtigten zum ersten Mal den Einfluß des Suchspulkreises und erhielten Sprungdauern von einigen 10^{-4} s an dünnen Ni- und Fe-Drähten.

Die ersten systematischen Untersuchungen führten TEBBLE, SKIDMORE u. CORNER [31] durch, die auch die Theorie der Wirbelstrombremsung soweit entwickelten, daß ein Vergleich mit den Messungen möglich wurde (Fig. 25). Als „Sprungdauer" wählten sie die Breite des oszillographisch registrierten Barkhausen-Impulses über der Grundlinie des Rauschens. Die gemessenen τ_s-Werte mußten jedoch noch mit einem Zahlenfaktor multipliziert werden, um Übereinstimmung mit den berechneten Kurven zu erreichen. Dies wird damit begründet, daß bei der Rechnung die statisch gemessene reversible Permeabilität zugrunde gelegt wurde, was nicht den wirklichen Verhältnissen entspricht. Mit der gleichen Versuchsanordnung bestimmte ROCHE [82] die mittlere Sprungdauer verschiedener hochpermeabler Ferrite zu 3 bis $10 \cdot 10^{-6}$ s.

RODICHEV, SALANSKII u. SINEGUBOV [42] entwickelten eine Apparatur, mit deren Hilfe die Häufigkeitsverteilung der Sprunggrößen elektronisch registriert werden konnte. Sie erhielten für weiches Ni

(1–2% Cr) von 0,05 cm Durchmesser eine Art Poisson-Verteilung der Sprungdauern mit einem Maximum bei $5 \cdot 10^{-6}$ s. Mit einer ähnlichen, verbesserten Anordnung bestimmten Rodichev u. Kim [137]

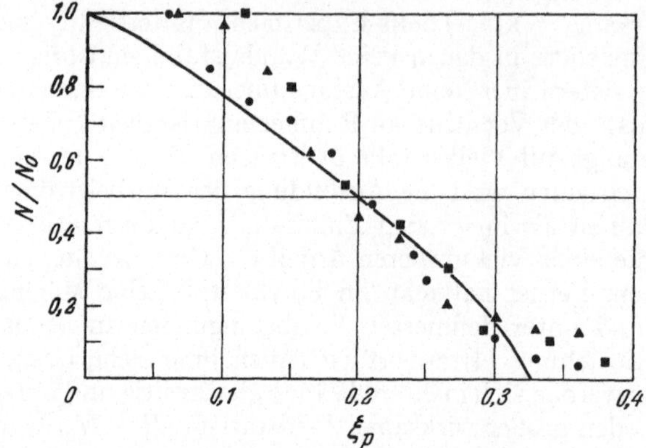

Fig. 25. Integrale Häufigkeitsverteilung N (τ_s) der Sprungdauern, gemessen in der Nähe von H_c an Eisen [$r = 0,081$ cm; $H_c = 5,7$ Oe (■) bzw. 0,4 Oe (●)] und Nickel [$r = 0,023$ cm, $H_c = 1,3$ Oe (▲)]. Ordinate normiert auf die Gesamtsprungzahl N_0, Abszisse $\xi_p = \tau_s/4\pi r^2 \mu_{rev} \sigma_e$, (————) aus der Wirbelstromtheorie berechnet. Die Meßwerte für ξ_p wurden mit Zahlenfaktoren 2,6 (■), 3,0 (●) und 3,3 (▲) multipliziert. (Nach Tebble, Skidmore u. Corner [31])

die τ_s-Verteilung an 0,02 cm dickem Fe-Draht und 2000 Å dicken Fe-Schichten (Fig. 26). Sie verwendeten sehr kleine Spulen (100 Windungen,

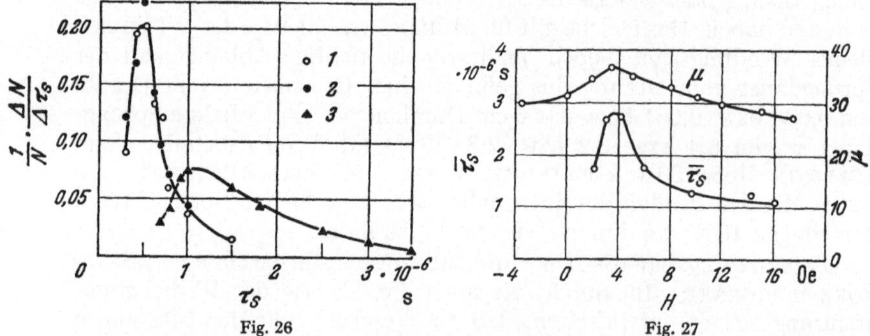

Fig. 26   Fig. 27

Fig. 26. Differentielle Häufigkeitsverteilung $\Delta N/\Delta \tau_s$ (normiert auf N) der Sprungdauern τ_s in einer 2000 Å dicken Fe-Schicht (1) (2) und in einem 0,02 cm dicken Fe-Draht (3). Messungen mit Spulen verschiedener Größe (0,08 cm Durchmesser): 100 Windungen, 0,04 cm Länge (1) (3) bzw. 290 Windungen, 0,2 cm Länge (2). (Nach Rodichev u. Kim [137])

Fig. 27. Mittlere Sprungdauer $\bar{\tau}_s$ und reversible Permeabilität μ als Funktion der Feldstärke längs der Hystereseschleife von 0,009 cm dickem Nickeldraht. (Nach Salanskii u. Rodichev [138])

0,04 cm Länge, 0,08 cm Durchmesser), deren Zeitkonstante in der Größenordnung von 10^{-7}s lag; ferner einen genügend breitbandigen Verstärker, so daß die Impulse unverzerrt den Eingang des Diskriminators erreichten. Salanskii u. Rodichev [138] prüften die Abhängigkeit der mittleren Sprungdauer $\bar{\tau}_s > 3 \cdot 10^{-7}$s von der reversiblen Permeabilität (Fig. 27) und vom Probendurchmesser an Ni-Drähten. $\bar{\tau}_s$ wächst mit zunehmendem μ_{rev}, in qualitativer Übereinstimmung mit der Wirbelstromtheorie. Auch die Beziehung zwischen τ_s und dem Drahtdurchmesser ist näherungsweise erfüllt. Eine quantitative Übereinstimmung zwischen Theorie und Experiment kann vorläufig jedoch noch nicht erwartet werden, da man nicht weiß, welcher Wert für die Permeabilität im mikroskopischen Bereich einzusetzen ist, und welchen Einfluß Bereichsstruktur und Spinpräzessionsdämpfung haben. In der gleichen Arbeit (SALANSKII u. RODICHEV [138]) wird gezeigt, daß die mittlere Sprungdauer einer 1700 Å dicken Permalloyschicht in der leichten Richtung zweieinhalb mal größer ist als in der schweren. Das wird auf den in beiden Fällen verschiedenen Mechanismus der Ummagnetisierung

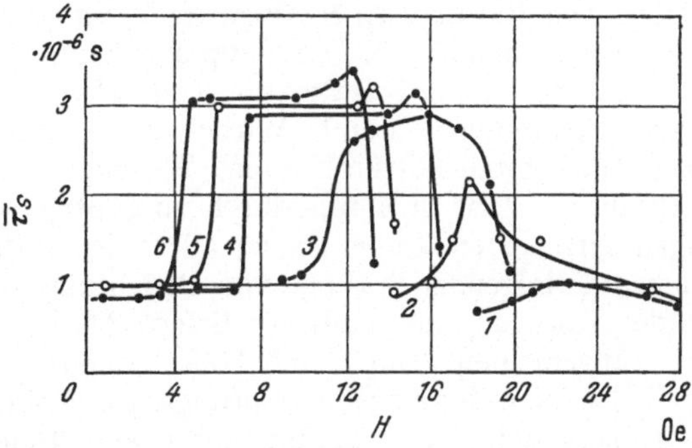

Fig. 28. Feldstärkeabhängigkeit der mittleren Sprungdauer $\bar\tau_s$ längs der Hystereseschleife von 0,04 cm dickem Fe-15% Ni-Draht. Zugspannung 0 (1), 20 (2), 40 (3), 60 (4), 70 (5), 80 (6) kg/mm². (Nach KIRENSKII, SALANSKII u. RODICHEV [127])

zurückgeführt. In einem Sixtus-Tonks-Experiment untersuchten KIRENSKII, SALANSKII u. RODICHEV [126, 127] den Zusammenhang zwischen Zugspannung, μ_{rev} und τ_s an 0,04 cm dicken Permalloydrähten. Im Gegensatz zu der Messung von SALANSKII u. RODICHEV [138] ergab sich hier eine Zunahme der mittleren Sprungdauer mit wachsender Zugspannung bzw. abnehmender Permeabilität (Fig. 28). Das steht im Widerspruch zu den Ergebnissen der Wirbelstromtheorie, die voraussetzt, daß die Wandverschiebung wesentlich kürzer dauert als das Abklingen der Wirbelströme. Diese Voraussetzung ist offenbar, zumindest im vorliegenden Fall, nicht richtig. Die meßtechnischen Einflüsse bei der Bestimmung der Sprungdauer werden in IV/3 diskutiert.

δ) *Die Bestimmung der Sprungdauer aus dem Rauschen.* Aus der Analyse der spektralen Verteilung der Rauschspannung einer Spule mit ferromagnetischem Kern kann man Angaben über die Dauer der einzelnen Barkhausen-Sprünge in der Probe erhalten. Die theoretische Behandlung dieses Problems ist jedoch nur unter gewissen einschränkenden Annahmen möglich. Die analytische Darstellung des Frequenzspektrums enthält nämlich außer dem zeitlichen Verlauf des Barkhausen-Impulses noch so viele weitere Parameter, daß eine zuverlässige Bestimmung der Sprungdauer nach dieser Methode bis heute nicht sehr aussichtsreich erscheint. Man erhält aus der Wirbelstrom-Grenzfrequenz lediglich die Größenordnung der mittleren Sprungdauer. Näheres hierüber im Abschnitt III/8.

4. Der zeitliche Abstand und die Kopplung der Sprünge

Beim Ablauf eines Barkhausen-Sprungs ändert sich nicht nur die potentielle Energie des ummagnetisierten Volumens im äußeren Feld. Auch in der näheren Umgebung dieses Volumens werden die magnetischen Energieverhältnisse verschoben. Ein benachbartes Volumenelement kann dann unter geeigneten Bedingungen ebenfalls seine Magnetisierungsrichtung ändern: Die Barkhausen-Sprünge sind gekoppelt, sie laufen nicht unabhängig voneinander ab. Die Kopplung kann über das innere Streufeld oder das thermische Schwankungsfeld erfolgen, ferner durch magnetostriktive Spannungen, durch Wirbelströme, durch Anregung von Spinwellen oder durch Gitterdiffusion. Welcher Mechanismus im Einzelfall wirksam ist, läßt sich nur durch sorgfältige systematische Untersuchungen entscheiden. Dabei ist vor allem der zeitliche Abstand τ_k zweier aufeinanderfolgender Sprünge von Bedeutung, der Aufschluß über die Art des Kopplungsmechanismus liefert. Doch ist eine solche Analyse im allgemeinen nur möglich, wenn τ_k merklich größer ist als die Dauer τ_s des einzelnen Sprungs. Im Bild des Potentialmodells (Fig. 1) läßt sich die Kopplung durch eine Deformation des Energiegebirges am Ort einer Wand beschreiben, hervorgerufen durch die Bewegung einer benachbarten Wand (vgl. HOFFMANN [57], WIDMANN [365]).

Der zeitliche Abstand zwischen zwei aufeinanderfolgenden Sprüngen hängt natürlich in erster Linie von der Änderungsgeschwindigkeit dH/dt des äußeren Magnetfeldes ab (PFAFFENBERGER [19], RODICHEV [139]). Bei der Messung müssen Zählverluste durch Überlappung von Impulsen von vornherein ausgeschlossen werden. Man wählt daher dH/dt so klein, daß die in einem bestimmten H-Intervall gemessene Impulszahl davon unabhängig wird (BOZORTH [23]). Ist diese Bedingung erfüllt, so stellt man bei weiterer Verkleinerung von dH/dt fest, daß die Sprünge in Gruppen ablaufen (MURAKAWA [90], FÖRSTER u. WETZEL [93], KRANZ [65], BITTEL u. WESTERBOER [32]). Die zeitlichen Abstände τ_g zwischen den einzelnen Gruppen nehmen weiter proportional zu dt/dH zu, während das für die Kopplungszeiten τ_k innerhalb einer Gruppe im allgemeinen nicht zutrifft.

a) Qualitative Beobachtungen der Kopplung. Die ersten Angaben über die Kopplung von Sprüngen veröffentlichten BOZORTH u. DILLINGER [89] (vgl. auch PREISACH [20]). Sie stellten fest, daß stets die ganze Probe von einer solchen Sprunggruppe, bestehend aus etwa 100 Einzelereignissen, erfaßt wird. Durch eine sinnreiche Versuchsanordnung konnten sie nachweisen, daß die „magnetische Störung" sich nicht als magnetostriktive Schwingung längs der Probe fortpflanzt, sondern über das mit dem Einzelereignis verbundene Streufeld. Sie legten in der Mitte des

Drahtes durch eine kurze Spule ein kleines Gegenfeld an. Dann war keinerlei zeitliche Koinzidenz mehr zwischen den Sprungimpulsen in jeder der beiden Drahthälften zu beobachten. Hätte es sich um magnetostriktive Kopplung gehandelt, dann dürfte diese durch das kleine Gegenfeld kaum beeinflußt worden sein.

Weitere qualitative Angaben über die Kopplung finden sich bei KRANZ [65]. NAGASHIMA [128] sowie HAACKE u. JAUMANN [48] beobachteten die Pulvermuster gekoppelter Sprünge auf der Oberfläche von Einkristallen. STIERSTADT u. BOECKH [45] zogen die Streufeldkopplung zur Erklärung der Temperatur- und Feldstärke-Abhängigkeit des mittleren Sprungvolumens heran. Sie erhielten qualitativ richtige Ergebnisse unter der Annahme, daß die Stärke der Kopplung mit zunehmender Suszeptibilität (Beweglichkeit der Wände) und mit abnehmender Feldenergie des Sprungvolumens wächst. STORM und HEIDEN [37, 346] beobachteten die Korrelation zwischen den in zwei gleichen kleinen Suchspulen induzierten Rauschspannungen als Funktion des gegenseitigen Abstands der beiden Spulen, der Feldänderungsgeschwindigkeit und der Analysierfrequenz. Sie konnten ihre Ergebnisse qualitativ durch einen Streufeldkopplungsmechanismus erklären (Fig. 29). Je nachdem ob beim Umklappen des Bereichs q zur Zeit t_0 das Feld H_p am Ort des Bereichs p größer oder kleiner wird als dessen Startfeldstärke H_s, klappt dieser Bereich ebenfalls mit um oder nicht (H_0: Wirksames Feld bei p nach Umklappen von q). Beobachtungen an 81%- bzw. 50%-Ni-Fe ergaben im ersten Fall eine starke, im zweiten Fall praktisch keine Kopplung.

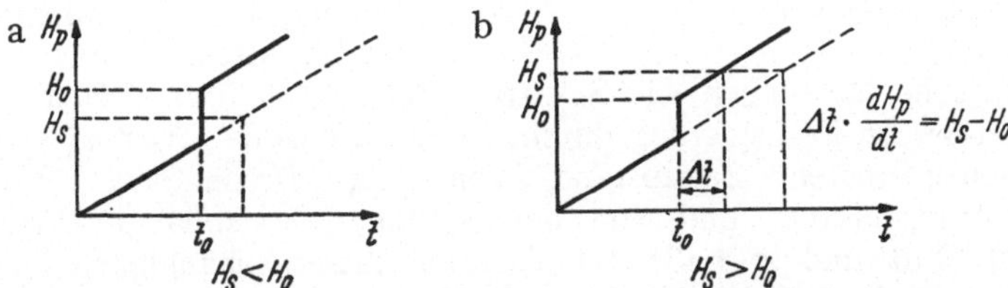

Fig. 29a u. b. Zur Erklärung der Streufeldkopplung zwischen Barkhausen-Sprüngen. Zeitlicher Verlauf des wirksamen Feldes H_p am Ort eines Bereichs p in der Probe; stetig ansteigender Teil: dH_a/dt; H_s Startfeldstärke von p; $H_0 = H_p$ unmittelbar nach dem Umklappen des Nachbarbereichs q zur Zeit t_0. Starke Kopplung, $H_s < H_0$ (a); schwache Kopplung $H_s > H_0$ (b). (Nach STORM u. HEIDEN [37])

b) Die Zeitabstände zwischen den Sprüngen. MURAKAWA [90, 91] hat zum ersten Mal an Oszillogrammen von Sprunggruppen deren Größe und die zeitlichen Abstände τ_k zwischen den Einzelereignissen der Gruppe bestimmt (Fig. 30a). Er nahm an, daß sich die einzelnen Sprünge einer Gruppe schlauchförmig (Fig. 30b) längs der Probe fortpflanzen, wobei die Zeitabstände zwischen den Einzelereignissen 10^{-5} bis 10^{-4} s betragen. Aus der mit zwei Spulen gemessenen effektiven Länge des Schlauchs und der ballistisch gemessenen Momentänderung der Probe bestimmt MURAKAWA [90, 91] den Durchmesser der ummagnetisierten Volumina zu ungefähr $6 \cdot 10^{-7}$ cm². Ganz ähnliche Beobachtungen finden sich bei FÖRSTER u. WETZEL [93] (τ_k einige 10^{-5} s).

Die Häufigkeitsverteilung der Zeitabstände τ_k wurde zum erstenmal von SAWADA [92] gemessen. Er fand an 0,2 cm dicken Fe-Si-Drähten eine Verteilung mit einem wahrscheinlichsten Wert τ_k^w von $1{,}5 \cdot 10^{-3}$ s und einer steil gegen Null abfallenden Wahrscheinlichkeit für kleinere τ_k. Die Verteilung hatte die Form

$$P(\tau_k) = 4\,\nu^2\tau_k \cdot e^{-2\nu\tau_k} \tag{5}$$

$[P(\tau)_k \, d\tau_k$ ist die Wahrscheinlichkeit dafür, daß im Intervall τ_k bis $\tau_k + d\tau_k$, vom vorhergehenden Impuls an gemessen, der nächste liegt; ν: mittlere Impulszahl pro Zeiteinheit]. Für eine statistisch unabhängige Impulsfolge müßte sich dagegen die Poisson-Beziehung ergeben

$$P(\tau_k) = \nu \cdot e^{-\tau\nu_k}. \tag{6}$$

Daß kleinere Abstände τ_k wesentlich seltener auftreten als der statistischen Verteilung (6) entspricht, versuchte SAWADA [92] phänomenologisch durch einen Akkumulationsprozeß für die magnetische Energie zu erklären. Auf diese Weise erhielt er eine anschauliche Begründung der experimentell bestimmten Beziehung (5). BITTEL [140] hat die Funktion $P(\tau_k)$ auch für die Kopplung mehrerer aufeinander folgender Impulse berechnet.

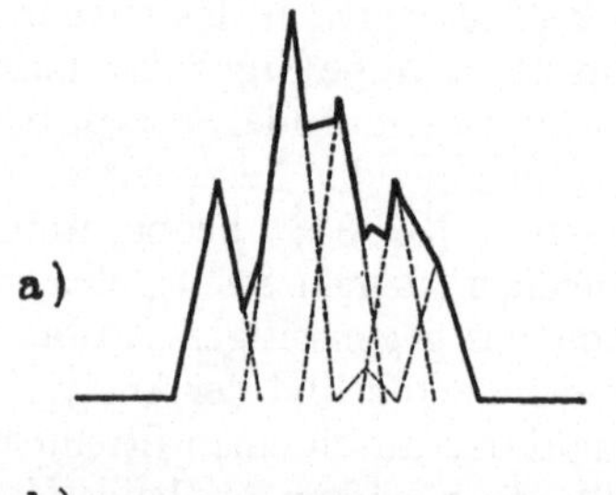

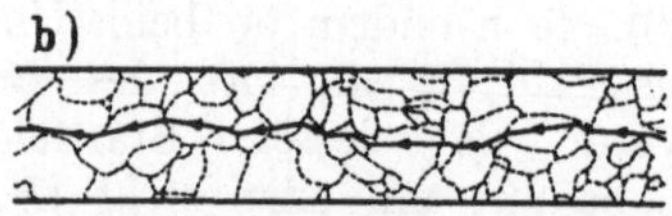

Fig. 30a u. b. Kopplung zwischen Barkhausen-Sprüngen. a) Oszillogramm einer Sprunggruppe in 0,04 cm dickem Eisendraht, Gruppendauer etwa 10^{-3} s. b) Längsschnitt durch den polykristallinen Draht (schematisch); Korngrenzen punktiert, schlauchförmiges Barkhausen-Volumen ausgezogen. (Nach MURAKAWA [90])

Ähnliche Messungen wie SAWADA [92] führte JOST [34] an einer 76% Ni-5 % Cu-Fe-Legierung durch. Er fand, daß der Wert τ_k^w für den wahrscheinlichsten Zeitabstand von der Probenform (Entmagnetisierungsfaktor) und von der Sprunggröße abhängt (Fig. 31). BITTEL [140] und JOST [34] schlossen aus dieser Abhängigkeit und aus anderen Beobachtungen, daß das Fehlen kleiner Impulsabstände auf das beim einzelnen Sprung entstehende entmagnetisierende Gegenfeld zurückzuführen sei. Dieses Gegenfeld hemmt den Ablauf anderer, räumlich benachbarter Sprünge solange, bis es durch den weiteren Anstieg des äußeren Feldes wieder kompensiert ist. Die so definierte Sperrzeit τ_{sp} muß demnach von dH/dt abhängen. Dies wurde jedoch bisher noch nicht quantitativ untersucht. Unter der Voraussetzung, daß das beim Umklappen des Bereichs um 180° entstehende Gegenfeld gleichmäßig für die ganze äußere Polbelegung der Probe wirksam wird, hat BITTEL [140] die Sperrzeit berechnet zu

$$\tau_{sp} = \frac{2 \cdot N' \cdot I_s \cdot v\,(1 + N' \cdot \chi_{rev})}{V \cdot dH/dt} \tag{7}$$

(V: Volumen der Probe). Die aus dieser Beziehung folgenden Werte für τ_{sp} stimmen mit den experimentellen Ergebnissen von JOST [34] überein (Fig. 31).

BITTEL u. WESTERBOER [32] bestimmten an einer 50% Ni-Fe-Probe die Häufigkeitsverteilung der Zeitabstände und fanden hier eine

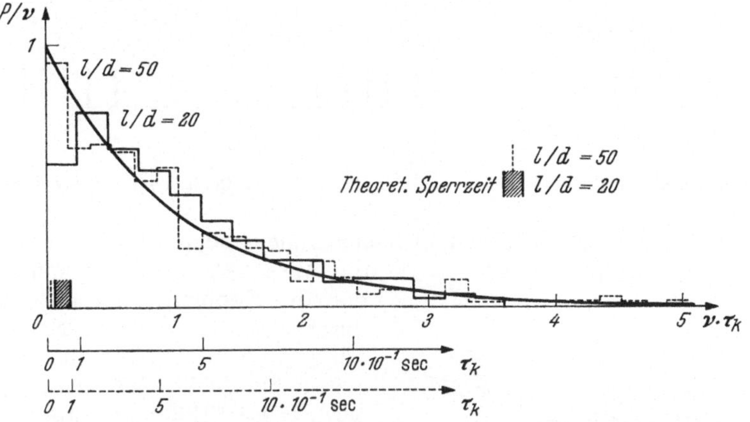

Fig. 31. Häufigkeitsverteilung $P(\tau_k)$ der Zeitabstände aufeinanderfolgender Barkhausen-Sprünge ($v > 3,9 \cdot$ $\cdot 10^{-7}$ cm³) für Ni-19% Fe-5% Cu-Proben von 0,05 cm Radius und 5 ($\cdots\cdots$) bzw. 2 (———— Treppenkurve) cm Länge bei Feldaussteuerung mit $\pm$ 10,4 Oe. Exponentialkurve für statistisch unabhängige Impulse nach Gleichung (6); v mittlere Impulsfolgefrequenz; oberer Abszissenmaßstab für Exponentialkurve, mittlerer für ausgezogene, unterer für punktierte Treppenkurve; theoretische Sperrzeit berechnet nach BITTEL [140]. (Nach JOST [34])

starke Bevorzugung von Werten τ_k zwischen $2 \cdot 10^{-3}$ und $6 \cdot 10^{-3}$s (Fig. 32), und zwar *unabhängig* von der Feldänderungsgeschwindigkeit.

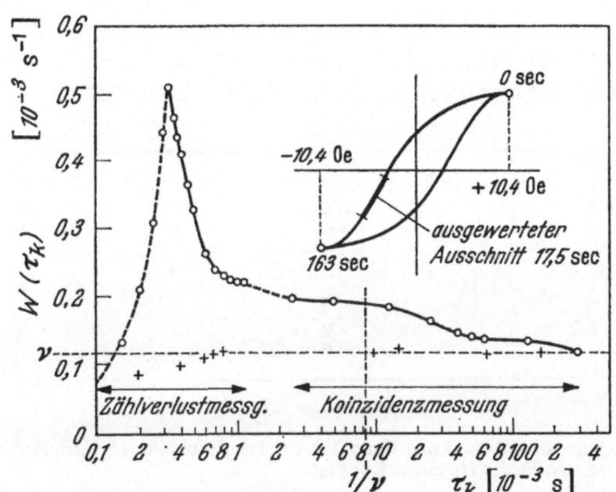

Fig. 32. Gemessene Dichteverteilung $W(\tau_k)$ der Zeitabstände τ_k zwischen Barkhausen-Sprüngen in Fe-50% Ni (hart, 0,1 cm Durchmesser, 5 cm Länge). (+) Kontrollmessung mit einer statistisch unabhängigen Impulsfolge; v mittlere Impulsfolgefrequenz. $W(\tau_k)$ d τ_k: Wahrscheinlichkeit für das Auftreten eines Impulses im Intervall τ_k bis τ_k + d τ_k, falls bei τ_k = 0 ein Impuls liegt. Meßmethoden siehe Abschnitt IV/4. (Nach BITTEL u. WESTERBOER [32])

Hier kann der Sperrzeitmechanismus des entmagnetisierenden Gegenfeldes also nicht die Ursache der Kopplung sein. Die Meßergebnisse lassen sich qualitativ verstehen, wenn man für den Zeitablauf des

Barkhausen-Effekts das in Fig. 33 dargestellte Modell zugrundelegt. Die Sprünge erfolgen in Gruppen von im Mittel n Impulsen mit dem mittleren Abstand $\bar{\tau}_\mathrm{k} = 1{,}4 \cdot 10^{-3}$s. Die Gruppen sind Teilstücke einer statistisch

Fig. 33. Gruppenmodell gekoppelter Barkhausen-Sprünge, schematisch. (Nach BITTEL u. WESTERBOER [32])

unabhängigen Impulsfolge und haben voneinander den mittleren Abstand $\tau_\mathrm{g} = 20$ bis $25 \cdot 10^{-3}$s. BITTEL u. WESTERBOER [32] vermuteten, daß die Kopplung in diesem Fall durch das für die Jordan-Nachwirkung verantwortliche thermische Schwankungsfeld $h(t)$ verursacht wird. Diese Erklärung wird unterstützt einmal durch die Abschätzung des zeitlichen Verlaufs von $h(t)$, zum anderen dadurch, daß τ_k nicht von $\mathrm{d}H/\mathrm{d}t$ abhängt. Bei Berücksichtigung der experimentellen Bedingungen folgt, daß innerhalb etwa $50 \cdot 10^{-3}$s nach Ablauf eines Sprunges $\mathrm{d}h/\mathrm{d}t$ den äußeren Feldanstieg $\mathrm{d}H/\mathrm{d}t$ überwiegt. An den gleichen Proben

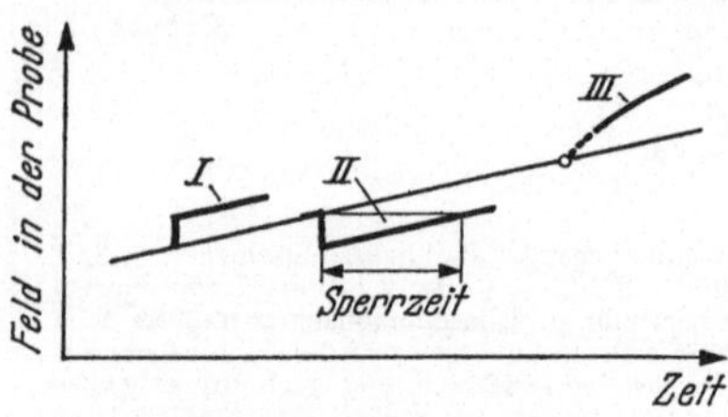

Fig. 34a. Verschiedene Möglichkeiten der Kopplung zwischen Barkhausen-Sprüngen, schematisch. Zeitlicher Verlauf des inneren Feldes bei positiver Streufeldkopplung (I), beim Sperrzeitmechanismus bzw. negativer Streufeldkopplung (II) und bei thermischer Nachwirkung (III). (Nach BITTEL u. WESTERBOER [32])

fanden STORM u. HEIDEN [37] mit einer ganz anderen Meßmethode einen ähnlichen Wert von einigen 10^{-3}s für die Gruppendauer $n \cdot \tau_\mathrm{k}$.

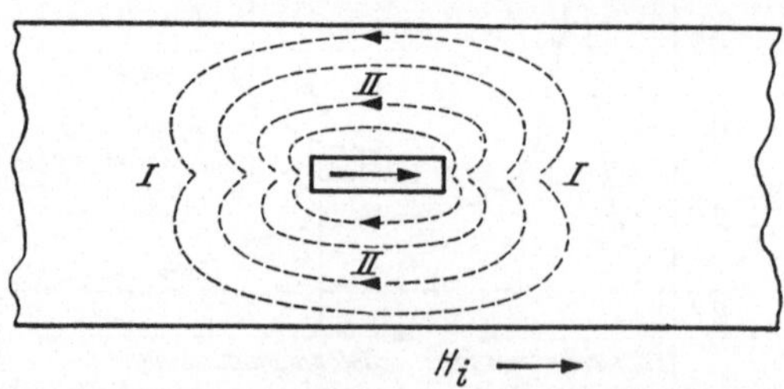

Fig. 34b. Räumliche Lage der Gebiete I und II aus Fig. 34a relativ zu einem kleinen Barkhausen-Bereich, der in die Richtung des inneren Feldes H_i umgeklappt ist

Zusammenfassend kann man folgendes festhalten: Bisher liegen nur drei verschiedene quantitative Meßreihen für die Verteilung $P(\tau_\mathrm{k})$ vor, und zwar an jeweils verschiedenem Material. Zur Erklärung der Ergebnisse wurden zwei verschiedene Kopplungsmechanismen herangezogen. Jedoch sind die für das einzelne Modell maßgebenden Parameter bei der Versuchsdurchführung noch nicht so systematisch verändert worden, wie es zu dessen Bestätigung notwendig wäre.

In Fig. 34 sind die bis heute untersuchten Erscheinungen noch einmal schematisch dargestellt. Die stetig ansteigende Kurve gibt das durch $\mathrm{d}H_\mathrm{a}/\mathrm{d}t$ erzeugte Anwachsen des Feldes H_i in der Probe wieder. Beim Umklappen eines Bereichs entstehen in der Probe Gebiete (I), in denen dessen Streufeld mit H_i gleichgerichtet, und solche (II), in denen es zu H_i entgegengesetzt gerichtet ist. An den Stellen I kann es zu einer „positiven" Streufeldkopplung mit Lawinenbildung kommen ($\tau_\mathrm{k} < 10^{-4}\,\mathrm{s}$; MURAKAWA [90, 91], FÖRSTER u. WETZEL [93]; vgl. Fig. 29). An Stellen II tritt eine Sperrzeit auf, die durch (7) gegeben ist ($\tau_\mathrm{k} > 10^{-4}\,\mathrm{s}$; SAWADA [92], JOST [34], BITTEL [140]). Außerdem gibt es noch eine Kopplung (III) durch den proportional zu $\log t$ ansteigenden Maximalwert des Schwankungsfeldes ($\tau_\mathrm{k} > 10^{-4}\,\mathrm{s}$). Dieser Effekt kann jedoch nur bei Abwesenheit der Mechanismen I und II sicher beobachtet werden, d. h. wahrscheinlich bei Materialien mit kleiner Suszeptibilität.

Die übrigen, zu Anfang dieses Abschnitts genannten Kopplungsursachen (Magnetostriktion, Wirbelströme, Spinwellen und Gitterdiffusion) wurden bis heute noch nicht zur Beschreibung von Versuchsergebnissen herangezogen. Magnetostriktive und Spinwellenkopplung erfolgen sicher in wesentlich kürzerer Zeit als der Abklingdauer der Wirbelströme, lassen sich also nur in Nichtleitern beobachten.

c) Untersuchung des Rauschens. Die spektrale Verteilung der in einer Suchspule mit ferromagnetischem Kern induzierten Rauschspannung hängt unter anderem von den zeitlichen Abständen zwischen den einzelnen Impulsen ab. Sind diese Abstände nicht statistisch verteilt, so muß die dem wahrscheinlichsten Wert $\tau_\mathrm{k}^\mathrm{w}$ entsprechende Frequenz $\omega_\mathrm{k} = 2\pi/\tau_\mathrm{k}^\mathrm{w}$ im Rauschen bevorzugt auftreten und sollte sich in dessen spektraler Verteilung bemerkbar machen.

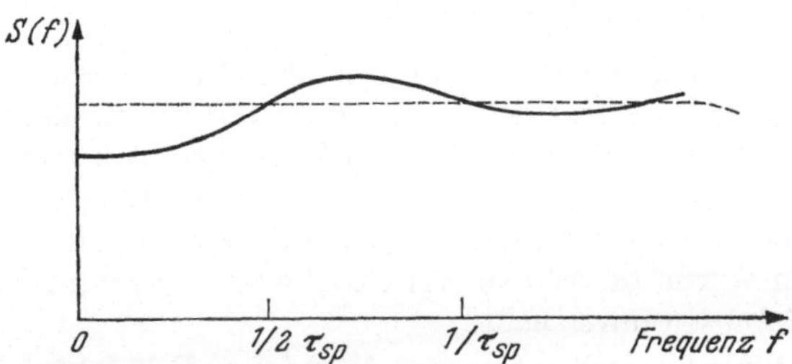

Fig. 35. Leistungsspektrum $S\,(f)$ einer durch die Sperrzeit τ_sp gekoppelten Impulsfolge, schematisch für den Bereich $f \ll 1/\tau_\mathrm{s}$. Voraussetzungen: $\tau_\mathrm{s} \ll \tau_\mathrm{sp}$, $\tau_\mathrm{s} \ll 1/\nu$, $\tau_\mathrm{sp} = 1/4\nu$; τ_s Sprungdauer, ν mittlere Impulsfolgefrequenz. (- - - - -) das gleiche Spektrum für $\tau_\mathrm{sp} = 0$. (Nach BITTEL [140])

BITTEL [140] hat zum erstenmal den Verlauf des Frequenzspektrums durch eine Sperrzeit τ_sp gekoppelter Impulse berechnet. Gegenüber dem Spektrum einer statistisch unabhängigen Impulsfolge ergeben sich charakteristische Abweichungen (Fig. 35). Ähnliche Rechnungen wurden von MAZZETTI [141] veröffentlicht und mit experimentellen Ergebnissen verglichen. Das hierbei auftretende Maximum in der spektralen Verteilung des Rauschens kann auf den Einfluß der Kopplung zurückgeführt werden. Für eine Bestätigung des Sperrzeitmechanismus spricht, daß dieses Maximum bei Ringproben fehlt (Mazzetti u. Montalenti [142, 143], Lütgemeier [35]). In diesem Fall verschwindet τ_{sp} für eine polfreie Anordnung ($N' = 0$ in Gleichung (7)). Eine quantitative Berechnung der Zeitabstände τ_k aus den gemessenen Rauschspektren ist bis heute jedoch noch nicht möglich, weil in die analytische Darstellung des Frequenzspektrums zu viele andere Parameter eingehen, die nicht genau bekannt sind (vgl. Lütgemeier [35]).

d) Einfluß der Kopplung im Preisach-Diagramm. Preisach [144] versuchte die ferromagnetischen Hystereseerscheinungen durch ein Modell zu beschreiben, das auf der Überlagerung einzelner, voneinander *unabhängiger* Elementarvorgänge beruht. Wie Wilde u. Gierke [145] gezeigt haben, widerspricht diese Vorstellung den experimentellen Ergebnissen. Die gemessenen Preisach-Diagramme sind unsymmetrisch zur pauschalen Koerzitivkraft und zur H_b-Achse (H_b: individuelle Koerzitivkraft der Elementarschleifen). Gierke [146] und Hoffmann [57] versuchten daher, den Preisachschen Ansatz durch Einführung einer zwischen den einzelnen Elementarvorgängen wirksamen Kopplung zu verbessern. Sie wird durch eine fiktive, der pauschalen Magnetisierung proportionale Kopplungsfeldstärke H_{k0} beschrieben. Die Preisach-Diagramme werden auf diese Weise merklich symmetrischer. Doch liefert der phänomenologische Ansatz $H_{k0} \sim I$ keine Aussage über die Art des Kopplungsmechanismus. Insbesondere kann die Proportionalitätskonstante, die nicht mit dem Entmagnetisierungsfaktor identisch ist, nicht aus anderen physikalischen Größen berechnet werden.

5. Die Richtung der Sprünge

Bei der Berechnung des Volumens der Barkhausen-Sprünge aus der gemessenen Änderung des magnetischen Moments der Probe muß man die Winkelverteilung der bewegten Wände kennen (vgl. (1)). Es hat nicht an Versuchen gefehlt, diese Verteilung zu bestimmen, wobei recht unterschiedliche experimentelle Methoden angewandt wurden. An Einkristallen wurde die Winkelverteilung auch relativ zu den kristallographischen Achsen untersucht.

a) Der Winkel zwischen bewegter Wand und Feldrichtung. Als erster versuchte Cisman [147] eine Antwort auf diese Frage zu erhalten. Er ließ eine flache Eisen-Scheibe in einem Magnetfeld rotieren, das in der Scheibenebene senkrecht zur Drehachse lag. Da Feld- und Suchspule starr miteinander verbunden waren, fand Cisman [147] lediglich einen toten Winkel, innerhalb dessen beim Drehen der Scheibe kein Barkhausen-Effekt auftrat. Dieser Grenzwinkel nimmt mit wachsender Feldstärke ab und ist nur eine andere Beschreibung des Rayleigh-Gesetzes. Mit einer verbesserten Anordnung (Suchspule gegenüber Feldspule drehbar) fand Brion [148] dann eine Bevorzugung des pauschalen Effekts in Richtung von H_a. In neuester Zeit wurden dieser Versuche mit rotierendem Feld von Bonnefous [149] wiederholt. Das Ergebnis der Messungen an einer polykristallinen Ni-Scheibe ist in Fig. 36 dargestellt; Untersuchungen an Mn-Zn-Ferrit lieferten ein ganz ähnliches Bild. Die Richtung der magnetischen Momentänderung weicht stets weniger als 90° von der des inneren Feldes ab.

In allen bisherigen Anordnungen wurde eine flache Scheibe einem Drehfeld in ihrer Ebene ausgesetzt. Wegen des großen Entmagnetisierungsfaktors liegen H_a, H_i und I dann in verschiedenen Richtungen. Die Feldverhältnisse im Inneren der Probe werden sehr unübersichtlich; erst recht bei Berücksichtigung der Bereichsstruktur. Eindeutigere Aussagen kann man daher von Versuchen an langgestreckten Proben

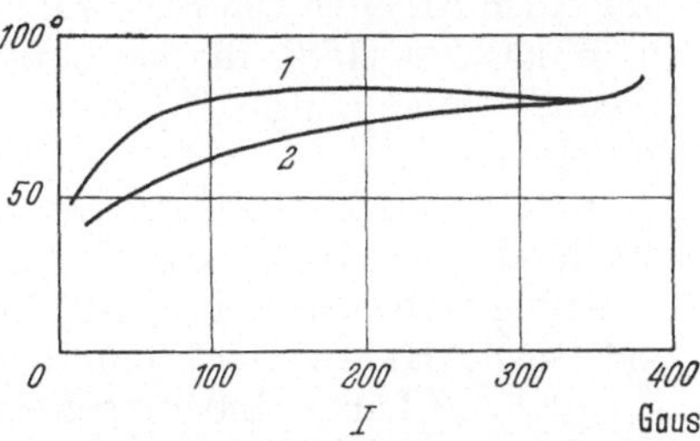

Fig. 36. Winkelverteilung der Barkhausen-Sprünge als Funktion der Magnetisierung einer polykristallinen Nickelscheibe. Ordinate: mittlerer Winkel zwischen der Richtung I_n (Fig. 2) eines 180°-Sprungs und der pauschalen Magnetisierung (1) bzw. dem inneren Feld (2). (Nach BONNEFOUS [149])

erwarten, wie sie zuerst von BOZORTH u. DILLINGER [25, 26, 27] ausgeführt wurden. Sie magnetisierten ein langes dünnes Rohr einmal durch

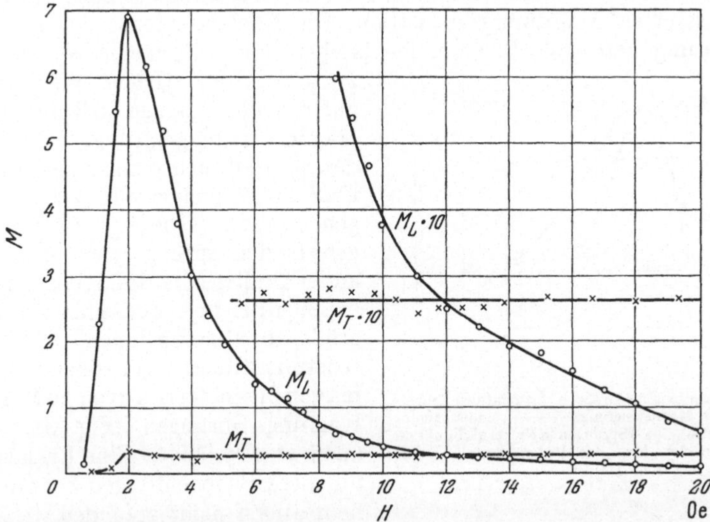

Fig. 37. Longitudinale (M_L) und transversale (M_T) Komponenten (gemessen in relativen Einheiten) der sprunghaften Magnetisierungsänderungen in einem 60 cm langen und 0,47 cm dicken Eisenrohr (Wandstärke 0,025 cm) als Funktion der Feldstärke auf der Neukurve. (Nach BOZORTH u. DILLINGER [27])

ein Längsfeld, und dann durch ein Kreisfeld, welches durch einen in der Rohrachse fließenden Strom erzeugt wurde. In beiden Fällen haben sie die Komponente der Flußänderung in Richtung der Achse gemessen. Fig. 37 zeigt, daß in Feldern bis zur etwa fünffachen Koerzitivkraft die Längskomponente überwiegt, 180°-Wandverschiebungen also bevorzugt senkrecht zur Feldrichtung erfolgen. Ein ganz ähnliches Ergebnis erhielten CLASH u. BECK [150] bei Untersuchungen im Drehfeld an einer zylinderförmigen Eisenprobe. Im Unterschied zu den Versuchen mit Scheiben sorgt hier der kleine Entmagnetisierungsfaktor dafür, daß H_a und H_i annähernd gleichgerichtet sind. Erwähnt seien auch noch die ähnlichen Arbeiten von KOBAYASI [151], BRANDT [152] sowie STEINBERG u. BARANOFF [153], die bei zirkularer Magnetisierung eines Zylinders ebenfalls eine Längskomponente des Barkhausen-Effekts nachweisen konnten.

Eine andere Methode zur Messung der Sprungrichtung besteht darin, die durch einen Barkhausen-Sprung erzeugte magnetostriktive Längenänderung zu beobachten. Solche Versuche wurden von HEAPS u. BRYAN [88] sowie HEAPS [154] unternommen. Sie wiesen die sehr kleinen ($5 \cdot 10^{-7}$ cm) Längenänderungen auf dem Weg über die Kapazität einer mit der Probe (Länge 2 cm, Durchmesser 0,01 cm) verbundenen Kondensatorplatte nach. Bei einzelnen großen Sprüngen beobachteten sie, daß magnetostriktive und Magnetisierungssprünge gleichzeitig auftraten. Doch konnte nicht sicher entschieden werden, ob die magnetostriktiven Effekte von durch 90°- oder 180°-Sprüngen ausgelösten Längenänderungen herrührten. Auch bei einem 180°-Sprung entsteht auf magnetostriktivem Wege eine Schallwelle, die sich in der Probe ausbreitet. In neuester Zeit haben VLASOV u. TROPIN [155] diese Versuche mit einer verbesserten Anordnung wiederholt. Die Nachweisgrenze der Längenänderung betrug $6 \cdot 10^{-9}$ cm. Sie fanden keine allgemeine Korrelation zwischen der Größe gleichzeitig auftretender magnetostriktiver bzw. Magnetisierungs-Sprünge. Infolgedessen ergab sich auch keine Aussage über die Winkelverteilung der springenden Wände. Die Größenverteilungen beider Sprungsorten sind einander ähnlich; die Häufigkeit nimmt exponentiell mit wachsender Sprunggröße ab. Mit zunehmender Magnetisierung wächst das Größenverhältnis von magnetostriktiven zu Magnetisierungs-Sprüngen (Fig. 38, vgl. auch HEAPS [154]). Eine Erklärung für diese Beobachtungen konnte bis heute noch nicht gefunden werden.

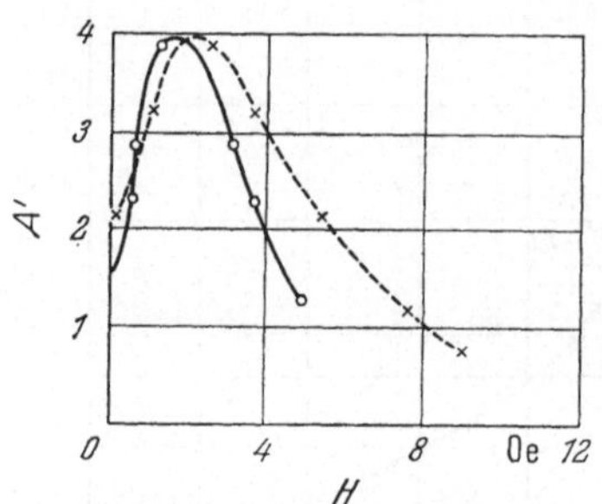

Fig. 38. Maximale Größe A' (in relativen Einheiten) von Magnetisierungs- (———) und Magnetostriktions- (- - - - -) Sprüngen in Nickel als Funktion der Feldstärke längs der Hystereseschleife. (Nach VLASOV u. TROPIN [155])

Eine weitere Methode zum Nachweis der Sprungrichtung liefert der Matteucci-Effekt. Hat die Änderung des Magnetflusses in einer zylinderförmigen Probe eine zirkulare Komponente Φ_c, so entsteht zwischen den beiden Probenenden nach dem Induktionsgesetz eine elektrische Potentialdifferenz. Deren Größe ist ein Maß für Φ_c. FÖRSTER u. WETZEL [93] haben den zeitlichen Verlauf von Φ_c und den der gleichzeitig ablaufenden sprunghaften Flußänderung Φ_1 gemessen. Qualitative Angaben hierzu finden sich auch bei BRANDT [152] sowie bei ROTHENSTEIN u. POLICEC [244]. Wie Fig. 39 zeigt, erhält man bei tordiertem Nickel eine eindeutige Korrelation zwischen Φ_c und Φ_1, die mit wachsender

Torsion zunimmt. Der Matteucci-Effekt erscheint daher prinzipiell gut zur quantitativen Untersuchung der Sprungrichtung geeignet. Leider sind bis heute keine weiteren Messungen dieser Art bekannt geworden.

Die Berechnung des Sprungvolumens nach (1) setzt, wie schon erwähnt, voraus, daß man die Winkelverteilung der Wände vor und nach dem Sprung kennt. IGNATCHENKO u. RODICHEV [64] haben ein Rechenverfahren angegeben, mit dessen Hilfe man diese Aufgabe unter gewissen Voraussetzungen näherungsweise lösen kann. Doch lassen sich auf diese Weise nur geometrisch sehr einfache Bereichskonfigurationen quantitativ behandeln, beispielsweise parallele 180°-Wände.

b) „Negative" Barkhausen-Sprünge. Man versteht darunter solche Sprünge, bei denen das magnetische Moment der Probe in Feldrichtung bei *wachsendem* Feld *abnimmt*. Ein derartiger Magnetisierungsvorgang wurde erstmalig von BECKER [156] beschrieben. Unter der Annahme, daß die Magnetisierung nur durch Drehprozesse zustande kommt, sagte er für Winkel ϑ von weniger als 90° (siehe Fig. 2) negative Barkhausen-Sprünge voraus (φ hat dann also negativen Drehsinn). Das mittlere Moment dieser Sprünge soll nach BECKERs Theorie etwa 17,5mal kleiner sein als dasjenige der positiven. NÉEL [157] und TEBBLE [47] haben unter Berücksichtigung der Bereichsstruktur ebenfalls auf das Vorkommen negativer Barkhausen-Sprünge

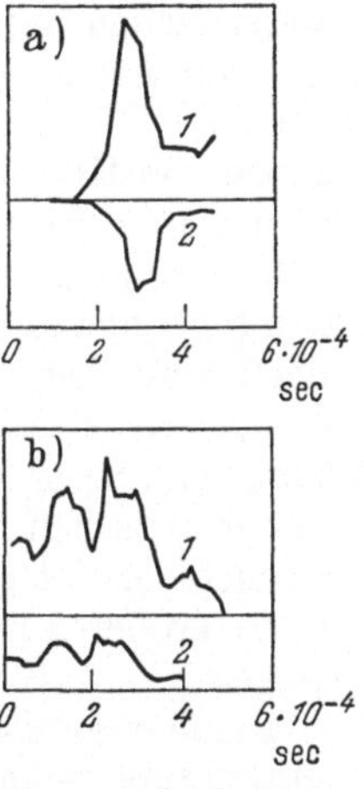

Fig. 39a u. b. Oszillogramme von gleichzeitig registrierter longitudinaler Änderung des magnetischen Moments (1) und dem Matteucci-Effekt (2) an hartem Nickel. a bei Rechts-, b bei Linkstorsion des Drahtes. (Nach FÖRSTER u. WETZEL [93])

hingewiesen. TEBBLE [47] gibt an, daß deren mittleres Moment 10^4mal kleiner ist als das der positiven Sprünge, sofern die negativen mit Abschlußbezirken an Einschlüssen verbunden sind.

Die Beobachtung negativer Sprünge wurde zum erstenmal von BECK u. MCKEEHAN [158], später von BUSH [96] erwähnt. KIRENSKII u. IVLEV [159] fanden an polykristallinem weichem Nickel, daß sowohl auf der Neukurve als auch auf der Schleife 25% der Sprünge ($m > 10^{-5}$cgs) entgegengesetzt zur Feldrichtung ablaufen. Dies veranlaßte WOTRUBA [160] und FISCHER [161] den Effekt genauer zu untersuchen. Mit einer gegenüber derjenigen von KIRENSKII u. IVLEV [159] wesentlich verbesserten Meßanordnung (Gleichspannungsverstärker) konnten sie bei keinem der zahlreichen untersuchten metallischen Werkstoffe auch nur einen einzigen negativen Barkhausen-Sprung ($m > 4,6 \cdot 10^{-6}$ cgs) nachweisen. Die Ursachen für diese Diskrepanz sind bis heute noch ungeklärt. Sie dürften jedoch sicher in der mangelhaften Meßtechnik zu suchen sein. Leider finden sich in den genannten Arbeiten keine ausreichenden Angaben hierzu, insbesondere über die Zeitkonstante des Suchspulkreises.

Neuere Beobachtungen über das Vorkommen negativer Sprünge wurden von KRANZ u. SCHAUER [162], NAGASHIMA [128] und BONNEFOUS [149] veröffentlicht. Während in den beiden zuletzt genannten Arbeiten nur qualitative Hinweise zu finden sind, haben KRANZ u. SCHAUER [162] mit Hilfe des magneto-optischen Kerr-Effekts die Bereichsstruktur auf der Oberfläche eines Fe-Si-Einkristalls beobachtet. Es zeigte sich deutlich eine größere Zahl negativer Sprünge. Quantitative Angaben über ihre Größe und den prozentualen Anteil an der Gesamtsprungzahl sind jedoch nicht vorhanden. Es besteht die Möglichkeit, daß die negativen Sprünge im wesentlichen auf die Oberfläche beschränkt sind und die Ursache für die von KRANZ u. PASSON [163] beschriebene Kerr-Hysterese darstellen.

Schon von KIRENSKII u. IVLEV [159], später von KRANZ u. SCHAUER [162] wurde darauf hingewiesen, daß die negativen Sprünge durch Streufeldkopplung in der Nachbarschaft von positiven ausgelöst werden können (vgl. hierzu Fig. 34b). In diesem Fall müßte die Auflösungszeit der Meßanordnung kleiner sein als die Kopplungszeit τ_k, damit beide Sprungsorten getrennt erfaßt werden können. Bei der optischen Anordnung (KRANZ u. SCHAUER [162]) spielt diese Bedingung keine Rolle. Bei der elektrischen Meßmethode jedoch dürfte sie in den meisten Fällen bisher nicht erfüllt gewesen sein. Dadurch sind die negativen Sprünge durch die größeren positiven überdeckt worden und so der Beobachtung entgangen.

c) **Die Bewegungsrichtung der Wände im Einkristall.** BECK [158, 164] untersuchte mit seinen Mitarbeitern CLASH [150] und McKEEHAN [165] die Richtungsverteilung der Sprünge in einer Fe-Si-Einkristallscheibe

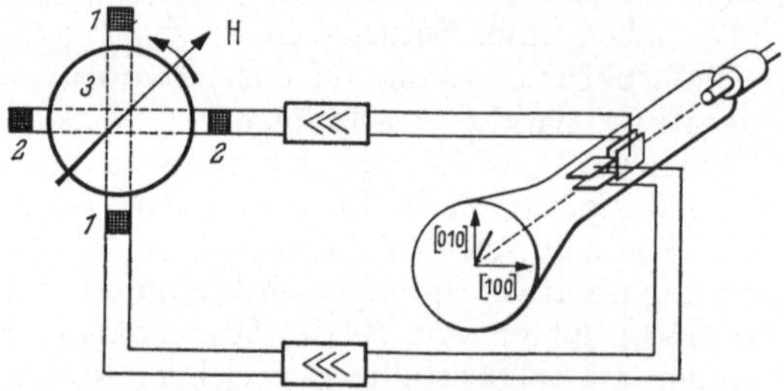

Fig. 40. Anordnung zur Bestimmung der Sprungrichtung in einer Einkristallscheibe im rotierenden Magnetfeld, schematisch. 1—1, 2—2 gekreuztes Suchspulenpaar; 3 Probe. (Nach BECKER u. DÖRING [94])

im rotierenden Feld. Sie verwendeten dabei die in Fig. 40 gezeigte Anordnung. Zwei gekreuzte Spulen dienten zur Registrierung zweier zueinander senkrechter Komponenten der Flußänderung. Die Spulen konnten gemeinsam um die Achse der Scheibe bzw. relativ zum Kristall gedreht werden. In den beiden ersten der genannten Untersuchungen wurden die Impulse beider Suchspulen über zwei gleiche Verstärker auf zwei Schleifenoszillographen übertragen. Diese Anordnung war jedoch nicht empfindlich genug, um eine Korrelation zwischen den beiden Komponenten der Flußänderung sicher zu bestimmen. Durch Verwendung einer Braunschen Röhre (Fig. 40) wurde die Apparatur jedoch soweit verbessert, daß der gesuchte Effekt beobachtet werden konnte. Die Zahl der 180°-Sprünge wuchs auf etwa den doppelten Wert an, wenn dH_a/dt in einer leichten Kristallrichtung lag. Ganz analoge Untersuchungen wurden mit ähnlichem Ergebnis von BASKAKOV u. BRIUKAMOV [166] an einem Nickel-Einkristall durchgeführt.

Die weiter oben erwähnten Nachteile der Drehfeld-Methode sind bei den Untersuchungen von IVLEV, ILIUSHENKO u. ASEEVA [39] vermieden. Fig. 12 zeigt, daß bei Nickel die Zahl der Sprünge, unabhängig von deren Größe, für die [110]-Richtung maximal und für die [100]-Richtung minimal wird. Das entspricht genau den Ergebnissen von MCKEEHAN u. CLASH [165] sowie CLASH u. BECK [150] an Eisen. Aus Untersuchungen der Temperaturabhängigkeit des Effektes schlossen IVLEV, ILIUSHENKO u. ASEEVA [39], daß die Sprungzahlen sich stets umgekehrt proportional zur Sättigungsmagnetostriktion verhalten; das gilt auch für die Abhängigkeit von der Kristallrichtung.

Alle bisher genannten Untersuchungen wurden mit der Induktionsmethode (Suchspule) ausgeführt. Wegen der Unkenntnis des Wandwinkels φ in (1) liefert dieses Verfahren jedoch keine eindeutigen Angaben über die Sprungrichtung und muß durch Beobachtungen der Bereichsstruktur ergänzt werden. An Einkristallen wurden solche Untersuchungen bisher von HAACKE u. JAUMANN [48] an Nickel sowie von SAVCHENKO u. RODICHEV [167] und SALANSKII, RODICHEV u. BURAWICHIN [49] an Eisen vorgenommen. Die Ergebnisse stimmen mit denen der Induktionsmethode darin überein, daß in schwachen Feldern bevorzugt Sprünge von 180°-Wänden erfolgen, die parallel zur leichten Richtung liegen. Wände, deren Winkel φ von 180° abweicht, führen sehr viel seltener Barkhausen-Sprünge aus. In Feldern oberhalb der Koerzitivkraft werden die Verhältnisse unübersichtlich und bedürfen noch weiterer experimenteller Untersuchung.

III. Der Barkhausen-Effekt unter besonderen äußeren Bedingungen und in speziellen magnetischen Werkstoffen

In den beiden vorhergehenden Kapiteln I und II wurden im wesentlichen nur solche Untersuchungen behandelt, die den Barkhausen-Effekt in kompakten Metallen und bei isothermer Magnetisierung zum Gegenstand haben. Nur gelegentlich wurden zum Vergleich auch Meßergebnisse an Ferrimagnetika und dünnen Schichten erwähnt. In diesem Kapitel III sollen nun alle Arbeiten besprochen werden, die sich nicht ohne weiteres in den bisherigen Zusammenhang einfügen lassen. Hierher gehören in erster Linie die Untersuchungen über mechanisch und thermisch ausgelöste Barkhausen-Sprünge, ferner die „großen" Sprünge in Materialien mit einachsiger Anisotropie, der Barkhausen-Effekt in Ferrimagnetika und dünnen Schichten; aber auch Untersuchungen des Rauschspektrums und des Preisach-Diagramms.

1. Der „mechanische" Barkhausen-Effekt

Schon bei den ersten systematischen Untersuchungen von v. D. POOL [15] sowie GERLACH u. LERTES [12] und ZSCHIESCHE [14] zeigte sich, daß auch durch mechanische Deformation, ohne Änderung des äußeren Feldes, Barkhausen-Sprünge ausgelöst werden können. Ähnliche Beobachtungen finden sich bei PREISACH [20] und PROCOPIU [168, 169].

Das Bild des Potentialmodells (Fig. 1) liefert sofort eine anschauliche Erklärung für diesen Effekt: Der Verlauf der magnetischen Energie in der Umgebung einer Wand wird unter anderem durch die mikroskopische Verteilung der magnetostriktiven Spannungen bestimmt. Diese ändert sich (außer im Fall eines idealen Einkristalls) unter dem Einfluß einer äußeren Zugspannung. Infolgedessen kann z. B. die magnetische Energie am Ort einer Wand von einem stabilen Wert $(\mathrm{d}^2 E/\mathrm{d}x^2 > 0)$ in einen instabilen $(\mathrm{d}^2 E/\mathrm{d}x^2 < 0)$ übergehen. So entsteht ein Barkhausen-Sprung. Die Anwesenheit eines äußeren Magnetfeldes ist in diesem Fall nicht erforderlich. Selbst wenn die Stabilitätsbedingung $(\mathrm{d}^2 E/\mathrm{d}x^2 > 0)$ durch Anlegen der Zugspannung allein noch nicht verletzt wird, können unter dem Einfluß des thermischen Schwankungsfeldes Barkhausen-Sprünge ausgelöst werden. Nämlich dann, wenn sich die Potentialmulde am Ort der Wand durch die mechanische Einwirkung soweit verflacht, daß die Aktivierungsenergie für den Sprung kleiner als $I_\mathrm{s} \cdot \sqrt{k' \cdot T/\mu_\mathrm{a} \cdot v}$ wird (näheres hierzu im Abschnitt III/4). Bereits aus diesen einfachen Überlegungen ergeben sich zwei charakteristische Eigenschaften des „mechanischen" Barkhausen-Effekts: 1. Die Richtungsverteilung der Sprünge im Polykristall muß im thermisch abmagnetisierten Zustand räumlich isotrop sein. Dies wurde von TYNDALL u. KELLOGG [170] bestätigt. 2. Der Effekt muß mit wachsender Magnetostriktion zunehmen, was ebenfalls mit der Erfahrung übereinstimmt (LUCK [171]).

Die ersten, meist qualitativen Untersuchungen lieferten zum Teil recht widersprechende Ergebnisse. Während ZSCHIESCHE [14] angibt, daß der Effekt erst beim Überschreiten der Elastizitätsgrenze auftritt, findet LUCK [171], daß er bei plastischer Deformation verschwindet. GERLACH [172, 173] beobachtete den Effekt zum erstenmal an Eisen-Einkristallen, jedoch nur bei Biegung (inhomogene Spannungen), nicht bei Dehnung (makroskopisch homogene Spannungsverteilung). TYNDALL u. KELLOGG [170] fanden außer der schon erwähnten Richtungsunabhängigkeit, daß der mechanische Effekt viel kleinere Suchspulimpulse liefert als der rein magnetisch erzeugte. PREISACH [20] hingegen erhielt in beiden Fällen gleichgroße Impulse. HIRONE u. OGAWA [243] konnten beim Sixtus-Tonks-Versuch einen in Perminvar eingefrorenen Ummagnetisierungskeim durch Anlegen einer Zugspannung zum Wachsen bringen und die Startfeldstärke als Funktion von σ bestimmen.

Quantitative Messungen wurden von SHICHIJO [174] an vielkristallinem Eisen und von KAMEI [175] an Eisen-Einkristallen ausgeführt. Bei kontinuierlicher Spannungsänderung $(\mathrm{d}\sigma/\mathrm{d}t = 3{,}5 \text{ g/mm}^2 \cdot \text{s})$ fanden sie, daß innerhalb des elastischen Bereichs $(\sigma < 1000 \text{ g/mm}^2)$ die Sprünge bevorzugt in den stärker gekrümmten Bereichen der Spannungs-Dehnungs-

Kurve auftreten, sowohl in [100]- als auch in [110]-Richtung (Fig. 41). Diese Krümmung, die magnetische Abweichung vom Hookeschen Gesetz, kommt durch magnetostriktive Längenänderungen bei der Verschiebung von Wänden mit $\varphi \neq 180°$ zustande (vgl. BONFIGLIOLI u.a. [176]). DRIGO u. FRATUCELLO [242] berichteten über ähnliche Messungen in Abhängigkeit von der Walzrichtung kornorientierter Fe-Si-Bänder. Sie kamen zu der Vermutung, daß in diesem Fall irreversible Drehprozesse wesentlich zum Barkhausen-Effekt beitragen. Parallel und antiparallel zur Zugrichtung wurden im Feld Null stets gleichviel

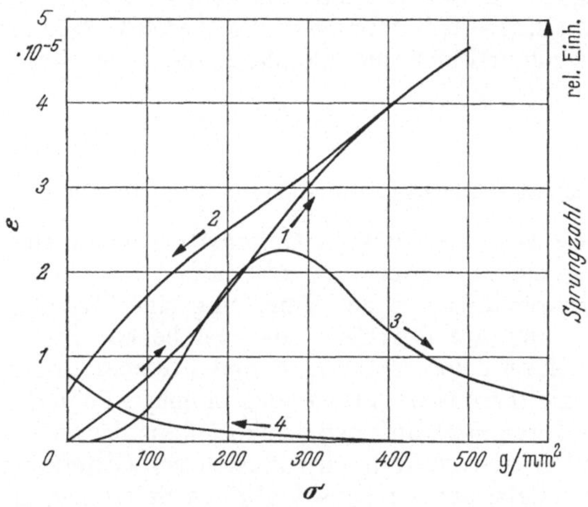

Fig. 41. Mechanischer Barkhausen-Effekt an einem Fe-Si-Einkristall (0,2 cm Durchmesser, 10 cm Länge) bei Dehnung in [100]-Richtung. 1—2 mechanische Spannungs-(σ)-Dehnungs-(ε)-Kurve, 3—4 Anzahl der Barkhausen-Sprünge als Funktion von σ. (Nach KAMEI [175])

Sprünge registriert. Deren Größenverteilung wurde, ebenfalls in einem Fe-Si-Einkristall in [100]-Richtung von RODICHEV u. SAVCHENKO [177] untersucht. Sie unterscheidet sich nicht von derjenigen bei isothermer Magnetisierung (Fig. 6).

Die Untersuchungen über den Einfluß quasistatischer mechanischer Spannungen werden ergänzt durch Beobachtungen von Barkhausen-Sprüngen bei zeitlich periodischer Zugbelastung (z. B. TELESNIN [178]) und in Ultraschallfeldern. HOLLMANN u. BAUCH [179] fanden, daß sich die Feldstärkeverteilung der Sprünge durch Ultraschalleinfluß während der Ummagnetisierung wesentlich verändert. Sie treten dabei auch in den normalerweise reversiblen Teilen der Hysteresekurve auf (mechanische Idealisierung). KOCH [180, 181] sowie ROTHENSTEIN u. POLICEC [244] erhielten bei Torsionsschwingungen der Probe eine teilweise Synchronisation der Sprünge mit der Torsionsfrequenz. HAACKE u. JAUMANN [48] untersuchten die Hystereseschleifen einzelner Wände in einem Nickeleinkristall unter dem Einfluß von Ultraschall (Frequenz 10MHz, Maximalamplitude 9 kg/cm²). Bei gleicher Feldaussteuerung wachsen die sprunghaften Verschiebungen von 180°-Wänden mit zunehmender Schallintensität. An 110°-Wänden wurden keine Barkhausen-Sprünge von mehr als 10^{-4} cm Sprungweite beobachtet. Doch zeigen sie im Schallfeld Nachwirkungserscheinungen mit etwa 10 s Zeitkonstante. Die Ursache hierfür ist nocht nicht bekannt.

Die Wechselwirkung von Blochwänden mit Gitterstörungen ist bis heute noch weitgehend unerforscht. Besonders das dynamische Verhalten könnte Aufschlüsse über die magnetostriktiven Vorgänge bei der Wandbewegung geben. Die Anwendung von Ultraschall erscheint hier sehr erfolgversprechend, weil Frequenz und Amplitude in weiten Grenzen verändert und den Versuchsbedingungen angepaßt werden können. Die Untersuchungen des mechanischen Barkhausen-Effekts, den Zschiesche [14] als „magnetisches Zinngeschrei" bezeichnete, sind daher von großer Bedeutung und mehr als eine physikalische Spielerei.

2. Der Barkhausen-Effekt bei thermischer Idealisierung

Ebenso wie eine mechanische Deformation kann eine Erhöhung oder Erniedrigung der Temperatur dazu führen, daß sich die magnetischen Energieverhältnisse in der Umgebung einer Wand (Fig. 1) verändern. Dies kann auf dreierlei Weise geschehen. Einmal, weil die magnetischen Materialkonstanten I_s, K und λ temperaturabhängig sind, zweitens weil die thermische Ausdehnung in einem Polykristall zu einer Änderung der Formanisotropie und der Verteilung der inneren Spannungen führt, und drittens, weil durch Diffusion von Gitteratomen sich die räumliche Verteilung der magnetisch aktiven Störstellen ändert. Diese Vorgänge können bewirken, daß ein stabiler Wert $(\mathrm{d}^2 E/\mathrm{d}x^2 > 0)$ des magnetischen Potentials am Ort x einer Wand instabil wird $(\mathrm{d}^2 E/\mathrm{d}x^2 < 0)$, und die Wand dann einen Barkhausen-Sprung ausführt. Eine weitere Ursache für solche thermisch ausgelösten Sprünge liefert das Schwankungsfeld $h(t)$, dessen zeitlicher Mittelwert nach Néel [182] proportional zu $\sqrt{T}$ ist. Durch Temperaturerhöhung kann die Energiedichte $h \cdot I_s$ des Schwankungsfeldes so groß werden, daß sie zur Überwindung eines Potentialwalls in der Nähe der Wand ausreicht.

Genau wie im Fall des mechanischen ist auch beim „thermischen" Barkhausen-Effekt ein äußeres Magnetfeld nicht erforderlich. Ferner müßte die Richtung der Sprünge im abmagnetisierten Zustand räumliche isotrop verteilt sein. Mechanischer und thermischer Effekt unterscheiden sich jedoch ganz wesentlich in folgendem Punkt: Die für den Verlauf des magnetischen Potentials (Fig. 1) bestimmenden Größen I_s, K und λ sind in erster Näherung unabhängig vom mechanischen Spannungszustand des Materials. Sie ändern sich jedoch stark mit der Temperatur. Da die Beträge der genannten Größen mit wachsender Temperatur im allgemeinen abnehmen, verflacht sich dabei das Potentialgebirge. Dadurch wird die Aktivierungsenergie zur Auslösung von Barkhausen-Sprüngen erniedrigt; sie laufen zahlreicher und leichter ab. Bei sinkender Temperatur hingegen überhöht sich das Potentialgebirge, und die Wände werden eingefroren. Diese Unsymmetrie bezüglich des Vorzeichens der Temperaturänderung wurde in den Experimenten auch stets beobachtet. Im mechanischen Fall dagegen hängt die Zahl der ausgelösten Sprünge nicht wesentlich vom Vorzeichen der Deformation ab. Nach GERLACH u. TEMESVÁRY [183] wird eine Magnetisierungsänderung durch Variation der Temperatur im konstanten äußeren Feld als thermische Idealisierung bezeichnet.

Beobachtet wurde der thermische Barkhausen-Effekt schon von v. D. POOL [15]; qualitative Angaben finden sich ferner bei WEISS u. RIBAUD [17] sowie TESCHE [184]. DEL NUNZIO [185] hingegen konnte bei kontinuierlicher Temperaturänderung bis zum Curie-Punkt bei Nickel keine thermisch ausgelösten Sprünge feststellen. Vermutlich war seine Meßanordnung zu unempfindlich. NEWHOUSE [186] beobachtete an hartem Nickel und Eisen zwischen Zimmertemperatur und 100° C an verschiedenen Stellen der Hystereseschleife die oben beschriebene Irreversibilität des Effektes bei Temperaturänderungen verschiedenen Vorzeichens. Er konnte seine Beobachtungen mit Hilfe des Potentialmodells und des thermischen Schwankungsfeldes qualitativ beschreiben. Systematisch wurde der thermische Barkhausen-Effekt in einem größeren Temperaturbereich dann von STIERSTADT u. GEILE [44] untersucht. Sie bestimmten die Größenverteilung ($m > 1{,}3 \cdot 10^{-6}$ cgs) der Sprünge bei thermischer Idealisierung von hartem Nickel zwischen $-150°$ C und dem Curie-Punkt, ausgehend von verschiedenen magnetischen Zuständen auf der Neukurve und der Hystereschleife (Fig. 42). Die Größenverteilung, und auch ihre Temperaturabhängigkeit, unterscheiden sich nicht von der am gleichen Material bei isothermer Magnetisierung gemessenen. Man kann daher annehmen, daß in beiden Fällen die gleichen Wände Sprünge von etwa gleicher Größe ausführen. Es ergab sich eine gute Übereinstimmung mit Untersuchungen von GERLACH u. TEMESVÁRY [183] über den irreversiblen Anteil der pauschal gemessenen thermischen Idealisierung.

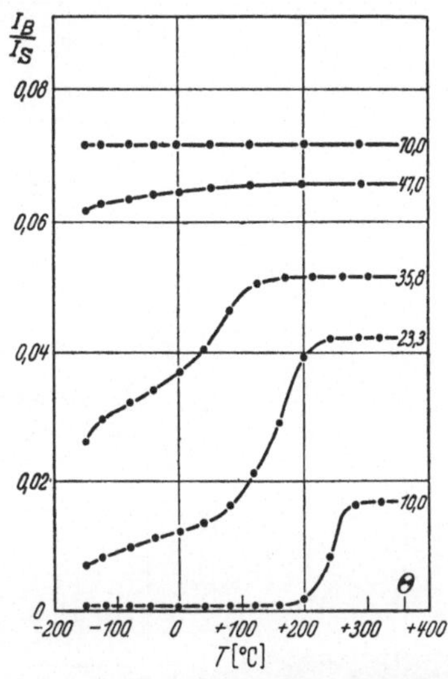

Fig. 42. Barkhausen-Anteil $I_\mathrm{B}/I_\mathrm{s}$ der Magnetisierung von hartem Nickel bei thermischer Idealisierung in den als Kurvenparametern angegebenen Feldern (H_a in Oe), ausgehend von Zuständen auf der Hystereseschleife. Nachweisgrenze $1{,}3 \cdot 10^{-6}$cgs. (Nach STIERSTADT u. GEILE [44])

Wie schon anfangs erwähnt ist zur thermischen Auslösung von Barkhausen-Sprüngen kein äußeres Magnetfeld erforderlich. Selbst im pauschal unmagnetischen Zustand, also auch ohne inneres Richtfeld, muß der Effekt vorhanden sein. Derartige Beobachtungen wurden bisher nur von BITTEL und LÜTGEMEIER beschrieben (BITTEL [187], BITTEL u. LÜTGEMEIER [188, 33], LÜTGEMEIER [35, 36]), und zwar an Proben aus

Fe-Ni und an Mn-Zn-Ferriten. Hingegen konnten KIMURA [189] sowie STIERSTADT u. GEILE [44] an einem Fe-Si-Einkristall bzw. an hartem Nickel im abmagnetisierten Zustand keine thermisch ausgelösten Sprünge nachweisen. Das magnetische Moment des einzelnen, ohne Richtfeld ablaufenden, Sprungs ist in diesen Materialien wohl zu klein (Nachweisgrenze 10^{-6} cgs), während es in den von BITTEL und LÜTGEMEIER verwendeten hochpermeablen Stoffen durch Streufeldkopplung stark vergrößert sein dürfte. (Auch LÜTGEMEIER [35] konnte den Effekt bei magnetisch hartem Material nicht beobachten.) Für 50% Fe-Ni untersuchte er die Größenverteilung ($m > 1,2 \cdot 10^{-5}$ cgs) der Sprünge (LÜTGEMEIER [35]) und das Frequenzspektrum des Barkhausen-Rauschens

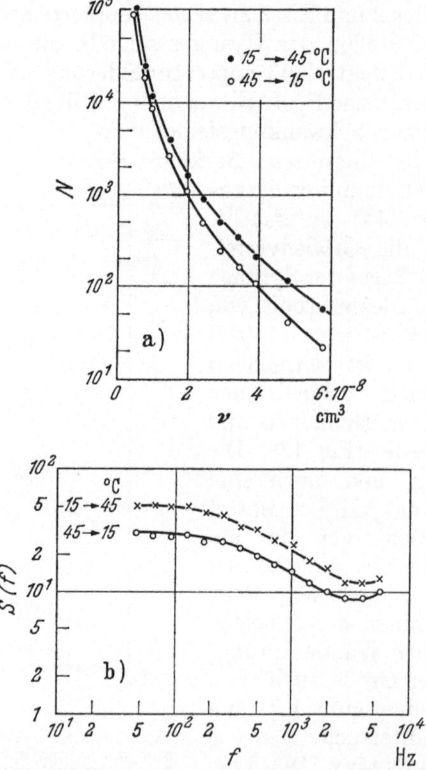

Fig. 43a u. b. Thermische Idealisierung von Fe-50% Ni im pauschal unmagnetischen Zustand zwischen 15 und 45° C. Bandringkern (Banddicke 0,01 cm) aus isotropem Material. a) Integrale Häufigkeitsverteilung N (v) (in relativen Einheiten) der Sprünge $m > 1,2 \cdot 10^{-5}$ cgs. (Nach LÜTGEMEIER [35]). b) Leistungsspektrum S (f) (in relativen Einheiten) an der Stelle maximalen Barkhausen-Rauschens während des Temperaturwechsels. (Nach LÜTGEMEIER [36])

(LÜTGEMEIER [36]) bei Temperaturänderung zwischen 15 und 90° C (Fig. 43). Beim Abkühlen ist der Effekt stets schwächer als beim Aufheizen, jedoch in beiden Fällen von vergleichbarer Größe. Das thermische Schwankungsfeld kann daher nicht die alleinige Ursache der Sprünge sein. LÜTGEMEIER [35] schließt aus dem Fehlen des Effekts bei Hyperm

36, einer Legierung mit Invar-Charakter, daß die Sprünge durch Veränderung der inneren Spannungen infolge thermischer Ausdehnung des Materials zustande kommen. Der Zusammenhang zwischen thermisch aktivierten Sprüngen und der magnetischen Nachwirkung wurde an Hand eines einfachen Modells von BITTEL u. LÜTGEMEIER [33] diskutiert.

3. Der Procopiu-Effekt

PROCOPIU [168] entdeckte 1927, daß in einer von Wechselstrom durchflossenen zylindrischen Probe Barkhausen-Sprünge auftreten, deren magnetisches Moment eine Komponente in Richtung der Probenachse aufweist. Die Stärke des Effekts, auch zirkularer Barkhausen-Effekt genannt, wird durch das Zirkularfeld des Stromes im Drahtinnern bestimmt. Es handelt sich hierbei in gewissem Sinn um eine Umkehrung des Matteucci-Effekts, der besagt, daß eine zirkulare Änderung des Magnetflusses in einer zylindrischen Probe an deren Enden eine elektrische Potentialdifferenz erzeugt. Umgekehrt löst das Zirkularfeld eines stromdurchflossenen Drahtes Barkhausen-Sprünge aus, die infolge der unregelmäßigen Winkelverteilung der Wände natürlich auch Komponenten in Stromrichtung besitzen. PROCOPIU glaubte zunächst, etwas grundsätzlich Neues gefunden zu haben. Später stellte sich jedoch heraus, daß es sich lediglich um den normalen Barkhausen-Effekt in einem Feld wechselnder Richtung, also um eine Art Wechselfeld-Idealisierung, handelt.

Im Bild des Potentialmodells (Fig. 1) bedeutet ein Wechselfeld, daß die Wände periodisch nach beiden Seiten hin aus ihren Gleichgewichtslagen heraus verschoben werden. Ist die Feldstärke hoch genug, um eine Wand bis zu einer Stelle zu bewegen, an der d^2E/dx^2 negativ wird, so erfolgt ein Barkhausen-Sprung. Der Vorgang unterscheidet sich also im Grunde nicht vom normalen Barkhausen-Effekt unter dem Einfluß eines sich kontinuierlich ändernden Gleichfeldes. Insbesondere muß die Häufigkeitsverteilung von Sprunggröße, -dauer und -abstand die gleiche sein, sofern die Frequenz des Wechselfeldes wesentlich kleiner als die reziproke Sprungdauer bzw. die Kopplungszeit bleibt. Jedoch kann man durch Kombination eines Längs- (H_l) und eines Zirkularfeldes (H_z) variabler Stärke die Richtung des resultierenden Feldes H sowie diejenige von dH/dt relativ zur Drahtachse bzw. zu einer durch Zug oder Torsion gegebenen Vorzugsrichtung verändern. Die sich daraus ergebenden experimentellen Möglichkeiten waren Gegenstand zahlreicher Veröffentlichungen PROCOPIUs und seiner Mitarbeiter. Die Abhängigkeit des Effekts von der Frequenz des Wechselfeldes wurde bisher nicht systematisch untersucht; insbesondere nicht bei Frequenzen, deren Kehrwert in der Größenordnung der Sprungdauer liegt. Derartige Messungen könnten Aufschluß über die Abstände der magnetisch aktiven Störstellen liefern (vgl. KNOWLES [190]).

Den Arbeiten PROCOPIUs und seiner Mitarbeiter ist folgendes gemeinsam: Stets wurde nur der pauschale Barkhausen-Effekt gemessen, d. h.

die gleichgerichtete Spannung an den Enden der Suchspule. Die Frequenz des Wechselfeldes betrug im allgemeinen 50 Hz. Da sich in den Arbeiten keine quantitativen Angaben über Zahl, Größe und Dauer der Sprünge finden, beschränken wir uns auf einen kurzen Überblick.

Der Effekt wurde von Procopiu [168] und kurz darauf von Kobayasi [151] und Valle [191] entdeckt. In einer Reihe folgender Arbeiten untersuchten Procopiu [169, 192] sowie Procopiu u. Farcas [193, 194]

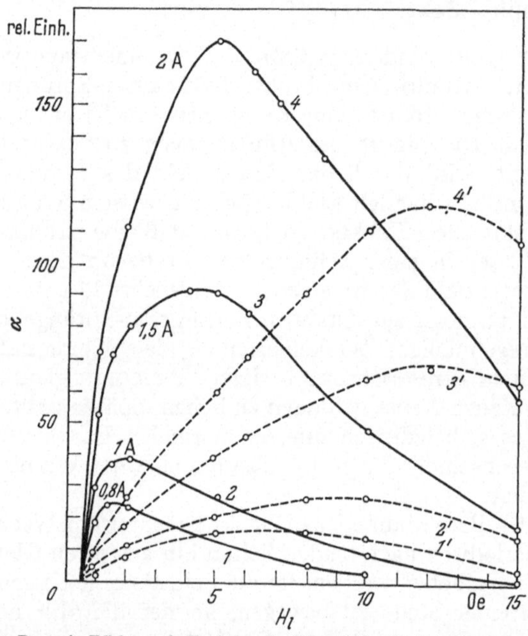

Fig. 44. Pauschaler Procopiu-Effekt α als Funktion des Längsfeldes H_l bei Zirkularmagnetisierung eines 0,05 cm dicken Eisendrahtes mit 50 Hz und den als Kurvenparameter angegebenen Stromstärken (in A). (———) Ausgangszustand, (- - - - -) gereckt mit einer Zugspannung ($3 < \sigma$ (A) < 6 kg/mm²), welche den Effekt unter Zug maximal vergrößert. (Nach Procopiu u. Tutovan [198])

vor allem die Abhängigkeit von H_l, H_z und der mechanischen Deformation an Proben aus Fe, Ni und verschiedenen Legierungen. Zusammenfassende Darstellungen der Ergebnisse wurden von Procopiu [195], Procopiu u. Tutovan [196, 197, 198] sowie Procopiu u. Viscrian [199] veröffentlicht. Fig. 44 zeigt als ein Beispiel den pauschalen Effekt eines Eisendrahtes als Funktion der Stärke des Längsfeldes. Die in den genannten Arbeiten enthaltene Behauptung, daß der Effekt nur unter dem Einfluß eines inneren oder äußeren (makroskopischen) Richtfeldes auftritt, dürfte nicht richtig sein. Bei größerer Empfindlichkeit der Meßanordnung kann man auch im pauschal unmagnetischen Zustand thermisch aktivierte Barkhausen-Sprünge beobachten, wie Bittel u. Lütgemeier [33] gezeigt haben. Ein überlagertes Wechselfeld muß diesen Effekt nur verstärken.

Unter dem Einfluß mechanischer Deformation (Zug, Torsion) entsteht im allgemeinen eine Vorzugsrichtung der Magnetisierung, die einem inneren Richtfeld äquivalent ist. Dies wurde vor allem in den Arbeiten

von PROCOPIU u. VASILIU [200, 201] sowie TUTOVAN [202, 203] nachgewiesen. Eine Anwendung des Effekts zur magnetometrischen Feld-
messung beschreiben VALLE u. TRIBULATO [204]. KOCH [180, 181] sowie
HOFBAUER u. KOCH [205] (vgl. auch PROCOPIU u. VASILIU [201]) untersuchten die Synchronisation des Effekts mit der Frequenz des Wechselfeldes bzw. von Torsionsschwingungen der Probe. VASILIU [206], SOROHAN
[207, 208] sowie SKÓRSKI u. DURACZ [209] berechneten näherungsweise
den zeitlichen Verlauf von Größe und Richtung des resultierenden Feldes
in der Probe. Die Temperaturabhängigkeit untersuchte KOCH [210]
(qualitative Angaben auch bei TESCHE [99]) und fand bei Eisen zwischen

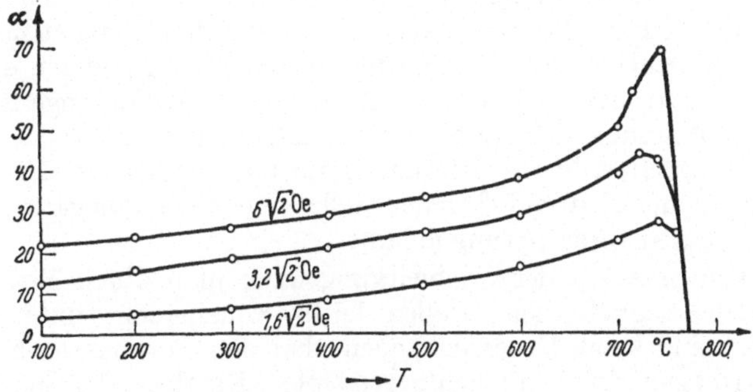

Fig. 45. Pauschaler Procopiu-Effekt α als Funktion der Temperatur bei einem 0,1 cm dicken Eisendraht in
einem Längsfeld von 0,1 Oe. Parameter Zirkularfeld (50 Hz) an der Drahtoberfläche. (Nach KOCH [210])

$100°$ C und dem Curie-Punkt für den Procopiu-Effekt einen ähnlichen
Verlauf wie für die Anfangspermeabilität (Fig. 45). Daß der Effekt in vielen
Fällen auch proportional zur differentiellen Permeabilität verläuft,
beobachtete TUTOVAN [203, 211]. Da im allgemeinen die Zahl der Barkhausen-Sprünge mit zunehmender Beweglichkeit der Wände wächst,
ist ein solches Ergebnis nicht überraschend. Ein quantitativer Zusammenhang mit der Permeabilität konnte jedoch bisher nicht nachgewiesen
werden.

In neuerer Zeit wurde der Procopiu-Effekt auch an dünnen Schichten
untersucht, die zumeist auf einem als Stromleiter für H_z dienenden
Kupferdraht elektrolytisch abgeschieden wurden (PROCOPIU [212],
TUTOVAN u. BURSUC [213, 214], TUTOVAN u. APOSTOL [215], BURSUC,
OJOG u. TUTOVAN [216], BURSUC, APOSTOL u. OJOG [217]). Diese Arbeiten enthalten jedoch keine quantitativen Angaben über die Größe
der Sprünge und über die Empfindlichkeit der verwendeten Meßanordnung. Es wurde lediglich der pauschale Effekt als Funktion der
Schichtdicke bestimmt und festgestellt, daß er unterhalb von einigen
10^{-5} cm Dicke verschwindet bzw. kleiner als die Nachweisgrenze wird.

Zusammenfassend läßt sich feststellen, daß Untersuchungen des
Barkhausen-Effekts in Wechselfeldern zwar viel zum Verständnis der
irreversiblen Magnetisierungsvorgänge beisteuern können, daß diese
Messungen jedoch unbedingt quantitativ durchgeführt werden müssen.

Die bisherigen Arbeiten über den Procopiu-Effekt enthalten in dieser Hinsicht keine befriedigenden Ergebnisse.

4. Barkhausen-Sprünge bei magnetischer Nachwirkung

Die magnetische Nachwirkung ist ihrer Natur nach ein irreversibler Vorgang. Man kann daher annehmen, daß sie zu einem großen Teil in Form von Barkhausen-Sprüngen abläuft. Deren charakteristische Eigenschaften müssen in enger Beziehung zur Ursache der Nachwirkung stehen. Bis heute sind zwei solche Nachwirkungsmechanismen bekannt: Einmal die thermische Fluktuation der spontanen Magnetisierung infolge der Wärmebewegung der Gitterbausteine, zum anderen die Diffusion von Elektronen oder Atomen im Gitter. Beide Vorgänge führen im Bild des Potentialmodells (Fig. 1) dazu, daß der Betrag $E(x)$ der magnetischen Energie zeitlichen Schwankungen unterworfen ist. Dabei kann es vorkommen, daß $d^2 E/dx^2$ an der Stelle x einer Wand negativ wird und damit ein Barkhausen-Sprung abläuft.

Die beiden Arten der Nachwirkung kann man durch Messung der pauschalen magnetischen Größen leicht voneinander unterscheiden. Bis heute sind keine Untersuchungen über den Barkhausen-Effekt bei Diffusionsnachwirkungen (auch „reversible", Richter- oder Snoek-Nachwirkung genannt) bekannt geworden. Auch die Theorie liefert hier keine Angaben über die charakteristischen Größen von mit der Nachwirkung etwa verbundenen Sprüngen der Magnetisierung. Die Diffusionsnachwirkung kann daher für das folgende außer Betracht bleiben. Die Theorie der thermischen Nachwirkung (auch „irreversible", Jordan- oder Fluktuations-Nachwirkung genannt) wurde von STREET, WOOLLEY u. SMITH [218, 219, 103] sowie NÉEL [220, 221, 182, 222] entwickelt (Ein zusammenfassender Überblick findet sich bei BROWN [370]). Sie enthält das mittlere Sprungvolumen als Parameter. Die genannten Autoren gehen von etwas unterschiedlichen Voraussetzungen aus und erhalten auch einen etwas verschiedenen Zusammenhang zwischen der pauschalen irreversiblen Magnetisierungsänderung, dem mittleren Volumen der Barkhausen-Sprünge und der Temperatur. NÉEL findet die Beziehung $S' = \text{const} \cdot \sqrt{T/\bar{v}'}$, STREET u. WOOLLEY hingegen $S' = \text{const} \times T/\bar{v}'$, wobei $S' = dI/d \log t$. Die Proportionalitätskonstante ist in beiden Fällen etwas verschieden, jedoch in erster Näherung temperaturunabhängig. Dabei wird vorausgesetzt, daß die magnetische Energie im Barkhausen-Volumen den gleichen Schwankungen ausgesetzt ist wie im Inneren eines Weißschen Bezirks (NÉEL [182]). Bis heute kann noch nicht mit Sicherheit entschieden werden, welche der beiden Beziehungen mit den Experimenten übereinstimmt (BARBIER [223], PESCETTI u. BARBIER [224]), weil über die Temperaturabhängigkeit von $\bar{v}'$ nicht genügend bekannt ist. Deren genaue Messung wäre also für das Verständnis der thermischen Nachwirkung von besonderer Bedeutung. Das mittlere Sprungvolumen ist die einzige charakteristische Sprunggröße, die in der Theorie der Nachwirkung auftritt. Die Zeitkonstante des Nachwirkungsfeldes steht dagegen in keinem einfach erkennbaren Zusammenhang mit der Kopplungszeit der Sprünge. STREET u. WOOLLEY, NÉEL, LLIBOURTY [225] haben $\bar{v}'$ aus dem für S' gemessenen Wert berechnet und erhielten die richtige Größenordnung. Umgekehrt kann man versuchen, durch Messung des mittleren Sprungvolumens Auskunft über die Größe der Nachwirkung selbst zu erhalten.

Qualitative Beobachtungen von Nachwirkungs-Barkhausen-Sprüngen finden sich bei v. D. POOL [15], WEISS u. RIBAUD [17], PREISACH [144], HEAPS [226] und KRANZ [65]. Genauere Messungen wurden jedoch bisher nur von zwei Autoren veröffentlicht: HUZIMURA [227] untersuchte die zeitliche Verteilung der Nachwirkungssprünge an Permalloy und Magnetit bei $-190°$, $+15°$ und $+100°$ C längs der Hystereseschleife, machte aber keine quantitativen Angaben über die Sprunggröße. TELESNIN [228, 229, 178] bestätigte das logarithmische Zeitgesetz für Nachwirkungssprünge in Permalloy unter verschieden starker Zugspannung. Keine der bisher genannten Arbeiten enthält Angaben über die Größenverteilung der Sprünge, die einen Vergleich mit der Nachwirkungstheorie gestatten würden.

BITTEL u. WESTERBOER [32] untersuchten die zeitlichen Abstände zwischen aufeinanderfolgenden Sprüngen und konnten ihre Ergebnisse mit Hilfe des in Fig. 33 dargestellten Gruppenmodells erklären. Unter der Annahme, daß die Kopplung zwischen den Sprüngen einer Gruppe durch das thermische Schwankungsfeld verursacht ist, ergibt sich die Kopplungszeit in der richtigen Größenordnung (vgl. Abschnitt II/4, b). STIERSTADT u. GEILE [44] berechneten aus der bei thermischer Idealisierung gemessenen Sprunggrößenverteilung den Temperaturverlauf der Größe S'. Unter der Voraussetzung, daß die so bestimmte Größenverteilung mit derjenigen der Nachwirkungssprünge identisch ist, ergibt sich eine qualitative Übereinstimmung mit Messungen der pauschalen Nachwirkung (PESCETTI u. BARBIER [224]): Fig. 46. Diese Untersuchungen bedürfen jedoch noch sorgfältiger

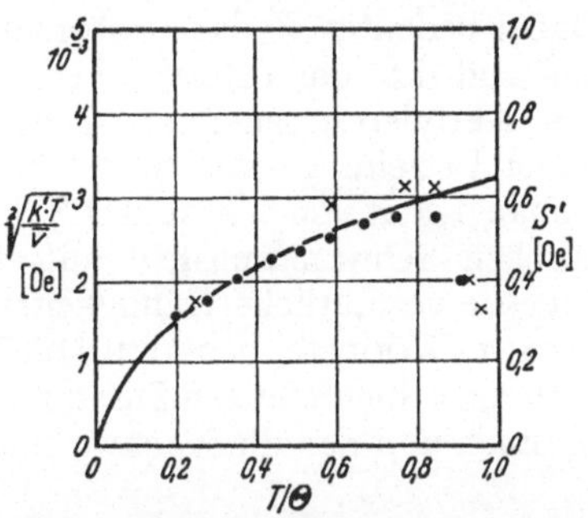

Fig. 46. Temperaturabhängigkeit des thermischen Schwankungsfeldes (Θ Curie-Punkt). ($\times$) S' aus Messungen der pauschalen Nachwirkung von Ni-27%Cu-3%Be (Nach PESCETTI u. BARBIER [224]). ($\bullet$) $\sqrt{k'\,T/\bar{v}}$ aus Messungen von $\bar{v}$ ($m > 1,3 \cdot 10^{-6}$cgs) bei thermischer Idealisierung von hartem Nickel. (———)$\sqrt{T}$ normiert. (Nach STIERSTADT u. GEILE [44])

Nachprüfung. Insbesondere muß geklärt werden, ob die Größenverteilung der Nachwirkungssprünge wirklich in jedem Material die Temperaturabhängigkeit der Größe S' wiedergibt. Sollte das zutreffen, so läßt sich umgekehrt aus S' das wahre mittlere Sprungvolumen $\bar{v}'$ berechnen, das auch diejenigen Sprünge mit erfaßt, der Größe unterhalb deren Nachweisgrenze der Meßanordnung ($m \approx 10^{-8}$ cgs) liegt. Auf diese Weise kann man dann eine Aussage über die Häufigkeitsverteilung von v in einem meßtechnisch bisher noch nicht zugänglichen Bereich erhalten*.

Auskunft über das thermische Schwankungsfeld geben auch Untersuchungen über das Leistungsspektrum des Barkhausen-Rauschens. KOLACHEVSKII [230, 231] fand, daß das Rauschen (Analysierfrequenz 1–200 kHz) bei zyklischer Ummagnetisierung von Fe, Ni und Permalloy temperaturunabhängig ist (abgesehen von der Änderung von I_s); und zwar zwischen 2° K und den jeweiligen Curiepunkten. Er zog daraus den Schluß, daß das thermische Schwankungsfeld keinen Beitrag zur Nachwirkung leistet. Dies ist sicher nicht richtig; wahrscheinlich wurde das Gleichgewichtsrauschen in den Untersuchungen KOLACHEVSIIs vom Rauschen der zyklischen Ummagnetisierung (2 kHz) vollständig überdeckt. Wie BITTEL u. LÜTGEMEIER (BITTEL [140], LÜTGEMEIER [36], BITTEL u. LÜTGEMEIER [188]) gezeigt haben, kann man das vom thermischen Schwankungsfeld erzeugte Gleichgewichtsrauschen nur im abmagnetisierten Zustand und bei streng konstant gehaltener Temperatur beobachten (vgl. auch BROPHY [232]). Sie konnten an Hand eines einfachen Potentialmodells für die Wandbewegung einen Ausdruck für das Leistungsspektrum W_B der Induktion des Gleichgewichtsrauschens ableiten, der die experimentell gefundene Abhängigkeit von der Frequenz f, der Temperatur und vom Volumen der Probe richtig wiedergibt.

$$W_B(f) = \frac{k' \cdot T}{V \cdot f} \cdot \frac{I_s^2 \cdot \bar{v}^2 \cdot Z'}{\Delta E'} . \tag{8}$$

Dabei bedeutet V das Probenvolumen, Z' die Anzahl der Wände pro cm³ und $\Delta E'$ das Intervall der zur Auslösung eines Sprunges notwendigen Aktivierungsenergien. Eine genaue experimentelle Nachprüfung dieser Beziehung wäre sehr wünschenswert, besonders hinsichtlich der Abhängigkeit von $\bar{v}$, Z' und $\Delta E'$. Die Aktivierungsenergie muß vom thermischen Schwankungsfeld aufgebracht werden. Qualitative Angaben über die vermutliche Häufigkeitsverteilung von E' finden sich schon bei STREET, WOOLLEY u. SMITH [103]. Die Beziehung (8) liefert somit einen weiteren zahlenmäßigen Zusammenhang zwischen dem mittleren Sprungvolumen und den die Nachwirkung bestimmenden Größen.

5. Barkhausen-Sprünge in Ferrimagnetika

Qualitative Versuche an Magnetit wurden bereits von WEISS u. RIBAUD [17] sowie HEAPS u. TAYLOR [85] ausgeführt. Die ersten quantitativen Untersuchungen über die Wandgeschwindigkeit in Rahmeneinkristallen aus Magnetit und Ni-Fe-Ferrit veröffentlichten GALT u. Mitarb. [129, 130, 131, 118]. Fig. 47 zeigt die spezifische Geschwindigkeit G als Funktion der Temperatur für einen Einkristall aus $(NiO)_{0,75}$ $(FeO)_{0,25}$ Fe_2O_3. Die starke Zunahme der Dämpfung unterhalb 150° K kann durch einen Platzwechsel von Valenzelektronen zwischen zwei- und dreiwertigen Eisenionen größenordnungsmäßig erklärt werden. Bei

---

* Voraussetzung ist dabei, daß die in der Nachwirkungstheorie auftretende Größe v dem Volumen der Barkhausen-Sprünge entspricht.

höheren Temperaturen ist die Geschwindigkeit durch Spinpräzessionsdämpfung bestimmt.

BATES u. Mitarb. [50] untersuchten Barkhausen-Sprünge an einem
polykristallinen $(MnO)_{0,7}$ $(ZnO)_{0,3}$ Fe_2O_3-Ferrit. Aus gleichzeitig durchgeführten thermomagnetischen Messungen und der Tatsache, daß auf
der Oberfläche der Probe keine Bitter-Streifen-Muster zu beobachten
waren, schlossen sie, daß die Barkhausen-Sprünge hier möglicherweise

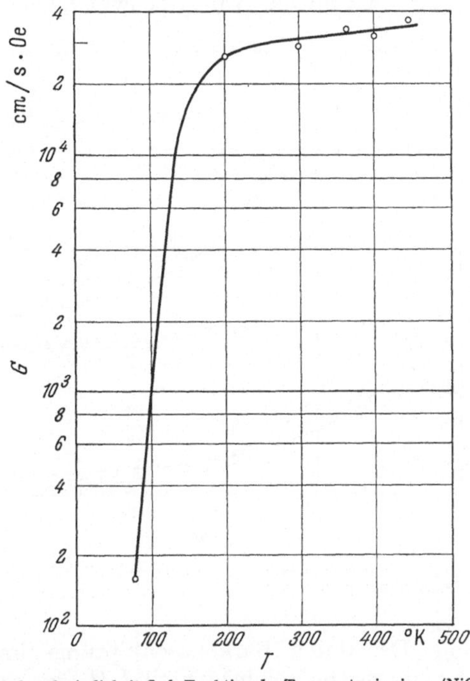

Fig. 47. Spezifische Wandgeschwindigkeit G als Funktion der Temperatur in einem (NiO) $_{0,75}$ (FeO) $_{0,25}$ Fe_2O_3-
Rahmeneinkristall. (Nach GALT [118])

aus irreversiblen Drehprozessen bestehen. GREIFER u. CROFT [233] beobachteten große Barkhausen-Sprünge in Cu-Mg-Ferriten. Die Sprünge
traten nur dann in Erscheinung, wenn das Gitter durch zweiwertige
Kupferionen tetragonal verspannt wurde. Dies konnte entweder durch
Vergrößern des Cu-Gehaltes oder durch Temperaturerniedrigung erreicht werden. Quantitative Angaben über die charakteristischen Sprunggrößen fehlen jedoch.

Sehr ausführliche Untersuchungen über den Barkhausen-Effekt in
polykristallinen Mg-Mn-Ferriten hat KNOWLES [134, 234, 190, 235] veröffentlicht. Er zeigte, daß die Ummagnetisierung durch 180°-Wände
zustandekommt, die in jedem Kristallit parallel zur leichten [111]-
Richtung liegen. Auf diese Weise konnte er die Rechteckigkeit der
Schleifen und die Form der Umschaltimpulse erklären. Aus der Néelschen Theorie des Rayleigh-Gebietes einerseits und aus Schaltzeitver-
suchen andererseits erhielt KNOWLES [234, 190] die Anzahl der von einer

Wand während eines Sprunges überstrichenen Potentialmulden (15 bis 25).
Schließlich konnte er die Wandgeschwindigkeit zu $\dot{x} = 985 \cdot (H_a - 0{,}62)$
cm/s bestimmen.

Die Größenverteilung der Sprünge in polykristallinen Mn-Zn-,
Ni-Zn- und Mg-Mn-Ferriten untersuchte Roche [82]. Fig. 48 zeigt einige
Ergebnisse, die sich nicht wesentlich von denjenigen an Metallen (Fig. 6)
unterscheiden. Aus Messungen der Dauer und des mittleren Volumens
der Sprünge ergaben sich für die Wandgeschwindigkeit Werte zwischen

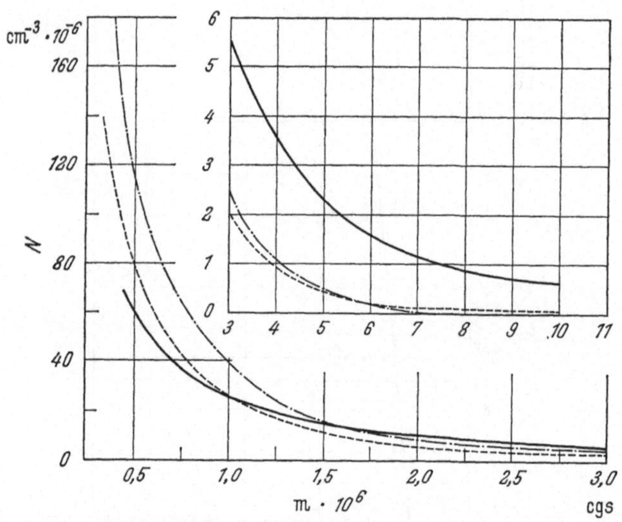

Fig. 48. Integrale Sprunggrößenverteilung $N(m)$ in polykristallinem Mn-Zn- (———), Mg-Mn- (- - - - -) und Ni-Zn- (· · · · ·) -Ferrit. (Nach Roche [82])

100 und 300 cm/s. Der durch Barkhausen-Sprünge im untersuchten
Größenbereich magnetisierte Volumenanteil I_B/I_s lag zwischen 17 und
35%.

Diese wenigen bisher veröffentlichten Ergebnisse über den Barkhausen-
Effekt in Ferrimagnetika liefern noch kein zusammenhängendes Bild der
Erscheinungen. Die charakteristischen Sprunggrößen unterscheiden
sich zwar nicht wesentlich von denjenigen in kompakten Metallen, doch
fehlen vor allem noch Messungen an magnetisch harten Ferriten und
Untersuchungen über die Kopplung der Sprünge. Auch liegen noch keine
Angaben über den Barkhausen-Effekt in solchen Ferriten vor, in denen
die Ummagnetisierung überwiegend durch Drehprozesse erfolgt.

6. Barkhausen-Sprünge in kleinen Teilchen und dünnen Schichten

Bei Untersuchungen an dünnen Schichten stand im Vordergrund
die Frage, bis zu welcher Schichtdicke herunter noch Barkhausen-
Sprünge auftreten. Schon Gerlach u. Lertes [12] (vgl. auch Tyndall

[18]) beobachteten, daß der Barkhausen-Effekt bei feiner Unterteilung des Ferromagnetikums, etwa in Pulverform, verschwindet. FÖRSTER u. WETZEL [93] konnten Sprünge noch an 35000 Å dünnen Permalloy-drähten nachweisen. BRANDSTAETTER [236] stellte an Eisenpulver-proben fest, daß der pauschale Barkhausen-Effekt mit abnehmender Größe und mit Annäherung der Körner an die Kugelform abnimmt.

Auch der Procopiu-Effekt wurde an dünnen Schichten des öfteren untersucht. PROCOPIU [212] fand, daß der Effekt an elektrolytischen Eisenschichten linear mit der Schichtdicke abnimmt und bei 17500 Å verschwindet. DRIGO u. PIZZO [237] bestimmten diese Grenzdicke zu 1300 Å für Fe, 800 Å für Ni und 1200 Å für Co. TUTOVAN u. Mitarb. [213, 214, 215] beobachteten Barkhausen-Sprünge bei 2000 Å dicken Fe-Schichten und fanden, daß die für die Auslösung der Sprünge er-forderliche kritische Wechselfeldstärke mit abnehmender Schichtdicke wächst. BURSUC u. Mitarb. [216, 217] untersuchten den pauschalen Procopiu-Effekt als Funktion der Gleich- und Wechselfeldstärke sowie der Zugspannung an Co- und Fe-Ni-Schichten von 1000 bis 6000 Å Dicke. Alle bisher genannten Arbeiten enthalten jedoch keine Angaben über die charakteristischen Eigenschaften der Sprünge selbst, sondern nur über den pauschalen Effekt.

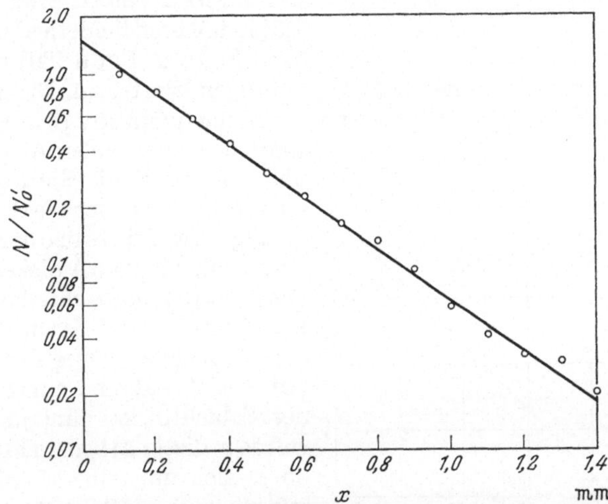

Fig. 49. Integrale Größenverteilung $N(x)$ der Barkhausen-Sprünge als Funktion der Wandverschiebungs-strecke x bei einer 3975 Å dicken Ni-32%Fe-Schicht im steilen Teil der Hystereseschleife. N'_0 Gesamtzahl der Sprünge $x > 0,1$ mm. (Nach FORD u. PUGH [80])

Die ersten quantitativen Messungen wurden von FORD u. PUGH [80] veröffentlicht. Sie beobachteten mit Hilfe des magnetooptischen Kerr-Effekts die Größenverteilung der Sprünge an 3000 bis 4000 Å dicken Fe-Ni-Schichten. Fig. 49 zeigt, daß die Häufigkeitsverteilung im unter-suchten Größenbereich in guter Näherung exponentiell verläuft (Be-ziehung (2) mit $p = 1$). Der Barkhausen-Anteil der Gesamtmagnetisie-rung betrug bei diesem Rechteckwerkstoff etwa 80%.

Eine Reihe von systematischen Untersuchungen an Eisen- und Permalloyschichten wurde während der letzten Jahre in der Sowjetunion durchgeführt. RODICHEV u. KIM [137] bestimmten die Häufigkeitsverteilung der Sprungdauern an 2000 Å dicken Fe-Schichten (Fig. 26)

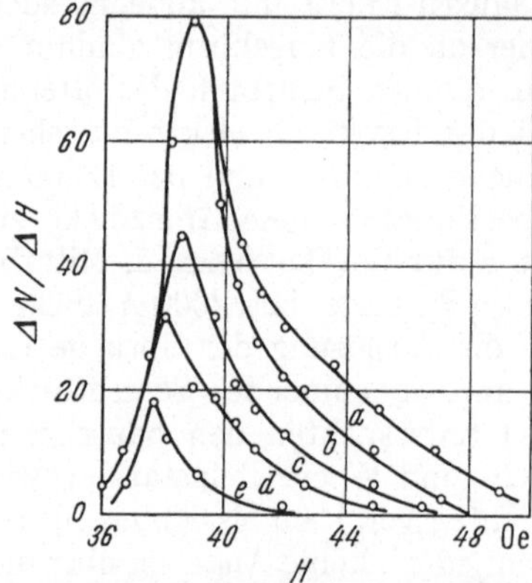

Fig. 50. Dichteverteilung der integralen Sprungzahl N als Funktion der Feldstärke längs eines Hystereseastes einer 5000 Å dicken Eisenschicht. Nachweisgrenze 1,2 (a), 1,5 (b), 2,0 (c), 3,0 (d) und 6,0 (e) · 10⁻⁹ cm³. (Nach IVLEV u. PROKOPENKO [238])

und untersuchten den Einfluß der Geometrie von Probe und Suchspule auf das Meßergebnis. IVLEV u. PROKOPENKO [238] (vgl. auch PROKOPENKO [239]) versuchten, die an 5000 Å dicken zylindrischen Fe-Schichten beobachteten Sprünge nach der Art ihrer Entstehung zu unterscheiden. Da die Größenverteilung in diesem Fall stark feldstärkeabhängig ist (Fig. 50) war zu vermuten, daß in niedrigen Feldern ein anderer Magnetisierungsprozeß (Keimbildung) überwiegt als in hohen (Wandverschiebung). Der Exponent p in der Beziehung (2) hat unterhalb 39 Oe etwa den Wert 1,5; in höheren Feldern nimmt er den nach FORD u. PUGH [80] für Wandverschiebungen in dünnen Schichten gültigen Wert 1 an. Die Meßergebnisse konnten auf der Basis dieser Vorstellung qualitativ richtig gedeutet werden. Leider fehlen Angaben darüber, ob auch die Sprungdauer so ausgeprägt von der Feldstärke abhängig ist wie die Größe der Sprünge.

An 600 bis 1200 Å dicken Permalloyschichten beobachteten SALANSKII, RODICHEV u. SAVCHENKO [81] eine Größenverteilung der Form (2) mit $p = 2$, während k mit wachsender Schichtdicke abnimmt. Leider wurde in dieser Arbeit nicht erwähnt, ob es sich um reine Wandverschiebungen gehandelt hat, was dem Ergebnis ($p = 1$) von FORD u. PUGH [80] widersprechen würde. Daher kann die Frage, ob der Exponent p eindeutig die Art des Magnetisierungsvorgangs charakterisiert, heute

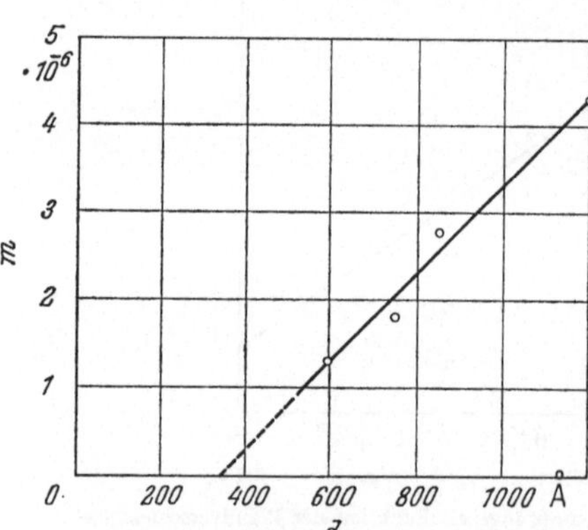

Fig. 51. Dickenabhängigkeit der mittleren Sprunggröße $\overline{m}$ in Ni-17%Fe-3%Mo-Schichten. Nachweisgrenze 0,56 · 10⁻⁶ cgs. (Nach SALANSKII, RODICHEV u. SAVCHENKO [81])

noch nicht sicher beantwortet werden. Die genannten Autoren untersuchten ferner die Schichtdickenabhängigkeit des mittleren Moments $\overline{m}$ der Sprünge ($0,6 \cdot 10^{-6} < m < 9 \cdot 10^{-6}$ cgs). Wie Fig. 51 zeigt, liefert die Extrapolation auf $\overline{m} = 0$ eine Grenzschichtdicke von etwa 350 Å. Da die Größenverteilung jedoch stark dickenabhängig ist ($k = f(d)$)

kann hieraus noch nicht geschlossen werden, daß unterhalb $d = 350\,\text{Å}$ keine Sprünge mehr auftreten. Möglicherweise sind sie kleiner als die Nachweisgrenze der Apparatur.

SALANSKII u. RODICHEV [138, 240] bestimmten die Häufigkeitsverteilung der Sprungdauern in einer 1700 Å dicken Mo-Permalloyschicht. Bei Ummagnetisierung in der leichten Richtung war die mittlere Sprungdauer rund zehnmal größer als in der schweren Richtung. Daraus kann geschlossen werden, daß der sprunghafte Ummagnetisierungsprozeß in beiden Fällen verschieden verläuft: 180°-Wandverschiebungen bei Magnetisierung in der leichten Richtung bzw. 90°-Rotation bei Magnetisierung senkrecht dazu. Schließlich sei noch eine Arbeit von KIM u. RODICHEV [133] erwähnt, die an 1500 bis 2000 Å dicken Fe- und Permalloyschichten die Geschwindigkeit von großen Barkhausen-Sprüngen gemessen haben. Die spezifische Geschwindigkeit G betrug für Fe 07,−1,2 cm/s · Oe (je nach Art der Keimbildung) und für Permalloy 3,43 cm/s · Oe.

Schon seit langem ist bekannt, daß es in dünnen Schichten außer der Wandverschiebung noch einen weiteren wichtigen irreversiblen Magnetisierungsvorgang gibt, die kohärente Drehung der Spins. Dieser Drehprozeß ist spezifisch für Einbereichsteilchen und unterhalb einer gewissen Grenzschichtdicke die einzig mögliche Form der Ummagnetisierung. Diese spezielle Art von Barkhausen-Sprüngen unterscheidet sich in einem Punkt wesentlich von allen anderen bisher behandelten Fällen: Die Minimal- bzw. Gleichgewichts-Werte der magnetischen Energie werden überwiegend durch das entmagnetisierende Streufeld, also durch die geometrische Form der Probe bestimmt. Das Volumen eines solchen Barkhausen-Sprungs ist mit demjenigen des Einbereichs-Teilchens identisch. Die Frage nach der Sprungdauer („Schaltzeit") und nach der Kopplung der Sprünge untereinander kann hier nicht im einzelnen behandelt werden. Es sei daher auf die einschlägigen Lehrbücher (z. B. KNELLER [4]) und auf die Monographie von PRUTTON [241] hingewiesen.

7. Große Barkhausen-Sprünge

Unter bestimmten Bedingungen erfolgt die Ummagnetisierung einer makroskopischen Probe in einem einzigen oder in ganz wenigen großen Schritten. Man spricht dann von einem großen Barkhausen-Sprung. Solche großen Sprünge treten immer dann auf, wenn die zum Entstehen eines Ummagnetisierungskeims erforderliche Startfeldstärke größer ist als die kritische Feldstärke der Wandverschiebung bzw. Rotation. Diese Bedingung ist in Materialien mit in Magnetisierungsrichtung starker einachsiger Anisotropie verwirklicht: In Einkristallen bei Magnetisierung in der leichten Richtung; in Vielkristallen bei Zugspannung und positiver Magnetostriktion, bei Diffusionsanisotropie, Kornorientierung oder Formanisotropie (dünne Drähte, kleine Einbereichsteilchen, dünne Schichten) usw.

5*

Bei der Besprechung dieses Effekts können wir uns auf einen kurzen summarischen Überblick beschränken. Einmal ist das Gebiet in den neueren Lehrbüchern (z. B. Kneller [4], Prutton [241]) ausführlich behandelt. Zum anderen unterscheidet sich die physikalische Fragestellung in vielen Punkten von derjenigen beim bisher behandelten normalen Barkhausen-Effekt. Die Größe der Sprünge ist zumeist identisch mit dem Volumen der Probe (Sixtus-Tonks-Experiment, Einbereichsteilchen, dünne Schichten) oder sie wird direkt optisch beobachtet (Versuche an großen Einkristallen). Im Vordergrund stehen die Untersuchungen über Wandgeschwindigkeit und „Schaltzeit". Die eingehende Behandlung dieser Fragen würde jedoch den Rahmen unseres Berichts sprengen. Daher werden im folgenden nur die wichtigsten Ergebnisse kurz charakterisiert.

Zum ersten Mal beobachtete v. d. Pool [15] die großen Sprünge, der sich jedoch dann nicht weiter damit beschäftigt hat. Forrer [29, 245, 246] hingegen untersuchte systematisch die Bedingungen für das Zustandekommen großer Sprünge in Nickel. Da die Sättigungsmagnetostriktion negativ ist, muß die Probe hier einem in Feldrichtung wirkenden Druck ausgesetzt sein, um die erforderliche einachsige Anisotropie zu erhalten. Das kann man durch geeignete plastische und elastische Deformationen auch bei dünnen Drähten erreichen. Die Erklärung dieses Effekts gelang Kersten [247] (vgl. auch Heaps [248]). Weitere Untersuchungen an so vorbehandeltem Nickel wurden von del Nunzio [249, 250], v. Schmoller [251] sowie Förster u. Wetzel [93] veröffentlicht; del Nunzio [252] und Bargone [253] bestimmten auch die Temperaturabhängigkeit des Effektes. Preisach [20, 254, 255] beobachtete große Sprünge erstmals an einem Material mit positiver Magnetostriktion und schuf damit die Grundlage zu den Experimenten von Sixtus und Tonks.

In Werkstoffen mit Diffusionsanisotropie wurden von Bozorth, Dillinger u. Kelsall [256], Dillinger [257] und Bozorth [258] sowie Williams u. Goertz [259] große Barkhausen-Sprünge gefunden. Unter dem Einfluß der Formanisotropie haben Bozorth u. Dillinger [89] sowie Förster u. Wetzel [93] den Effekt in polykristallinen dünnen Drähten, de Blois [111] in Fe-Whiskern untersucht. Greifer u. Croft [233] beobachteten große Barkhausen-Sprünge in polykristallinen Cu-Mg-Ferriten, wenn deren Gitter durch zweiwertige Kupferionen tetragonal verspannt ist. Knowles [134, 234] konnte die Rechteckschleifen von polykristallinem Mg-Mn-Ferrit aus Beobachtungen der Magnetisierungsvorgänge im einzelnen Kristallit erklären. Bezüglich der umfangreichen Literatur über große Sprünge in kleinen Teilchen und dünnen Schichten sei auf das Lehrbuch von Kneller [4] verwiesen.

An Rahmeneinkristallen aus Eisen wurden große Barkhausen-Sprünge von Bozorth [260], Stewart [58, 59], sowie Williams, Shockley u. Kittel [66, 67, 121], an Ferrit-Rahmen-Einkristallen von Galt u. Mitarb. [129, 130, 131, 118] sowie von Dillon u. Earl [132] beobachtet. Diese Untersuchungen dienten vor allem dazu, die Wandgeschwindigkeit in Abhängigkeit von verschiedenen äußeren Parametern zu messen.

Gegenüber der Methode von SIXTUS und TONKS hat man hier den Vorteil einer geometrisch einfachen Wandkonfiguration, deren Wirbelstromfeld sich exakt berechnen läßt (WILLIAMS u. a. [121]).

Das Verdienst, zum ersten Mal die Geschwindigkeit eines elementaren Magnetisierungsvorgangs direkt gemessen zu haben, gebührt jedoch SIXTUS und TONKS (LANGMUIR u. SIXTUS [261], SIXTUS u. TONKS [28, 262, 263, 264], SIXTUS [265, 266], TONKS u. SIXTUS [267, 268, 269]). Die bekannten Versuche an Permalloydrähten unter Zugspannung wurden von zahlreichen Autoren weitergeführt und ergänzt, so vor allem von PREISACH [254], HÜLSTER [270, 271], REINHART [272, 273, 274], STEINBERG [275], KERSTEN [276], DÖRING u. HAAKE [277] und HAAKE [278]. Die Theorie des Keimwachstums entwickelte DÖRING [279]. Zusammenfassende Darstellungen veröffentlichten SIXTUS [124] und DÖRING [280]. Die genannten Autoren, vor allem SIXTUS, TONKS, DÖRING, HAAKE und KERSTEN, haben die Erscheinungen so gründlich und systematisch untersucht, daß von 1938 bis heute nur noch wenige ergänzende Beobachtungen hinzukamen, die jedoch nichts grundsätzlich Neues mehr brachten. Hier seien vor allem erwähnt die Arbeiten von NÉEL [281] über die Form der Ummagnetisierungskeime, von DIJKSTRA u. SNOEK [282, 283] und HUZIMURA [284] über die Deutung der Wandgeschwindigkeit, von OGAWA [285] und GREINER [286] über das Keimwachstum, von DE BLOIS [111] über die Wandgeschwindigkeit in Whiskern sowie von KIM u. RODICHEV [133] über diejenige in dünnen Schichten.

Die Versuchsanordnung bei diesen Messungen an polykristallinen Drähten mit starker Spannungsanisotropie in Achsenrichtung hat jedoch einen großen Nachteil: Die Form der Wand (oder besser Ummagnetisierungsfront) ist so kompliziert (konischer Trichter), daß sich das Wirbelstromfeld nicht exakt berechnen läßt. Zudem bewegt sich die Wand nicht in Richtung ihrer Normalen vorwärts. Diese beiden Tatsachen verhindern bis heute einen quantitativen Vergleich zwischen Meßergebnis und Theorie. Eine weitere Komplikation kommt noch hinzu: Wie bereits KOCH [125] (vgl. auch HÜLSTER [271]) und in neuerer Zeit COLE [287], NAGASHIMA [128], KIM u. RODICHEV [133] sowie KIRENSKII, SALANSKII u. RODICHEV [126, 127] gezeigt haben, besteht die Ummagnetisierungsfront nicht aus einer einzigen glatten Wand. Sie hat im mikroskopischen Bereich eine sehr unregelmäßige Struktur, über die noch keine näheren Einzelheiten bekannt sind. Nur die makroskopische Form entspricht grob der bekannten konischen Tüte.

Damit stellen sich auch auf diesem klassischen Gebiet, das 1938 so gut wie abgeschlossen schien, heute wieder ganz neue Fragen, deren Beantwortung erst mit Hilfe der inzwischen entwickelten Kurzzeitmeßtechnik in Angriff genommen werden kann.

8. Das Rauschen von Spulen mit ferromagnetischem Kern

Bei jeder Änderung der räumlichen Verteilung des Magnetflusses einer Probe werden in einer diese umgebenden Induktionsspule Span-

nungsimpulse $U(t)$ erzeugt. Deren Frequenzspektrum kann man untersuchen und daraus Angaben über die charakteristischen Größen der
Barkhausen-Sprünge erhalten. Wäre die Hystereseschleife streng punkt-
symmetrisch zum Ursprung, so würde das so gemessene Rauschleistungs-
spektrum $S(\omega) = \overline{U^2}$ bei zyklischer Ummagnetisierung mit der Frequenz ω_0
nur aus ungradzahligen Oberwellen von ω_0 bestehen und proportional zu
$1/\omega^2$ abnehmen (NONNENMACHER [288]). Diesen Anteil des Rauschens
nennt man das diskrete Spektrum. Es hat für die Untersuchung des Barkhausen-Effekts keine unmittelbare Bedeutung und soll hier nicht weiter
diskutiert werden. Sofern die Hystereseschleife nicht mehr streng punkt-
symmetrisch zum Ursprung ist bzw. sobald Barkhausen-Sprünge auftreten, deren zeitliche Aufeinanderfolge von Zyklus zu Zyklus nicht mehr
streng reproduzierbar ist, entsteht zusätzlich zum diskreten ein kontinuierlicher Anteil des Leistungsspektrums. Dieser enthält nunmehr auch grad-
zahlige Oberwellen. Seine Leistung ist für eine statistisch unabhängige
Impulsfolge im Gebiet $\omega \ll 1/\tau_s$ frequenzunabhängig (τ_s: Sprungdauer)
und fällt dann nach höheren Frequenzen hin schnell ab. Die Form dieses
Abfalls wird vom zeitlichen Verlauf $F(t)$ des Einzelimpulses bestimmt.
Der Wert von $S(\omega)$ im kontinuierlichen Bereich ist proportional der
Sprunggröße und der mittleren Impulsfolgefrequenz ν. In Fig. 52 ist das
gesamte Leistungsspektrum schematisch dargestellt. Sind die Impulse

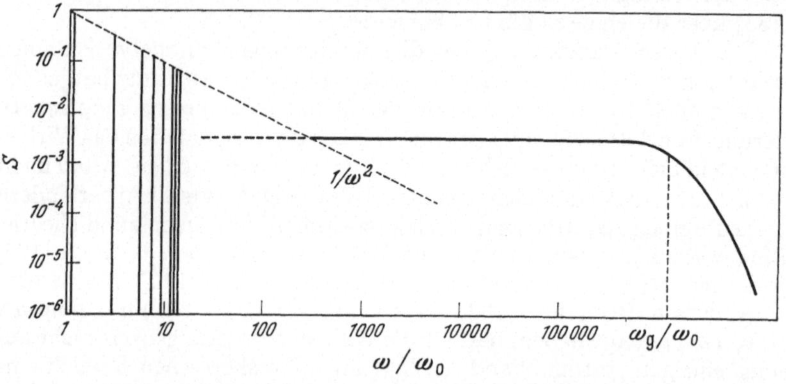

Fig. 52. Frequenzspektrum $S(\omega)$ der Rauschleistung einer Spule mit ferromagnetischem Kern, schematisch. ω_0 Magnetisierungsfrequenz, ω_g Wirbelstromgrenzfrequenz des Kernmaterials

nicht mehr statistisch unabhängig, sondern miteinander gekoppelt, so
wird auch der kontinuierliche Anteil des Spektrums im Bereich $\omega \ll 1/\tau_s$
frequenzabhängig. Es treten dann solche Frequenzen stärker hervor, die
Vielfachen von $2\pi/\tau_k$ entsprechen (τ_k: Zeitlicher Abstand aufeinanderfolgender Impulse). Um bei experimentellen Untersuchungen über das
Barkhausen-Rauschen nicht vom diskreten Anteil des Spektrums gestört
zu werden, arbeitet man im allgemeinen bei Frequenzen, die groß gegen
diejenige (ω_0) des polarisierenden Feldes sind ($\omega > 100\ \omega_0$).
  Diese kurze Charakterisierung des Rauschspektrums zeigt, daß man
prinzipiell alle einen Magnetisierungssprung bestimmenden Größen

$(v, \tau_\mathrm{s}, \tau_\mathrm{k})$ daraus entnehmen kann. In der Praxis ergeben sich dabei jedoch erhebliche Schwierigkeiten. Vor allem deshalb, weil die analytische Darstellung des Spektrums zu viele Parameter enthält, die nicht genau bekannt sind. Man kann daher im allgemeinen nur die Mittelwerte, nicht aber die Häufigkeitsverteilungen der genannten Größen erhalten. In dieser Hinsicht sind Untersuchungen des Rauschens weniger aufschlußreich als die direkte Messung von Sprunggröße, -dauer und -abstand. Dem steht als Vorteil gegenüber, daß auch noch solche Werte dieser Größen zum Rauschen beitragen, die wegen ihrer Kleinheit meßtechnisch nicht mehr einzeln erfaßt werden können.

a) Analytische Darstellung des Rauschspektrums. Die ersten Berechnungen über die Form des Leistungsspektrums $S(\omega)$ wurden von

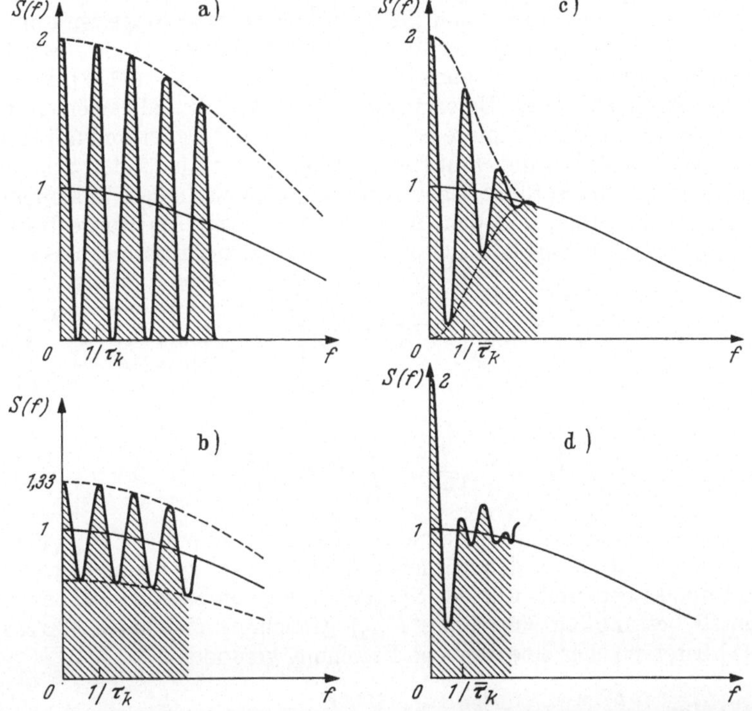

Fig. 53a—d. Normiertes Leistungsspektrum $S(f)$ einer Folge von Rechteckimpulsen mit verschiedener zeitlicher Kopplung. Kopplungszeit $\tau_\mathrm{k} = 15 \cdot$ Impulsdauer τ_s. Durchgezogene, bei $S = 1$ beginnende Kurven: Spektrum statistisch unabhängiger Impulse. (Nach Bittel [140]). a) Feste zeitliche Kopplung je zweier aufeinanderfolgender Einzelimpulse zu einer Gruppe; die Gruppen selbst sind statistisch voneinander unabhängig. b) Nur ein Drittel aller Impulse sind wie bei a gekoppelt. c) Alle Impulse sind paarweise wie bei a gekoppelt, τ_k schwankt jedoch in Form einer Dreieckverteilung um einen Mittelwert zwischen $\pm 5\tau_\mathrm{s}$. d) Wie c, jedoch schwankt τ_k in Form einer Rechteckverteilung

Krumhansl u. Beyer [289] veröffentlicht. (Kurze Hinweise finden sich auch schon bei Beyer u. Krumhansl [290] sowie Sack u. Mitarb. [291]). Unter sehr vereinfachenden Annahmen über Dauer und Größenverteilung der Sprünge erhielten sie bei einer statistisch unabhängigen Impulsfolge für $S(\omega)$ einen Ausdruck, der proportional $\bar{v}$ und ν ist. Ähnliche Berechnungen wurden von GORELIK [292], WILLIAMS u. NOBEL [293], HANEMAN [294] sowie BIORCI u. PESCETTI [295] angestellt. Die Ansätze unterscheiden sich im wesentlichen nur durch verschiedene Annahmen über die Ursachen für die Nicht-Reproduzierbarkeit der Sprünge im mikroskopischen Bereich (vgl. BUNKIN [296]); sie liefern kaum die richtige Größenordnung für S. Einen gewissen Fortschritt erzielte BUNKIN [296, 297, 298], indem er die Häufigkeitsverteilung von Größe und Dauer der Sprünge in die Überlegung mit einbezog. Doch berücksichtigte auch er nicht die Kopplung aufeinanderfolgender Impulse.

Dies tat zum ersten Mal BITTEL [140]. Er berechnete die Form des Leistungsspektrums im Bereich $\omega \ll 1/\tau_s$ für eine Folge von Rechteckimpulsen gleicher Höhe und Dauer. Die zeitliche Kopplung beschrieb er durch eine Sperrzeit τ_{sp} (vgl. Abschnitt II/4, b). Einige Beispiele zeigt Fig. 53, aus der man entnimmt, daß ein Spektrum gekoppelter Impulse ganz wesentlich von dem einer statistisch unabhängigen Folge abweichen kann. MAZZETTI [299] (vgl. auch MAZZETTI u. MONTALENTI [142], MONTALENTI [300]) hat diese Berechnungen dann für den allgemeinen Fall durchgeführt, in dem Impulse beliebiger Form und Dauer und mit einem beliebigen Gesetz für die Häufigkeitsverteilung der Abstände zweier aufeinanderfolgender Sprünge zugelassen sind. Auch eine mögliche Kopplung zwischen der Größe und dem Abstand zweier Impulse wurde berücksichtigt. Das Ergebnis läßt sich in folgender Formel zusammenfassen,

$$S(\omega) = \nu\left\{\overline{b^2} \cdot \overline{|T'(\omega)|^2} + 2\bar{b} \cdot |\overline{T'(\omega)}|^2 \cdot \Re\left(\frac{\int\limits_0^\infty \bar{b}(\tau_k) \cdot P(\tau_k) \cdot e^{i\omega\tau_k} \cdot d\tau_k}{1 - \int\limits_0^\infty P(\tau_k) \cdot e^{i\omega\tau_k} \cdot d\tau_k}\right)\right\} \quad (9)$$

wobei

$$T'(\omega) = \frac{1}{\sqrt{2\pi}} \cdot \int\limits_{-\infty}^{+\infty} F_i(t) \cdot e^{-i\omega t} \cdot dt \quad (10)$$

die Fourier-Transformation des normierten Einzelimpulses $F(t)$, b_i dessen Maximalamplitude, τ_k den zeitlichen Abstand zweier aufeinanderfolgender Impulse bedeutet. Für den Spezialfall der von SAWADA [92] experimentell bestimmten Verteilung $P(\tau_k)$ (Gleichung (5)) hatte MAZZETTI [141] bereits früher eine ähnliche Beziehung gefunden.

$$S(\omega) = \frac{\overline{b^2} \cdot \nu}{2\pi} \cdot \frac{1}{(1/\tau_s)^2 + \omega^2} - \frac{4\bar{b}^2 \cdot \nu^3}{\pi} \cdot \frac{1}{((1/\tau_s)^2 + \omega^2)(16\nu^2 + \omega^2)} \quad (11)$$

(Dabei wurde $F(t) = t \cdot e^{-t/\tau_s}$ gesetzt.) Durch geeignete Wahl des Parameters b liefert diese Beziehung quantitative Übereinstimmung mit den Meßergebnissen (MAZZETTI [141]). Wie oben erwähnt enthalten (9) und (11) nur die Mittelwerte, nicht aber die Häufigkeitsverteilungen der Größen b, $F(t)$ und τ_k.

b) Messungen der Frequenzabhängigkeit des Barkhausen-Rauschens. Das Leistungsspektrum einer Spule mit ferromagnetischem Kern wurde von zahlreichen Autoren untersucht. Da jedoch die experimentellen Bedingungen oft nicht sorgfältig genug gewählt waren, eignen sich nur ganz wenige dieser Messungen für einen quantitativen Vergleich mit der Theorie und damit für die Berechnung der charakteristischen Sprunggrößen.

Die ersten Messungen des „diskret-kontinuierlichen" Spektrums wurden von GRATSCHEW [301] veröffentlicht. KOLACHEVSKII [230, 231] untersuchte die Temperaturabhängigkeit des Rauschens von Fe, Ni und

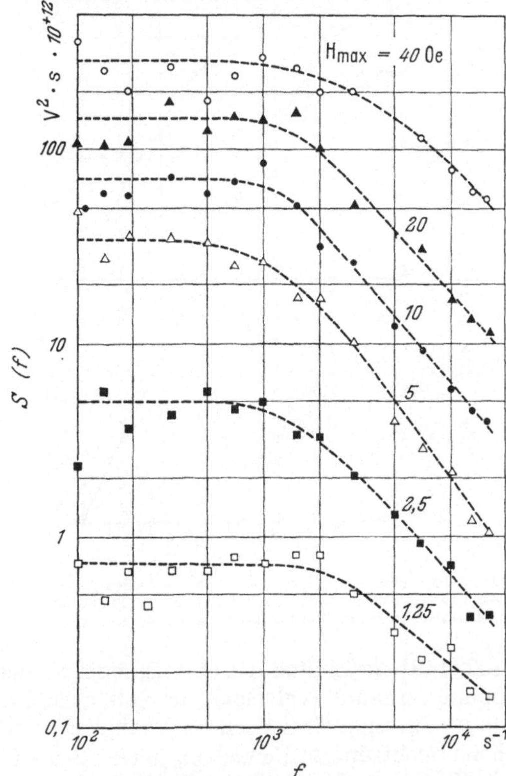

Fig. 54. Leistungsspektrum $S(f)$ (in relativen Einheiten) des Barkhausen-Rauschens von Eisen. Magnetisierungsfrequenz 4 Hz, Parameter Aussteuerungsfeldstärke. (Nach BIORCI u. PESCETTI [295])

Permalloy zwischen 2° K und den jeweiligen Curie-Punkten. Aus der Tatsache, daß das Leistungsspektrum von der Temperatur genau so abhängt wie die spontane Magnetisierung, schloß er jeden Einfluß des thermischen Schwankungsfeldes auf das Rauschen aus. Dieser ist jedoch sicher vorhanden (vgl. Abschnitt III/4); er dürfte nur bei den Messungen KOLACHEVSKIIs durch den Beitrag des diskreten Spektrums weit überdeckt worden sein. Weitere, nur orientierende Untersuchungen des Rauschspektrums wurden von GORDON [302] an der Fe-Ni-Reihe, von NONNENMACHER [288] an einem Ni-Zn-Ferrit, und von WARREN [303, 374] an Fe-Si-Proben durchgeführt.*

---

* KOLACHEVSKII [377] beobachtete den Einfluß einer Zugspannung auf das Rauschen von Fe, Ni und Permalloy.

Für eine quantitative Auswertung brauchbare Messungen haben zuerst BIORCI u. PESCETTI [295] veröffentlicht. Sie beobachteten an Fe, Ni und Ferroxcube Spektren, deren Verlauf näherungsweise den Erwartungen für eine statistisch unabhängige Impulsfolge entspricht (Fig. 54). Die geringfügige Abnahme der Rauschleistung bei Frequenzen unterhalb 1 kHz in diesen Spektren wurde später von MAZZETTI u.

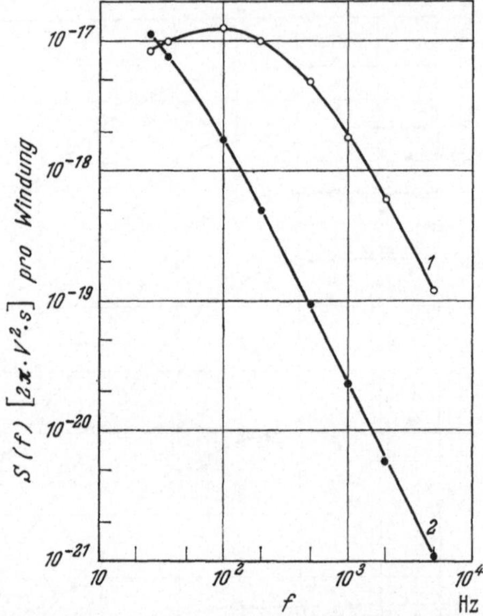

Fig. 55. Leistungsspektrum des Barkhausen-Rauschens einer zylindrischen (1) und einer toroidförmigen (2) weichen Eisenprobe. Magnetisierungsfrequenz 0,1 Hz. Umfang des Torus und Länge des Zylinders 3,5 cm, Querschnitt beider Proben 0,785 · 10⁻² cm². (Nach MAZZETTI u. MONTALENTI [142])

MONTALENTI [142, 143] als Einfluß des entmagnetisierenden Feldes und damit der Kopplung erkannt (vgl. auch die ähnlichen Messungen von BONNEFOUS [304]). Für eine statistisch unabhängige Impulsfolge sollte das kontinuierliche Spektrum im Bereich $\omega_0 \gg \omega \gg 2\pi/\tau_s$ frequenzunabhängig sein. Die Kopplung der Sprünge durch eine nach (7) vom Entmagnetisierungsfaktor abhängige Sperrzeit liefert, wie BITTEL [140] und MAZZETTI [141] zeigten, gerade die beobachtete Leistungsabnahme im Bereich niedriger Frequenzen (Fig. 35). In Fig. 55 ist dies sehr deutlich am Vergleich zweier Eisenproben zu sehen, von denen eine Zylinder-, die andere Toroidform hatte.

Von MAZZETTI u. MONTALENTI [143] sowie LÜTGEMEIER [35] wurden in neuerer Zeit die Rauschspektren einer ganzen Reihe von Metallen und Ferriten in Toroidform untersucht. MAZZETTI u. MONTALENTI [143] schlossen aus ihren Ergebnissen, daß zwischen der über das ganze Spektrum integrierten Rauschleistung und der Maximalpermeabilität des Materials keine einfach erkennbare Beziehung besteht. LÜTGEMEIER [35] untersuchte die Rauschspektren von Ferriten bei isothermer Magnetisierung und bei thermischer Idealisierung. In allen Fällen begann der Leistungsabfall nach hohen Frequenzen hin schon weit unterhalb der aus

Wirbelstrom- und Spinrelaxations-Dämpfung berechneten Grenzfrequenz $2\pi/\tau_s$. Hierfür werden zwei mögliche Ursachen diskutiert: Einmal kann die Sprungdauer dadurch vergrößert werden, daß nicht nur die reversible Permeabilität die Abklingzeit der Wirbelströme bestimmt, sondern ein höherer Wert; im Grenzfall die differentielle Permeabilität. Zum anderen kann eine Gruppenbildung der Sprünge unter dem Einfluß des Nachwirkungsfeldes erfolgen. Beide Mechanismen führen jedoch am Ende zu dem gleichen Ergebnis, nämlich zu einer Kopplung aufeinanderfolgender Sprünge. Schließlich sei noch eine Untersuchung von BONNEFOUS [304] erwähnt, der das Rauschspektrum von Mumetall- und Mn-Zn-Ferrit-Ringproben in einem rotierenden Magnetfeld gemessen hat. Er fand mit zunehmender Feldstärke eine starke Verminderung der Rauschleistung und gleichzeitig eine Verschiebung des Maximums von $S(\omega)$ nach höheren Frequenzen hin. Eine Erklärung für diesen Effekt wurde jedoch nicht gegeben.

Bei der experimentellen Untersuchung des Barkhausen-Rauschens ist zu beachten, daß infolge der Kopplung der Sprünge die Rauschleistung von der Geometrie der Meßanordnung abhängt. Man erhält unter sonst gleichen Bedingungen verschiedene Werte $S(\omega)$, wenn man zum Beispiel verschieden lange Meßspulen verwendet. Untersuchungen hierüber wurden von GRATSCHEW [305] sowie von STORM u. HEIDEN [37] vorgenommen. Die letztgenannten Autoren erhielten für den Korrelationskoeffizienten K' der in zwei im Abstand a_s auf die gleiche Probe gewickelten kurzen Spulen gemessenen Rauschspannungen einen Ausdruck

$$K'(a_s) = (1 + \delta a_s) \cdot e^{-\delta a_s} \tag{12}$$

mit frequenzabhängigem δ von einigen $10^{-2}\,\mathrm{cm^{-1}}$. Die Größe $1/\delta$ ist ein Maß für die „Reichweite" der Flußänderung und wird von anderen Autoren auch effektive Länge des Barkhausen-Sprungs genannt. Für die Abhängigkeit des Leistungsspektrums von der Länge l der Meßspule ergab sich die Beziehung

$$S(\omega, l) = S(\omega, 0) \cdot \frac{2}{l^2} \int\limits_0^l \mathrm{d}x \int\limits_0^x K'(\omega, a_s)\,\mathrm{d}a_s \tag{13}$$

mit deren Hilfe man Rauschspektren miteinander vergleichen kann, die mit Spulen verschiedener Länge aufgenommen wurden.

c) Das Rauschen des thermischen Schwankungsfeldes. Das von NÉEL [220, 182] beschriebene thermische Schwankungsfeld löst, genau so wie ein äußeres Feld, Barkhausen-Sprünge aus (vgl. Abschnitt III/4). Die hierbei entstehenden Rauschimpulse können zur Untersuchung des Schwankungsfeldes herangezogen werden. Solche Messungen wurden zuerst von NONNENMACHER u. SCHWEIZER [288, 306], später von BROPHY [232] ausgeführt. Systematische Arbeiten von BITTEL u. LÜTGEMEIER [188, 33] ergaben dann (Fig. 56), daß das Rauschen im thermischen Gleichgewicht bzw. nach Wechselfeld-Abmagnetisierung der Nyquist-Beziehung gehorcht (im Gegensatz zu den Messungen von BROPHY [232]). Bei Änderung der Temperatur, des Magnetfeldes, oder im Zustand der Remanenz jedoch ergibt sich ein wesentlich höheres Rauschen, auch bei

Temperaturänderung im abmagnetisierten Zustand. BITTEL u. LÜTGE-
MEIER [33] konnten zeigen, daß man mit einem einfachen Modell für
thermisch aktivierte Wandverschiebungen die richtige Frequenz- und
Temperaturabhängigkeit des Leistungsspektrums erhält (8). Eine quantitative Berechnung von charakteristischen Größen des Schwankungsfeldes

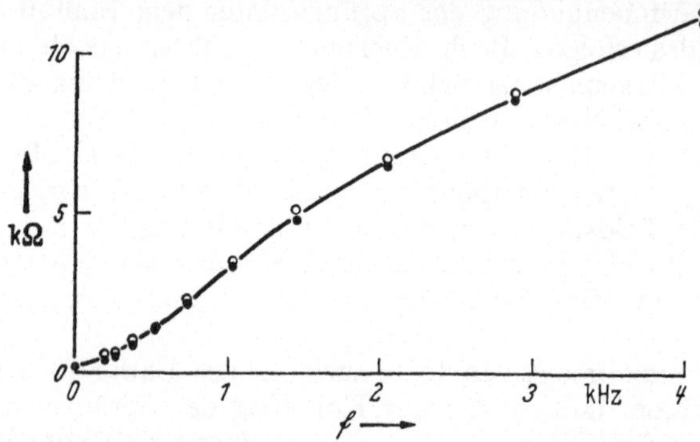

Fig. 56. Serienverlustwiderstand (●) einer Spule für den Grenzfall verschwindender Meßamplitude und
Leistungsspektrum (o) des Rauschens (normiert auf $4k'\,T$) als Funktion der Frequenz f. Der Spulenkern
bestand aus 0,03 cm dicken Bändern von Fe-50% Ni. (Nach BITTEL u. LÜTGEMEIER [33])

aus Messungen des Gleichgewichtsrauschens wurde bis heute noch nicht
versucht. (Näheres hierzu im Abschnitt III/4.) Ein kurzer Überblick
über dieses Gebiet findet sich bei BROPHY [371].

9. Barkhausen-Effekt und Preisach-Diagramm

WEISS u. DE FREUDENREICH [307] haben 1916 gezeigt, daß eine
ferromagnetische Substanz dann dem Rayleigh-Gesetz gehorcht, wenn
man sie sich aus lauter gleichgroßen Elementarbereichen mit rechteckiger
Hystereseschleife zusammengesetzt denkt. Diese Elementarschleifen
sind durch zwei Feldstärkewerte H_1, H_2 charakterisiert, bei welchen sie
die H-Achse schneiden. Die Streufeldkopplung der Bereiche untereinander wird vernachlässigt. PREISACH [144] hat mit Hilfe dieser Hypothese
ein graphisches Verfahren entwickelt, das sich zur Beschreibung vieler
Eigenschaften der technischen Magnetisierungskurve und z. B. auch der
Nachwirkung sehr bewährt hat: Das Preisach-Diagramm. Die Häufigkeitsverteilung der Elementarbereiche wird über einer H_1-H_2-Ebene als
dritte Koordinate aufgetragen. Bei BECKER u. DÖRING [94] (S. 221) sowie
KNELLER [4] (S. 565) ist das Verfahren in allen Einzelheiten beschrieben.

NÉEL [77] gab dann eine physikalische Interpretation des Preisachschen Modells. Er erhielt eine anschauliche Begründung des Rayleigh-
Gesetzes, indem er zeigte, daß die Elementarbereiche mit Blochwänden
identisch sind, die bei den Feldstärken H_1 und H_2 Barkhausen-Sprünge
ausführen. Später hat WILDE [308] das Preisach-Modell vervollständigt,
indem er einmal den Gültigkeitsbereich durch Einführen einer variablen
Häufigkeitsverteilung γ über das Rayleigh-Gebiet hinaus erweiterte, und
zum anderen auch die reversiblen Wandverschiebungen mit berück-

sichtigte (vgl. auch FELDTKELLER u. WILDE [309], WILDE [310]). Dieses erweiterte Modell hat sich bei der Interpretation zahlreicher magnetischer Eigenschaften moderner Werkstoffe sehr bewährt (FELDTKELLER [311], WILDE [308], SCHREIBER [312], HAMPE, BILGER u. WIDMANN [313], HAROSKE u. VOGLER [314]).

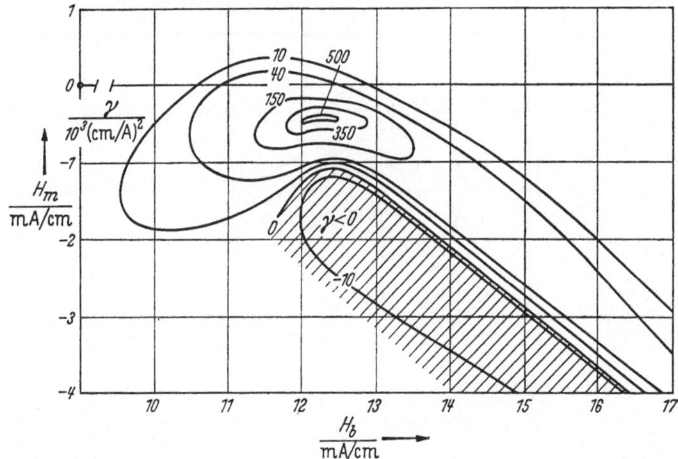

Fig. 57. Verteilungsfunktion γ im Preisachdiagramm eines Ringkerns (Länge 103 cm, Querschnitt 0,5 cm²) aus Ultraperm Z. (Nach HOFFMANN [57])

Ein experimentelles Verfahren zur Bestimmung von $\gamma\,(H_1,\,H_2)$ aus der pauschalen Magnetisierung wurde zum ersten Mal von BIORCI u. PESCETTI [315, 316], später von UHER [317] angegeben. Die beiden Methoden unterscheiden sich lediglich durch die Art der Magnetisierungskurven, die zur Konstruktion des Preisach-Diagramms verwendet werden (voll ausgesteuerte Schleife und Neukurve bei BIORCI u. PESCETTI, wechsel-ideale und Neukurve bei UHER). Die genannten Arbeiten enthalten jedoch keine Zahlenwerte für γ; auch unterscheiden sich die Ergebnisse etwas voneinander. Die ersten experimentell gewonnenen Diagramme wurden von WILDE u. GIRKE [145] veröffentlicht, die gleichzeitig ein sehr elegantes Meßverfahren beschrieben haben.

Die Methode von WILDE u. GIRKE wurde in neuerer Zeit bei der Untersuchung zahlreicher magnetischer Werkstoffe mit Erfolg angewandt (GIRKE [146, 318], HAMPE u. BILGER [76], HOFFMANN [57], STOLL [319]). Ein typisches Beispiel zeigt Fig. 57. Im Gegensatz zu der ursprünglichen Annahme PREISACHs stellte sich heraus, daß die Häufigkeitsverteilung γ im allgemeinen zur H_b-Achse $(H_b = (H_2 - H_1)/2)$ unsymmetrisch ist. Auch stimmt die aus den Diagrammen entnommene Grenzfeldstärke des Rayleigh-Gebiets oft nicht mit dem pauschal gemessenen Wert überein. Zudem treten negative Werte für γ auf. Diese Erscheinungen lassen sich auf die gegenseitige Kopplung der Elementarbereiche zurückführen, wie schon WILDE u. GIRKE [145] vermuteten. Damit wird die gemessene γ-Verteilung von der magnetischen Vorgeschichte abhängig, was den Wert des Preisach-Diagramms für die quantitative Beschreibung von Magnetisierungsvorgängen wesentlich mindert (HAROSKE u. VOGLER [314]). GIRKE [146] und HOFFMANN [57] gelang es, diese Kopplung durch Einführung eines fiktiven inneren Feldes $H_n = d \cdot I/I_s$ teilweise zu berücksichtigen. (d: Faktor der Größenordnung $0,1\,H_c$). Die Preisach-Diagramme wurden dadurch symmetrischer, das Gebiet negativer γ-Werte verschwand, wie der Vergleich von Fig. 58 mit Fig. 57 zeigt.

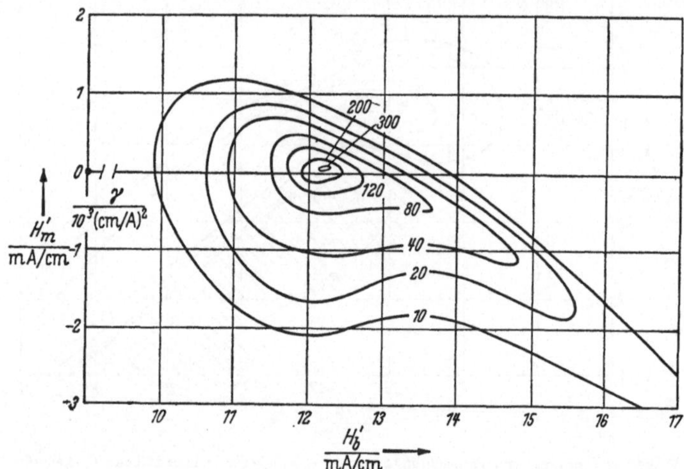

Fig. 58. Dasselbe wie Fig. 57, jedoch nach Korrektur der gemessenen Feldstärkewerte $H_{m,b}$ gemäß $H'_{m,b} = H_{m,b} - d \cdot I/I_s$ mit $d = 1$ mA/cm². (Nach HOFFMANN [57])

Noch keine der bisher genannten Arbeiten enthält quantitative Angaben über den Zusammenhang zwischen den Meßgrößen γ, H_1, H_2 (bzw. H_b, $H_m = (H_1 + H_2)/2$) des Preisach-Diagramms einerseits und den charakteristischen Größen der Barkhausen-Sprünge andererseits. Ein solcher Zusammenhang muß jedoch schon deshalb bestehen, weil die Magnetisierung im Preisach-Modell ja voraussetzungsgemäß aus einzelnen Barkhausen-Sprüngen besteht. Die ersten Angaben über den genannten Zusammenhang finden sich bei METZDORF [78]. Aus der Néelschen Theorie [182] der Fluktuations-Nachwirkung leitete er eine Beziehung zwischen der Anzahl z der Barkhausen-Sprünge pro Flächeneinheit im Preisach-Diagramm und pro Volumeneinheit der Probe, dem mittleren Sprungvolumen $\bar{v}$ und der Rayleigh-Konstanten w ab (B_s: Sättigungsinduktion)

$$z = \frac{2w}{B_s \cdot \bar{v}} \tag{14}$$

Messungen des Verlustfaktors der Nachwirkung an einer Reihe von Mn-Zn- und Ni-Zn-Ferriten ergaben im Rayleigh-Gebiet eine mittlere Sprunghäufigkeit von $z = 1,5 \cdot 10^8\,\mathrm{A^{-2}\,cm^{-1}}$. Diese Zahl schwankt bei allen untersuchten Ferriten ($7 < \mu_a < 2000$) relativ wenig, nur etwa um einen Faktor 4, während das mittlere Sprungvolumen große Änderungen aufweist ($10^{-11} < \bar{v} < 10^{-8}\,\mathrm{cm^3}$).

Den Zusammenhang zwischen der Sprunghäufigkeit z und der Größe γ hat GIRKE [318] angegeben. γ bedeutet definitionsgemäß den pauschal gemessenen irreversiblen Magnetisierungsanteil pro Flächeneinheit des Preisach-Diagramms. Der gleiche Betrag γ kann entweder durch eine kleine Anzahl großer oder durch eine große Anzahl kleiner Sprünge zustande kommen. Bezeichnet man mit γ_z den Anteil der Barkhausen-Sprünge vom mittleren Volumen $\bar{v}$ pro Flächeneinheit (dH_1, dH_2) an der gesamten Sprungzahl Z in der Probe vom Volumen V, so folgt

$$\gamma = \bar{v} \cdot z = \frac{Z}{V} \cdot \gamma_z \tag{15}$$

Nach Messungen von METZDORF [78] und JOST [34] ergibt sich, wie GIRKE [318] gezeigt hat, daß γ_z in einem großen Teil der Preisach-Ebene weitgehend konstant ist (nach JOST bis etwa $H_m = H_b = 2\,H_c$), und daß die gemessene γ-Verteilung (Fig. 57/58) allein aus der Veränderung von $\bar{v}$ während der Magnetisierung zu erklären wäre. Diese Aussage darf aber sicher nicht verallgemeinert werden. Sie gilt wahrscheinlich nur für relativ wenige Materialien (Ni-, Ni-Zn-, Mn-Zn-Ferrite und Ni-19% Fe-5% Cu). Neuere Untersuchungen führten nämlich zu ganz anderen Ergebnissen. An Goss-Blech-Material fanden HAMPE u. BILGER [76] im Rayleigh-Gebiet $z = 10^{11}$ A^{-2} cm^{-1} bei $\bar{v} = 5 \cdot 10^{-12}$ cm^3; STOLL [319] erhielt für Permalloy bzw. einen Ni-Perminvar-Ferrit $z = 2,1 \cdot 10^{10}$ bzw. $4,6 \cdot 10^7$ A^{-2} cm^{-1} bei $\bar{v} = 0,75 \cdot 10^{-9}$ bzw. $1,1 \cdot 10^{-9}$ cm^3. Wie HAMPE u. BILGER [76] feststellten ist die Größe z ein Maß für Anzahl und Stärke der magnetisch aktiven Störstellen und daher stark material- und strukturabhängig.

Alle bisher zitierten Messungen von γ wurden aus der pauschalen Magnetisierung der Proben gewonnen; die Werte für $\bar{v}$ und z aus der komplexen Permeabilität im Rayleigh-Gebiet. Es wäre daher sehr aufschlußreich die Größen $\bar{v}$ und z nun auch einmal direkt aus dem Barkhausen-Effekt zu bestimmen. Dann könnte man mit besseren Argumenten entscheiden, ob das Preisach-Modell wirklich zur Beschreibung von pauschalen Magnetisierungsänderungen verwendet werden kann. Die bisher bekannten Diagramme wurden durchwegs mit Hilfe von theoretischen Beziehungen berechnet, bei deren Ableitung eine Reihe von Vereinfachungen notwendig war. In neuester Zeit haben STIERSTADT u. KOHL [320] γ_z aus der Größenverteilung der Barkhausen-Sprünge direkt bestimmt. Die so gewonnenen Preisach-Diagramme sehen in groben Zügen ähnlich aus wie die γ-Verteilung in den Fig. 57 und 58.

10. Begleiterscheinungen des Barkhausen-Effekts

Von einer Richtungsänderung der spontanen Magnetisierung, wie sie der Barkhausen-Effekt darstellt, werden eine ganze Reihe anderer physikalischer Eigenschaften der Probe mit beeinflußt, z. B. die geometrischen Dimensionen, der Elastizitätsmodul, die elektrische und die Wärmeleitfähigkeit usw. Eine Reihe dieser sekundären Begleiterscheinungen der technischen Magnetisierung wurden auch im Zusammenhang mit dem Barkhausen-Effekt beobachtet. Man versuchte daraus Schlüsse zu ziehen auf die charakteristischen Eigenschaften der Barkhausen-Sprünge selbst. Keine dieser Untersuchungen lieferte jedoch bisher quantitative Angaben über Größe, Dauer oder Abstand der Sprünge. Daher können wir uns hier mit einem kurzen summarischen Überblick über die Literatur der wichtigsten Erscheinungen begnügen.

a) Längenänderung. Bei nicht verschwindender Magnetostriktion bewirkt jede Magnetisierungsänderung auch eine Längenänderung der Probe. ARKADIEW [321], HEAPS u. BRYAN [88], HEAPS [154] sowie in neuerer Zeit VLASOV u. TROPIN [155] haben dieses bei Barkhausen-Sprüngen beobachtet. Die Effekte sind außerordentlich klein $\Delta L/L \approx 10^{-8}$ und wurden bereits im Abschnitt II/5, a besprochen.

b) Widerstandsänderung. Die Änderung des elektrischen Widerstands während eines großen Barkhausen-Sprungs in Nickel wurde von HEAPS [322, 323, 324, 325] untersucht. Er schloß, daß es sich bei dem Sprung nicht um einen reinen 180°-Prozeß gehandelt haben konnte, da in diesem Fall die Widerstandsänderung verschwindet. Die relative Widerstandsänderung war von der Größenordnung $\Delta R/R \approx 10^{-6}$ und kann nur sicher beobachtet werden, wenn man Störungen durch den Matteucci-Effekt vermeidet (HEAPS [324]).

c) Matteucci-Effekt. Bei jeder Änderung der zirkularen Magnetisierung entsteht nach dem Induktionsgesetz an den Enden einer zylinderförmigen Probe eine elektrische Potentialdifferenz. Einige Ergebnisse solcher Untersuchungen wurden bereits im Abschnitt II/5, a diskutiert. Außer von den dort genannten Autoren (BRANDT [152], FÖRSTER u. WETZEL [93]) wurde der Zusammenhang zwischen Barkhausen-Effekt und Matteucci-Effekt noch von OSTERMANN u. v. SCHMOLLER [326], SCHÜTZ [327], v. SCHMOLLER [328], sowie in neuerer Zeit von ROTHENSTEIN u. POLICEC [244] und SKÓRSKI [329] untersucht. Ohne spezielle Annahmen über die Bereichsstruktur bzw. über die Lage und den Drehwinkel der Wände lassen sich aus diesen Beobachtungen jedoch keine Aussagen über die charakteristischen Eigenschaften der Barkhausen-Sprünge gewinnen.

d) „Innerer" Barkhausen-Effekt. Schließlich sei noch eine Beobachtung von v. HIPPEL u. STIERSTADT [330, 331] erwähnt. Bei longitudinaler Magnetisierung eines ferromagnetischen Drahtes fanden sie an seinen Enden elektrische Potentialdifferenzen. Im Gegensatz zu den Erscheinungen beim Matteucci-Effekt verschwanden diese jedoch nicht beim Ausglühen der Probe (Beseitigung von Torsionsspannungen). v. AUWERS [332, 333] und PROCOPIU [334] konnten dann zeigen, daß der Effekt lediglich auf einer Induktionswirkung der Probe auf die am Verstärkereingang unvermeidliche Leiterschleife beruht.

IV. Meßmethoden

In der älteren Literatur über den Barkhausen-Effekt, zum Teil aber auch noch in neueren Untersuchungen (z. B. PFRENGER u. STIERSTADT [46]), finden sich häufig starke Abweichungen zwischen den Ergebnissen verschiedener Autoren. Diese Unterschiede lassen sich zum größten Teil auf apparative Einflüsse zurückführen. Es erscheint daher nützlich, im Rahmen dieses Berichts wenigstens die wichtigsten Meßmethoden zu besprechen. Wir wollen uns dabei auf die Messung der Größe, der Dauer und des zeitlichen Abstands der Sprünge beschränken. Auch werden nur diejenigen Meßmethoden behandelt, welche am besten erprobt sind und die sichersten Ergebnisse liefern. Die experimentellen Möglichkeiten zur Bestimmung der Sprungrichtung wurden schon im Abschnitt II/5 kurz erwähnt.

Voraussetzung bei jeder quantitativen Untersuchung von Barkhausen-Sprüngen ist, daß die auslösende Ursache (magnetische Feldstärke H, mechanische Deformation (σ), Temperatur T) sehr kontinuierlich und im allgemeinen auch sehr langsam verändert wird. Ist diese Bedingung nicht erfüllt, so kann man völlig falsche Ergebnisse erhalten. Durch unkontrollierte Änderungen von H, σ und T können nämlich dann sprunghafte Magnetisierungsänderungen hervorgerufen werden, die keine elementaren Barkhausen-Sprünge sind; deren Größe also von den äußeren Parametern dH/dt, $d\sigma/dt$ und dT/dt abhängt. Ein sich sehr langsam und kontinuierlich änderndes Magnetfeld kann man beispielsweise auf folgende Arten verwirklichen: 1. durch mechanische Präzisionsbewegung eines Permanentmagneten, 2. durch einen Flüssigkeits-Regelwiderstand, 3. durch Wärmeleitung an einem stark temperaturabhängigen Widerstand, oder 4. durch Laden bzw. Entladen eines Kondensators. Für alle diese Möglichkeiten finden sich in der Literatur zahlreiche Beispiele.

1. Messung des Volumens und des magnetischen Moments der Sprünge

a) Optische Methoden. Das Sprungvolumen kann unmittelbar gemessen werden, wenn man mittels einer der bekannten optischen Methoden (Pulver-Muster, Kerr-Effekt, elektronenoptische Abbildung) die Verschiebung einer Wand beobachtet. Der Nachteil dieses Verfahrens gegenüber den elektrischen Methoden besteht darin, daß sich nur Magnetisierungsvorgänge an der Oberfläche von Einkristallen oder in dünnen Schichten erfassen lassen. In diesen Fällen wird aber, im Gegensatz zu kompaktem polykristallinem Material, die Bereichsstruktur im wesentlichen von der Streufeldenergie, also von den geometrischen Dimensionen der Probe, bestimmt. Ferner beruht hier die Dämpfung der Wandbewegung überwiegend auf der Spinrelaxation, weil sich die Wirbelstromfelder in der Nähe der Oberfläche nicht ungestört ausbilden können. Ein weiterer Nachteil der optischen Methoden besteht darin, daß sie beim heutigen Stand der Technik noch keine statistisch ausreichende Anzahl von Meßwerten liefern können, wenigstens nicht bei einem der elektrischen Methode entsprechenden finanziellen und zeitlichen Aufwand. Hieraus erklärt sich die relativ geringe Anzahl von optischen Untersuchungen über die charakteristischen Eigenschaften der Barkhausen-

Sprünge. Außer den im Abschnitt III/7 erwähnten Messungen an großen Rahmeneinkristallen wurden bisher nur vier Arbeiten dieser Art veröffentlicht, die quantitative Angaben über die charakteristischen Sprunggrößen enthalten. FORD u. PUGH [80] beobachteten die Sprunggrößenverteilung in dünnen Schichten mit Hilfe des magneto-optischen Kerr-Effekts. SALANSKII, RODICHEV u. BURAVIKHIN [49] sowie SAVCHENKO u. RODICHEV [167] untersuchten Fe-Si-Einkristalle, HAACKE u. JAUMANN [48] Ni-Einkristalle mit Hilfe der Bitter-Streifen-Technik. Die zuletzt genannten Autoren bestimmten auf diese Weise Mikro-Hystereseschleifen von 180°- und 110°-Wänden (Fig. 59). Auf die Einzelheiten der Beobachtungstechnik braucht hier nicht besonders eingegangen werden, da sie sich nicht wesentlich von den üblichen Verfahren zur Bereichsbeobachtung unterscheidet. Einen wesentlichen Vorteil hat die optische Methode jedoch in jedem Fall gegenüber der elektrischen: Man erhält direkt das Volumen der Sprünge als Meßgröße; bei der Induktionsmethode hingegen nur das magnetische Moment m. Die Berechnung des Volumens aus m ist problematisch und meist nicht eindeutig möglich (vgl. Abschnitt II/1, a).

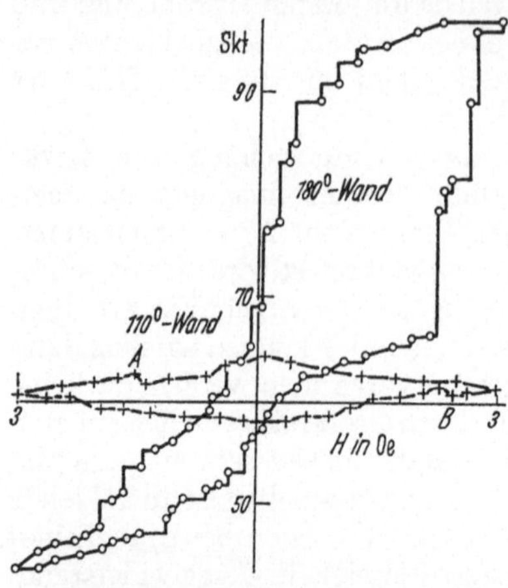

Fig. 59. Mikrohystereseschleifen einer 180°- und einer 110°-Wand in einem Nickeleinkristall. 1 Skt = 4,8 μ. Bei den Stellen A und B führt die 110°-Wand deutlich negative Barkhausen-Sprünge aus. (Nach HAACKE u. JAUMANN [48])

b) Elektrische Methoden. Die elektrische Meßmethode beruht darauf, den in einer die Probe umgebenden Suchspule vom Barkhausen-Sprung induzierten Spannungsstoß $\int U \cdot dt$ zu messen. Dessen Größe ist gleich der Windungszahl n' der Spule, multipliziert mit der Änderung $\Delta \Phi$ des magnetischen Flusses im Spulenvolumen. $\Delta \Phi$ wiederum ist proportional zur Änderung ΔM des magnetischen Moments der Probe bzw. zum Moment m des Sprunges

$$\int U \cdot dt = n' \cdot \Delta \Phi = f' \cdot n' \cdot m \tag{16}$$

Der Faktor f' muß im allgemeinen durch Eichung ermittelt werden, weil der magnetische Fluß Φ in der Suchspule nicht homogen bzw. die „effektive" Länge des Sprungvolumens nicht bekannt ist (Näheres im Abschnitt IV/2).

Nach (16) kann das magnetische Moment des Barkhausen-Sprungs aus $\int U \cdot dt$ bestimmt werden. Diese Größe läßt sich auf zwei verschiedene Arten messen: Einmal durch Integration des zeitlichen Verlaufs $U(t)$, zum anderen bei ballistischer Anordnung aus dem Maximalwert U_{max}. Fast alle neueren quantitativen Untersuchungen wurden mit der ballistischen Methode durchgeführt, wobei die Zeitkonstante τ_c des Suchspulkreises sehr viel größer sein muß als die Dauer τ_s des Barkhausen-Sprungs. Nach TEBBLE, SKIDMORE u. CORNER [31] gilt dann näherungsweise (vgl. auch HEIDEN u. STORM [347])

$$U(t) = \frac{n' \cdot \Delta \Phi}{\tau_0} \left(e^{-\frac{t}{\tau_0}} - e^{-\frac{t}{\tau_s(1-q^2)}} \right) \tag{17}$$

q ist ein Kopplungskoeffizient, der die geometrischen Verhältnisse zwischen Probe und Suchspule beschreibt ($q = 1$ für feste, $q = 0$ für lose Kopplung) und proportional dem Verhältnis der Durchmesser von Probe und Spule ist. Für $q = 1$ wird $U(t)$ praktisch unabhängig von τ_s. Dies ist besonders wichtig, da die durch Wirbelstromdämpfung bestimmte Sprungdauer von den pauschalen elektrischen und magnetischen Eigenschaften der Probe und auch von der räumlichen Lage des Barkhausen-Volumens abhängt (Näheres weiter unten). Eine Suchspule von 10^4 Windungen und mit einer Zeitkonstante vom 10^{-4} s liefert nach (17) bei einer Flußänderung von 10^{-6} Maxwell Spannungen der Größenordnung 10^{-6} Volt.

Der Impuls (17) nimmt seinen Maximalwert

$$U_{\text{max}} = \frac{n' \cdot \Delta \Phi}{\tau_0} \left(e^{-\frac{\ln \varkappa}{\varkappa - 1}} - e^{-\varkappa \frac{\ln \varkappa}{\varkappa - 1}} \right) \tag{18}$$

zur Zeit $t = \tau_c \cdot \ln\varkappa/(\varkappa - 1)$ an, wobei $\varkappa = \tau_c/\tau_s(1 - q^2)$. Daher hängt U_{max} nicht nur von der Größe (proportional $\Delta \Phi$) sondern auch von der Dauer des Sprunges ab. Dies wurde in sehr vielen, vor allem den älteren Arbeiten nicht berücksichtigt und hat so sicher oft zu falschen Ergeb, nissen geführt. Die Sprungdauer ist nämlich eine im allgemeinen recht komplizierte Funktion der magnetischen und elektrischen Eigenschaften der Probe sowie der Form und der Lage des Barkhausen-Volumens. TEBBLE, SKIDMORE u. CORNER [31] sowie POLIVANOV, RODICHEV u. IGNATCHENKO [122] haben den zeitlichen Verlauf der Flußänderung bei einem Barkhausen-Sprung unter dem Einfluß der Wirbelstromdämpfung näherungsweise berechnet (Fig. 23). τ_s ist annähernd proportional zur elektrischen Leitfähigkeit σ_e, zum Abstand c des Barkhausen-Volumens von der Probenoberfläche, und zu einem Effektivwert μ_{eff} der Permeabilität, für den gilt $\mu_{\text{rev}} < \mu_{\text{eff}} < \mu_{\text{diff}}$ (vgl. LÜTGEMEIER [35], STORM [346]).

Die Größen σ_e, μ_{eff} und c verändern sich im allgemeinen kontinuierlich während einer Messung. Das führt zu folgender Bedingung für das Barkhausen-Experiment: Die Differenz ΔU_{max} der Impulsamplituden zweier gleichgroßer (gleiches $\Delta \Phi$) Barkhausen-Sprünge muß bei allen vorkommenden Variationen von σ_e, μ_{eff} und c kleiner sein als das Auflösungsvermögen der Meßanordnung. Daher ergibt sich für τ_c ein von $\tau_{s,\text{max}}$ abhängiger Minimalwert, der nicht unterschritten werden darf, und der sich bei gegebenem Auflösungsvermögen ΔU_{max} aus (18) berechnen läßt. Für $\tau_{s,\text{max}}$ kann man nach TEBBLE u. a. [31] näherungsweise setzen: $\tau_{s,\text{max}} = \pi (\sigma_e \cdot \mu_{\text{eff}})_{\text{max}} \cdot r^2$ (r: Probenradius). Weitere Einzelheiten über die ballistische Meßanordnung finden sich bei ZOMAKION u. IVLEV [335], WOTRUBA [336] sowie STIERSTADT u. PFRENGER [43].

   c) **Geometrie der Versuchsanordnung.** Um den Einfluß des entmagnetisierenden Feldes auf die Kopplung der Sprünge (Abschnitt II/4, b) möglichst zu vermeiden, wird man bei Untersuchungen der Größenverteilung Proben mit möglichst kleinem Entmagnetisierungsfaktor bzw. Ringproben verwenden. Diese haben jedoch gegenüber Zylinderproben eine Reihe von Nachteilen: Die Magnetisierung in Richtung der Spulenachse läßt sich technisch nicht so einfach durchführen; Ringspulen der erforderlichen Windungszahl (einige 10^4) lassen sich nicht leicht herstellen; zur mechanischen und thermischen Behandlung der Probe muß die Suchspule im allgemeinen entfernt werden. Aus diesen Gründen werden langgestreckte Zylinderproben (Durchmesserverhältnis $< 1:100$) oder Ellipsoide bevorzugt.

Die induzierte Spannung (17) wächst in erster Näherung mit kleiner werdender Zeitkonstante τ_c des Suchspulkreises und mit zunehmender Flußkopplung (q) zwischen Probe und Spule. Dies beides bedeutet, unter sonst gleichen Bedingungen, daß U_{max} mit abnehmendem Spulenradius wächst. Die Spule soll daher die Probe möglichst eng umschließen ($q \approx 1$). τ_c darf jedoch andererseits wegen der ballistischen Bedingung $\tau_c \gg \tau_s$ einen bestimmten Minimalwert nicht unterschreiten (s. oben). Die Länge l der Suchspule muß mindestens gleich derjenigen L der Probe sein. Andernfalls würden Barkhausen-Sprünge, die außerhalb des von der Suchspule umschlossenen Volumens in der Probe stattfinden, einen geringeren Beitrag $\Delta \Phi$ liefern als gleichgroße Sprünge innerhalb des Spulenvolumens. Zweckmäßigerweise wählt man l um einen von μ abhängigen Betrag (zwischen 10 und 50%) größer als L. Rodichev u. Mitarb. [344] fanden, daß die Spule um etwa das Doppelte ihres mittleren Durchmessers länger sein muß als die Probe. Quantitative Angaben finden sich bei Elcock [337] sowie Heiden u. Storm [347].

In neuester Zeit wurden Sprunggrößenmessungen auch |nach der Integrationsmethode durchgeführt (Polivanov u. a. [122], Heiden u. Storm [347]). Hier spielt die Größe der Zeitkonstanten τ_s und τ_c keine so entscheidende Rolle wie beim ballistischen Verfahren. Aus $\int U \cdot dt$ erhält man nach (16) direkt $\Delta \Phi$, jedoch bleiben die Schwierigkeiten bei der Berechnung von m aus $\Delta \Phi$ bestehen. Wegen Einzelheiten der Integratorschaltung sei auf die zitierte Literatur verwiesen.

d) Verstärker und Registriergeräte. Die Spannungsimpulse U_{max} (18) liegen bei den heute verwendeten Suchspulen in der Größenordnung einiger Mikrovolt. Um diese Impulse in einer Diskriminatoranordnung zu sortieren und zählen zu können, müssen sie etwa 10^5-fach verstärkt werden. Man kann dazu prinzipiell sowohl Gleich- als auch Wechselspannungs-Verstärker verwenden. Doch sind in jedem Fall zwei Bedingungen zu beachten. Erstens muß das Eigenrauschen des Verstärkers möglichst niedrig sein ($\lesssim 1\,\mu V$). Zweitens muß er streng proportional arbeiten. Da sich diese beiden Forderungen bei Gleichspannungs-Verstärkern nur relativ schwer und mit hohen Kosten realisieren lassen, benutzt man heute meist batteriebetriebene Transistor-Verstärker für Wechselspannung und reduziert die Bandbreite auf etwa 500 Hz bis 10 kHz. Bezüglich technischer Einzelheiten sei auf die Literatur verwiesen.

Um die Häufigkeitsverteilung der Sprunggrößen zu bestimmen, müssen die verstärkten Impulse nach der Größe (U_{max}) sortiert und gezählt werden. Man verwendet dazu entweder eine Diskriminatorschaltung mit mehreren parallel liegenden elektronischen Zählgeräten verschiedener Ansprechwahrscheinlichkeit (KRANZ [65], WOTRUBA [338, 336], STIERSTADT u. PFRENGER [43]) oder aber einen Vielkanal-Impulshöhen-Analysator (STIERSTADT u. Mitarb. [44, 45]). Die Diskriminatoranordnung mit Zählgeräten hat den Nachteil, daß sich deren Zahl nicht wesentlich über zehn erhöhen läßt, sowohl aus schaltungstechnischen Gründen als auch wegen des finanziellen Aufwands. Das Amplituden-Auflösungsvermögen einer solchen Anordnung ist also relativ gering. Um es zu erhöhen, muß man die gleichen Messungen mehrere Male hintereinander durchführen und jedesmal die Diskriminatorstellung etwas verändern. Demgegenüber bietet ein Vielkanal-Analysator den Vorteil, daß man die Häufigkeitverteilung mit einem Auflösungsvermögen $m/\Delta m$ in der Größenordnung 10^3 direkt registrieren kann. Ein Beispiel zeigt Fig. 60.

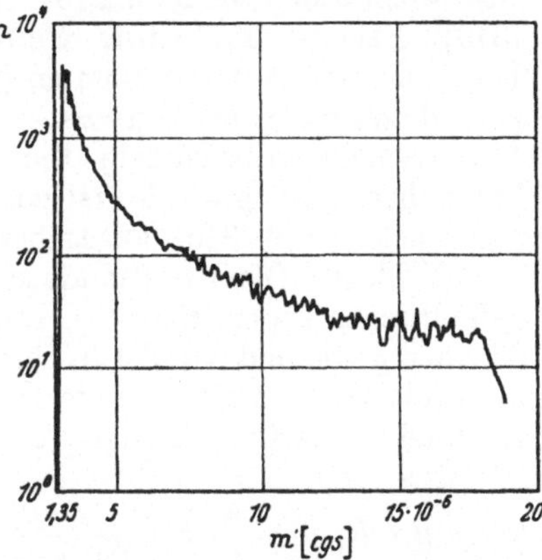

Fig. 60. Differentielle Größenverteilung $n\,(m)$ der Barkhausen-Sprünge in hartem Nickel bei thermischer Idealisierung zwischen 60 und 100° C in $H_a = 35{,}8$ Oe. Probenvolumen $3{,}93 \cdot 10^{-3}$ cm³. Gemessen mit einem 128-Kanal-Impulshöhen-Analysator. (Nach STIERSTADT u. GEILE [44])

Das zeitliche Auflösungsvermögen der Registrieranordnung (Zählgeräte oder Vielkanal-Analysator) muß mindestens so groß sein wie der Kehrwert der Zeitkonstante des Suchspulkreises; möglichst noch um einen Faktor 10 höher, also in der Größenordnung 10^5 s⁻¹. Das ist jedoch mit den heutigen elektronischen Hilfsmitteln ohne weiteres zu erreichen. Ausführliche Untersuchungen über die zu erwartenden Zählverluste bei statistischen Folgen sich zeitlich überlappender Impulse hat FEIX [339] veröffentlicht.

2. Eichung des magnetischen Flusses in der Suchspule

Die Berechnung der Sprunggröße m aus $\int U \cdot dt$ nach (16) setzt voraus, daß man die räumliche Verteilung von $\Delta\Phi$ außerhalb der Probe kennt. In älteren Untersuchungen begnügte man sich oft damit, formal $m = \Delta\Phi \cdot l'$ zu setzen. Dabei blieb jedoch die Bedeutung der Größe l' unbestimmt. Nur wenn der Fluß Φ vor und nach der Änderung $\Delta\Phi$ im ganzen Volumen der Suchspule homogen ist, kann man für l' deren Länge l einsetzen. Dieser Fall tritt aber nur für $\mu \to \infty$ und für $l \ll L$ bzw. eine Ringspule ein (L: Probenlänge).

Wie oben erwähnt, ist es sowohl aus Empfindlichkeitsgründen als auch wegen der endlichen Permeabilität der Proben günstig, $l > L$ zu wählen. Dann ist aber der Fluß in der Suchspule keinesfalls mehr räumlich homogen. Die Proportionalitätskonstante in (16) muß daher entweder berechnet oder durch Eichung mit bekanntem m bestimmt werden.

Ältere Versuche, die Änderung der Flußverteilung im Außenraum einer Probe zu berechnen, in deren Innerem ein Dipol m seine Richtung wechselt, wurden von SNOEK [341], RYTOV [342] (vgl. auch GRACHEV u. a. [343]), ELCOCK [337] sowie RODICHEV u. Mitarb. [344] unternommen. Die genannten Autoren konnten jedoch nur das statische Problem und auch dieses nur näherungsweise unter bestimmten sehr vereinfachenden Voraussetzungen behandeln. Eine vollständige und für die Anwendung brauchbare Lösung wurde erst vor kurzem von DEULING u. STORM [345] (vgl. auch STORM [346]) angegeben:

Ein idealer Dipol m befinde sich im Inneren einer unendlich langen zylindrischen Probe (Radius r, räumlich homogene Permeabilität μ) im Abstand ϱ von und parallel zu deren Achse. Dieser Dipol erzeugt in einer zur Probe konzentrischen Leiterschleife (Radius R_1), die sich im achsialen Abstand y vom Ort des Dipols befindet, den Fluß

$$\Phi_{\mathrm{D}}(y,\varrho,r,R_1,\mu) = \frac{m}{\pi}\int_0^\infty \cdot \frac{\lambda' \cdot R_1 \cdot I_0(\lambda'\varrho) \cdot K_1(\lambda'R_1)}{1+(\mu-1)\,\lambda'\cdot r\cdot I_1(\lambda'r)\cdot K_0(\lambda'r)} \cos(\lambda'y)\cdot \mathrm{d}\lambda' \quad (19)$$

Dabei bedeuten $I_{0,1}$ bzw. $K_{0,1}$ die modifizierten Bessel- bzw. Hankel-Funktionen nullter und erster Ordnung. Für die praktische Anwendung müßte Φ_D über y, ϱ und eventuell R_1 integriert werden. Das führt bald zu sehr komplizierten Formeln, die nur noch numerisch ausgewertet werden können. DEULING u. STORM [345] geben für die Mittelung über ϱ die folgende Näherung an

$$\overline{\Phi}_{\mathrm{D}}(y,\alpha') = m \cdot \frac{\alpha'}{2}\,\mathrm{e}^{-\alpha'\,|y|}\,. \quad (20)$$

Doch hängt hier die positive Konstante α' ihrerseits von r, R_1 und μ ab und läßt sich nur unter den gleichen Schwierigkeiten zahlenmäßig berechnen wie Φ_D selbst. α' kann jedoch aus Korrelationsmessungen mit zwei kurzen Spulen experimentell bestimmt werden, die mit variablem Abstand auf derselben Probe angeordnet sind (STORM [346]).

Die von DEULING u. STORM angegebene Beziehung für Φ_D setzt eine unendlich lange Probe bzw. $l \ll L$ voraus. In der Praxis verwendet man jedoch meist relativ kurze Proben mit endlichem Entmagnetisierungsfaktor N'. HEIDEN u. STORM [347] versuchten daher, die Frage nach der Flußverteilung mit Hilfe des Reziprozitätstheorems gekoppelter Leiterkreise zu lösen. Schon TEBBLE, SKIDMORE u. CORNER [31] verwendeten dieses zur Berechnung des Geometriefaktors q in (17). Betrachtet man die Gegeninduktivität zwischen einer unendlich langen Suchspule und einer den Dipol ersetzenden Leiterschleife im Inneren einer ellipsoidförmigen Probe, so ergibt sich

$$\int U \cdot \mathrm{d}t = \frac{n' \cdot m}{l[1 + N'(\mu - 1)]}\,. \quad (21)$$

Dabei wurde vorausgesetzt, daß m in Richtung der Achse liegt. Andernfalls tritt noch der Winkelfaktor aus (1) hinzu. (21) bleibt gültig, solange die geometrischen Verhältnisse derart gewählt sind, daß die Probe vom Feld eines in der Suchspule fließenden Stromes homogen magnetisiert würde, also auch bei endlicher Spulenlänge. Insbesondere ist $\int U \cdot dt$ in diesem Fall unabhängig von der Lage (ϱ, y) des Dipols in der Probe und von den Abmessungen (R_1, l) der Suchspule. Das rührt daher, daß hier nur ein statisches Problem gelöst wurde. Der zeitliche Verlauf von $U(t)$ hängt selbstverständlich von ϱ, y, R_1 und l ab. Für $N'(\mu - 1) \ll 1$ wird der Spannungsimpuls auch noch unabhängig von der Form und den pauschalen magnetischen Eigenschaften der Probe, er wird dann allein durch n' und m bestimmt. In der Praxis ist diese Beziehung jedoch keineswegs immer erfüllt. Insbesondere ändert sich μ kontinuierlich während einer Messung (zum Beispiel als Funktion von H, T oder σ). Man muß daher die Versuchsbedingungen entweder so wählen, daß $N'(\mu - 1)$ stets $\ll 1$ bleibt, oder aber die gemessene Größenverteilung nach (21) korrigieren.

Dabei ergibt sich eine grundsätzliche Schwierigkeit: Es ist nicht eindeutig definiert, welcher Wert für μ hier eingesetzt werden muß. Einmal hängt wegen der Hystereseerscheinungen μ von der magnetischen Vorgeschichte ab; zum anderen ist es wegen der Bezirksstruktur in mikroskopischen Bereichen nicht homogen, wie bei der Ableitung von (21) vorausgesetzt wurde. Man wird erwarten, daß die in (21) wirksame Permeabilität zwischen μ_{rev} und μ_{diff} liegt. In einem Modellversuch an einer Stahlprobe bestimmten HEIDEN u. STROM [347] (STORM [346]) das Verhältnis der wirksamen zur Anfangspermeabilität zu 1,3. Auch für den relativ einfachen Fall, in dem die Voraussetzungen zur Anwendung von (21) gegeben sind, läßt sich also die gesuchte Beziehung zwischen Sprunggröße und Impulsgröße nicht ohne weiteres angeben. Viel komplizierter wird der Zusammenhang, wenn bei endlicher, jedoch großer Probenlänge die Suchspule kurz ist $(l < L)$. Man erhält dann nach HEIDEN u. STORM [437] (STORM [346]) Integralgleichungen, die sich wieder nur bei Kenntnis der Konstanten α' in (20) oder durch Ausrechnung der Funktion Φ_D in (19) lösen lassen.

Angesichts dieser Schwierigkeiten behilft man sich bisher meist mit einer experimentellen Bestimmung des Proportionalitätsfaktors zwischen m und $\int U \cdot dt$. Die Suchspule wird durch Momentänderungen bekannter Größe geeicht (z. B. WOTRUBA [348]). Zu diesem Zweck ersetzt man die Probe durch ein möglichst gleichgroßes Solenoid bekannter Windungsfläche F', durch welches man einen Gleichstrom bekannter Größe i kommutiert. Dann ist das magnetische Moment des Solenoids $m = F' \cdot i/10$. Auch diese Eichmethode ist jedoch leider fehlerhaft. Es wird nämlich vorausgesetzt, daß die Flußverteilung im Außenraum des Solenoids derjenigen im Außenraum der Probe gleicht. Das trifft aber wieder nur für $N'(\mu - 1) \ll 1$ zu. Somit begegnet man hier, bei der experimentellen Bestimmung des Eichfaktors, den gleichen Schwierigkeiten wie oben bei seiner Berechnung.

Zusammenfassend läßt sich feststellen, daß eine quantitative Bestimmung der Sprunggröße bis heute nur unter der Bedingung $N'(\mu - 1) \ll 1$ möglich ist, wobei für μ sicherheitshalber die differentielle Permeabilität eingesetzt werden sollte. Zusätzlich muß die Suchspule soviel länger als die ellipsoidförmige Probe sein, daß diese im Feld der Spule homogen magnetisiert würde.

3. Messung der Sprungdauer

In diesem Abschnitt sollen nur diejenigen experimentellen Methoden kurz besprochen werden, mit deren Hilfe man die Dauer normaler Barkhausen-Sprünge in großen polykristallinen Proben bestimmen kann. Die übrigen Verfahren zur Messung der Sprungdauer, z. B. im Sixtus-Tonks-Experiment, aus der Wirbelstromgrenzfrequenz des Barkhausen-Rauschens, oder mittels optischer Beobachtung können nicht behandelt werden; es wird auf die im Abschnitt II/3, c zitierten Originalarbeiten verwiesen.

Insgesamt finden sich nur in drei neueren Veröffentlichungen detaillierte Angaben über die experimentelle Anordnung zur Messung der Sprungdauer. Im Prinzip ist die Methode sehr ähnlich derjenigen zur Bestimmung der Sprunggröße. Der Unterschied besteht darin, daß die Messung nicht mehr ballistisch erfolgt. Vielmehr muß die im Suchspulkreis induzierte Spannung den zeitlichen Verlauf der Flußänderung $\Delta\Phi$ möglichst unverzerrt wiedergeben. Die Bedingung dafür lautet $\tau_c \ll \tau_s$. Nach TEBBLE, SKIDMORE u. CORNER [31] gilt dann, analog zu (17)

$$U(t) = \frac{n' \cdot \Delta\Phi}{\tau_s} \left(e^{-\frac{t}{\tau_s}} - e^{-\frac{t}{\tau_c(1 - q^2)}} \right). \tag{22}$$

Für feste Kopplung ($q \approx 1$) bzw. kleinen Suchspulenradius wird der Einfluß des Spulenkreises vernachlässigbar klein; der zweite Faktor in der Klammer verschwindet. Kleine Zeitkonstante τ_c ($\lesssim 1\,\mu$s) bedeutet kleine Windungszahl ($\lesssim 10^3$) der Spule und kleinen Durchmesser (einige mm). Da $U(t)$ proportional der Windungszahl n' ist, erhält man entsprechend kleine Spannungen ($\approx 1\,\mu$V). Das bedingt eine höhere Verstärkung ($\approx 10^6$) als im Fall der Sprunggrößenmessung. Ebenso wie dort muß die Länge der Spule mindestens gleich, oder besser etwas größer, sein als die der Probe. Andernfalls liefern Barkhausen-Sprünge, die außerhalb des von der Spule umschlossenen Probenvolumens stattfinden, kleinere Impulse als gleichgroße Sprünge innerhalb desselben. Diese Bedingung war bei allen drei bisher veröffentlichten quantitativen Untersuchungen offenbar nicht erfüllt. Die im Abschnitt II/3, c, γ besprochenen Ergebnisse bedürfen daher unter Umständen noch einer Korrektur.

Der Verstärker muß in einem sehr breiten Frequenzband (einige MHz) linear arbeiten, um $U(t)$ unverzerrt wiederzugeben. Die Impulsdauer wird auf ein festes Niveau über dem Rauschpegel bezogen. Um hohe Empfindlichkeit zu erreichen, muß der Verstärker daher ein möglichst geringes Eigenrauschen haben. Für die Bestimmung der Häufigkeitsverteilung von τ_s ist eine statistisch ausreichende Anzahl von Impulsen erforderlich, mindestens etwa 10^4. Das ursprüngliche Verfahren, die Impulsdauer an photographierten Oszillogrammen direkt abzumessen (TEBBLE u. a. [31], ROCHE [82]), ist dafür zu zeitraubend. RODICHEV u. Mitarb. [42, 137] benutzten daher einen Impulsdauer-Amplituden-Konverter. Die Höhe der Impulse an seinem Ausgang ist proportional der Dauer der Eingangsimpulse (Auflösungsvermögen 0,2 μs). Dahinter wurde eine der im vorigen Abschnitt beschriebenen Anordnungen zum Registrieren der Amplitudenverteilung geschaltet.

Die so gemessene Häufigkeitsverteilung der Impulsdauern entspricht jedoch noch nicht derjenigen der Barkhausen-Sprünge. Sie muß noch in zweifacher Hinsicht korrigiert werden: Nach (19) hängt die Form des Impulses $U(t)$ außer von der Sprungdauer τ_s auch noch von der Sprunggröße (proportional $\Delta\Phi$) ab. POLIVANOV, RODICHEV u. IGNATCHENKO [122] haben ein Rechenverfahren angegeben, welches es erlaubt, diesen Einfluß bei bekannter Sprunggrößenverteilung zu eliminieren. Wie TEBBLE u. a. [31] und POLIVANOV u. a. [122] gezeigt haben, hängt die Dauer der Flußänderung $\Delta\Phi$, bedingt durch den Einfluß der Wirbelströme, außerdem in komplizierter Weise vom Abstand des Sprungvolumens von der Probenoberfläche ab (Fig. 23). Die gemessene τ_s-Verteilung muß daher auch noch in dieser Beziehung korrigiert werden. Die hierzu erforderlichen Rechenoperationen sind bei TEBBLE u. a. [31] und POLIVANOV u. a. [122] angegeben.

4. Messung der Zeitabstände zwischen den Sprüngen

Die zeitlichen Abstände τ_k zwischen aufeinanderfolgenden Barkhausen-Sprüngen können auf zwei verschiedene Arten bestimmt werden; einmal durch Messung der zwischen zwei Suchspulimpulsen verstrichenen Zeit, zum anderen aus dem Leistungsspektrum des Barkhausen-Rauschens. Bezüglich der zweiten Methode sei auf die im Abschnitt II/4, c zitierten Originalarbeiten verwiesen.

Die zeitliche Aufeinanderfolge der Barkhausen-Impulse kann im einfachsten Fall auf photographierten Oszillogrammen direkt abgelesen werden (SAWADA [92], JOST [34]). Doch wird diese Methode sehr zeitraubend, wenn man eine statistisch ausreichende Anzahl von Ereignissen erfassen will, z. B. um die Häufigkeitsverteilung von τ_k zu bestimmen. Ein viel eleganteres Verfahren wurde von BITTEL u. WESTERBOER [32] angegeben (Fig. 61). Die verstärkten Suchspulimpulse werden zunächst auf Tonband aufgenommen (Prozeß I), sodann über einen weiteren Verstärker und eine Diskriminatorstufe einem Impulsformer zugeführt (Prozeß II). Dieser liefert wahlweise Rechteck- oder Nadelimpulse gleicher Höhe, deren Zeitabstände denjenigen der Barkhausen-Impulse entsprechen, und die dann wieder auf Band gespeichert werden. Die Rechteckimpulse werden nun (Prozeß III) unter Verwendung zweier Hörköpfe mit variablem Abstand (Umlenkrolle) einer Koinzidenzanordnung zugeführt. Die Zahl der Koinzidenzen als Funktion der Stellung der Umlenkrolle liefert dann die Häufigkeitsverteilung der Zeitabstände zwischen je zwei aufeinanderfolgenden Barkhausen-Sprüngen. Das zeitliche Auflösungsvermögen von Prozeß III ist infolge technischer Schwierigkeiten nach unten hin begrenzt (einige 10^{-3} s). Kleinere Impulsabstände können nach der Zählverlustmethode bestimmt werden. Die Nadelimpulse aus Prozeß III werden nach nochmaliger Verstärkung einem

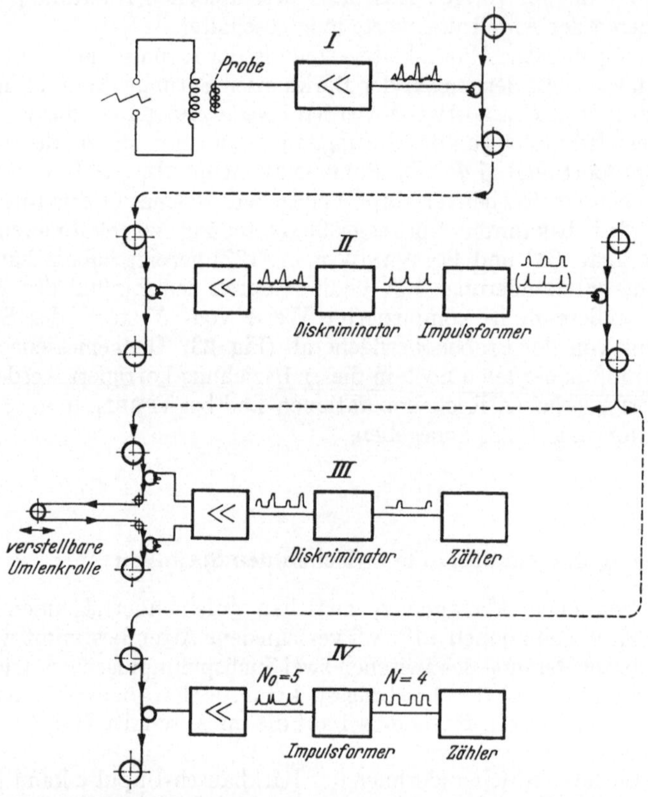

Fig. 61. Blockschaltbild des Verfahrens von BITTEL u. WESTERBOER [32] zur Messung der zeitlichen Abstandsverteilung von Barkhausen-Sprüngen. Erklärung im Text

Impulsformer zugeführt (Prozeß IV), der eine zu diesen synchrone Folge von Rechteckimpulsen variabler Breite liefert. Erhöht man die Impulsbreite und damit die „Totzeit" kontinuierlich, so wachsen die relativen Zählverluste. Durch Differenzieren der Zählverlustkurven als Funktion der Totzeit erhält man wiederum die Häufigkeitsverteilung der Impulsabstände.

Eine vollelektronische Anordnung zur Messung der Häufigkeitsverteilung statistischer Impulsfolgen haben in neuester Zeit BREHM u. WOLF [340] entwickelt. Dieses Gerät scheint zur Bestimmung der Abstände zwischen Barkhausen-Sprüngen vorzüglich geeignet zu sein, doch wurden bisher noch keine Untersuchungen damit bekannt.

V. Schlußbetrachtungen

In den vorangegangenen Abschnitten über den heutigen Stand unserer Kenntnisse vom Barkhausen-Effekt ist zweierlei deutlich geworden: Einmal sind die Erscheinungen noch weitgehend unerforscht, verglichen zum Beispiel mit anderen Teilgebieten des Magnetismus. Quantitative Untersuchungen über die charakteristischen Eigenschaften der Barkhausen-Sprünge wurden erst während der letzten 15 Jahre und nur ganz vereinzelt an Werkstoffen mit definiertem Ausgangszustand durchgeführt. Zum zweiten würde eine genaue Kenntnis von Größe, Dauer und Kopplung der Sprünge es gestatten, sowohl Magnetisierungskurven nach beliebiger magnetischer Vorgeschichte, als auch die magnetischen Verluste, und ferner die Schalteigenschaften spezieller Werkstoffe vorauszuberechnen. Die entsprechenden Beiträge der reversiblen Magnetisierungsvorgänge sind heute schon weitgehend bekannt und können, mit Hilfe ergänzender Beobachtungen der Bereichsstruktur, auch größtenteils aus den Werkstoffeigenschaften verstanden werden. Ganz anders ist es beim Barkhausen-Effekt. Die Sprünge verlaufen irreversibel und, bei quasistatischer Magnetisierung, größenordnungsmäßig 10^6 mal schneller als die reversiblen Vorgänge. Das Studium solcher schnell ablaufenden Magnetisierungsprozesse stellt relativ hohe Anforderungen an die experimentelle Technik. Auch theoretisch sind die dynamischen Vorgänge während eines Barkhausen-Sprungs viel schwerer zugänglich als die entsprechenden reversiblen Erscheinungen, die man ja quasistatisch behandeln kann. Alle diese Ursachen mögen dazu beigetragen haben, daß unsere Kenntnisse von den irreversiblen Magnetisierungsprozessen heute noch vergleichsweise bescheiden sind.

Vordringlich erscheinen vor allem die folgenden Aufgaben: Die Herstellung von Einkristallen mit wohldefinierter räumlicher Verteilung der magnetisch aktiven Störstellen. — Die Steigerung der Nachweisempfindlichkeit bei der konventionellen elektrischen Meßmethode um etwa einen Faktor 10; oder aber die Entwicklung eines leistungsfähigen elektronenoptischen Verfahrens. — Die quantitative Messung der Sprungdauer in vielkristallinen Proben. — Die experimentelle Nachprüfung der verschiedenen Möglichkeiten zur Erklärung der Kopplung aufeinanderfolgender Sprünge. — Die Untersuchung der charakteristischen Eigenschaften von Nachwirkungs-Sprüngen. — Die Ergänzung der mit Hilfe elektrischer Meßmethoden gewonnenen Ergebnisse durch optische Beobachtungen der Bereichsstruktur und ihres dynamischen Verhaltens.

Auch auf anderen Gebieten der Festkörperphysik können die beim Studium des magnetischen Barkhausen-Effekts gesammelten Erfahrungen von Nutzen sein. Hier wäre einmal die Erscheinung des „elektrischen" Barkhausen-Effekts in Ferroelektrika zu nennen (z. B. ABE [349], ANDRANOVA [350], BRETTEVILLE [351], CHYNOWETH [352, 353], KIBBLEWITHE [354], LITTLE [355], MERZ [356, 357], MILLER [358, 359], MUELLER [360], NEWTON u. a. [361]), zum anderen die sprunghaften Übergänge vom normal zum supraleitenden Zustand, wie sie z. B. von OOIJEN u. DRUYVESTEYN [362], LEBLANC u. VERNON [375], GOEDEMOED u. Mitarb.

[376], GOODMAN u. WERTHEIMER [377] beschrieben wurden. In beiden Fällen verwendet man ganz ähnliche experimentelle Methoden wie bei der Untersuchung magnetischer Barkhausen-Sprünge.

BARKHAUSEN [1] schrieb am Ende des kurzen Berichts über seine Entdeckung: „Eine genauere Untersuchung wäre im Hinblick auf die praktische Anwendung beim Magnetdetektor von MARCONI und beim Telegraphon von POULSEN erwünscht." Heute, fast 50 Jahre später, ist das Studium des Barkhausen-Effekts nicht nur unentbehrlich zur Erforschung der Grundlagen der technischen Magnetisierung. Auch die Zahl der Anwendungsgebiete hat sich gegenüber den zwei ursprünglich genannten wesentlich erhöht; als deren bedeutendstes dürfte zur Zeit die Entwicklung neuer Speicherelemente für Rechenmaschinen gelten. STONER [3] schrieb 1953 den noch heute gültigen Satz: "The whole problem is a fascinating one calling for much further investigation, the bearings of which may be by no means limited to ferromagnetic materials".

Literatur

[349] ABE, R.: On ferroelectric Barkhausen pulses of Rochelle salt. J. Phys. Soc. Japan 11, 104—111 (1956)

[350] ANDRONOVA, D. A.: Cyclic repolarization noise in ferroelectric materials. Soviet Phys. "Doklady" 3, 375—377 (1958)

[321] ARKADIEW, W.: Bruissement dans l'aimantation du fer. Compt. rend. 184, 1233—1234 (1927)

[332] v. AUWERS, O.: Nachtrag zur Arbeit HIPPEL-STIERSTADT. Z. Physik 72, 268—274 (1931)

[333] — Über magnetoelastische Erscheinungen an schwingenden Drähten und Stäben im Magnetfeld. Z. Physik 73, 230—239 (1932)

[6] — Barkhausen-Effekt. In: Gmelin's Handb. d. anorg. Chemie, 8. Aufl. Teil A, Lieferung 7, S. 1530. Berlin: Verlag Chemie 1934

[223] BARBIER, J.-C.: Le traînage magnétique de fluctuation. Ann. phys. (12) 9, 84—140 (1954)

[253] BARGONE, A.: L'effetto Barkhausen al punto di Curie. Atti reale ist. veneto sci. lettere ed arti. Classe sci. mat. nat. 96/II, 451—465 (1936/37),

[1] BARKHAUSEN, H.: Zwei mit Hilfe der neuen Verstärker entdeckte Erscheinungen. Physik. Z. 20, 401—403 (1919)

[109] — Die Geschwindigkeit des Umklappens der Molekularmagnetverbände. Z. tech. Physik 5, 518—519 (1924)

[9] BARRETT, W. F.: On the molecular changes that accompany the magnetization of iron, nickel and cobalt. Phil. Mag. (4) 47, 51—56 (1874)

[166] BASKAKOV, A. A., i N. L. BRIUKAMOV: Untersuchung des normalen Magnetisierungsanteils von Nickel-Einkristallen in Verbindung mit dem Problem der Hystereseverluste im drehenden Magnetfeld. (Russisch). Zhur. Eksptl. i Teoret. Fiz. 9, 984—993 (1939)

[50] BATES, L. F., H. CLOW, D. J. CRAIK, and P. M. GRIFFITHS: Magnetization process in a polycrystalline manganese zinc ferrite. Proc. Phys. Soc. London 72, 224—232 (1958)

[164] BECK, F. J., and L. W. MCKEEHAN: Monocrystal Barkhausen effects in rotating fields. Phys. Rev. 41, 385 (1932)

[158] — — Mono-crystal Barkhausen effects in rotating fields. Phys. Rev. 42, 714—720 (1932)

[156] BECKER, R.: Zur Theorie der Magnetisierungskurve. Z. Physik 62, 253—269 (1930)

[56] Becker, R.: Elastische Spannungen und magnetische Eigenschaften. Physik. Z. **33**, 905—913 (1932)

[60] — Ferromagnetismus bei hochfrequenten Wechselfeldern. Z. tech. Physik **19**, 542—546 (1938)

[61] — Ferromagnetismus bei hochfrequenten Wechselfeldern. Physik. Z. **39**, 856—860 (1938)

[63] — La dynamique de la paroi de Bloch et la perméabilité en haute fréquence. J. phys. radium (8) **12**, 332—338 (1951)

[94] —, u. W. Döring: Ferromagnetismus. Berlin: Springer-Verlag 1939

[62] —, u. G. Richter: Die Bremsung der Magnetisierung durch mikroskopische Wirbelströme. Ann. Physik Leipzig (5) **36**, 340—348 (1939)

[290] Beyer, R. T., and J. A. Krumhansl: Barkhausen noise in ferromagnetic electric circuit elements. Phys. Rev. **74**, 1206 (1948)

[295] Biorci, G., and D. Pescetti: Frequency spectrum of the Barkhausen noise. J. Appl. Phys. **28**, 777—780 (1957)

[315] — — Formal model of magnetic hysteresis. Nuovo cimento (10) **6**, 242—244 (1957)

[316] — — Analytical theory of the behaviour of ferromagnetic domains. Nuovo cimento (10) **7**, 829—842 (1958)

[140] Bittel, H.: Zur Statistik der ferromagnetischen Elementarvorgänge und ihren Einfluß auf das Barkhausenrauschen. Forschungsbericht Nr. 251 des Wirtsch.- u. Verkehrs-Ministeriums Nordrhein-Westfalen (1956)

[187] — Grundsätzliches über das Problem des Rauschens. In: Festkörperprobleme I. Von F. Sauter, S. 202—222. Braunschweig: Vieweg-Verlag 1962

[188] —, u. H. Lütgemeier: Gültigkeit des Schwankungs-Dissipations-Theorems für Ferromagnetika. Physik. Verhandl. **11**, 34 (1960)

[33] — — Über spontan zeitliche Schwankungen der Magnetisierung eines Ferromagnetikums. Z. angew. Phys. **15**, 476—480 (1963)

[32] —, u. I. Westerboer: Kopplungen zwischen Barkhausen-Sprüngen als Folge magnetischer Nachwirkung. Ann. Physik (7) **4**, 203—215 (1959)

[375] Le Blanc, M. A. R., and F. L. Vernon: Observations on the behaviour and structure of flux jumps in a hard superconductor. Phys. Letters **13**, 291—293 (1964)

[111] de Blois, R. W.: Domain wall motion in metals. J. Appl. Phys. **29**, 459—467 (1958)

[176] Bonfiglioli, G., A. Ferro, G. Montalenti, and G. Rosa: Behaviour of ferromagnetic domains under stress. Phys. Rev. **94**, 316—318 (1954)

[304] Bonnefous, J.: Spectre de l'effet Barkhausen en présence d'un champ démagnétizant. Cas du champ alternatif et cas du champ tournant. C. R. Acad. Sci. Paris **254**, 1014—1016 (1962).

[149] — La directivité de l'effet Barkhausen des corps ferromagnétiques isotropes dans le cas du cyclage rotationnel. Compt. rend. **255**, 1882—1884 (1962)

[21] Bozorth, R. M.: The Barkhausen effect in iron, nickel and permalloy. Phys. Rev. **33**, 636 (1929)

[22] — Determination of the average size of the discontinuities in magnetization. Phys. Rev. **33**, 1071 (1929)

[23] — Barkhausen effect in iron, nickel and permalloy. I. Measurement of discontinuous change in magnetization. Phys. Rev. **34**, 772—784 (1929)

[26] — Barkhausen effect: Orientation of magnetization in elementary domains. Phys. Rev. **39**, 353—356 (1932)

[260] — Directional ferromagnetic properties of metals. J. Appl. Phys. **8**, 575—588 (1937)

[24] —, and J. F. Dillinger: Barkhausen effect II. Determination of the average size of the discontinuities in magnetization. Phys. Rev. **35**, 733—752 (1930)

[25] — — Transverse Barkhausen effect in iron. Phys. Rev. **38**, 192—193 (1931)

[27] — — Barkhausen effect III. Nature of change of magnetization in elementary domains. Phys. Rev. **41**, 345—355 (1932)

[89] — — Propagation of magnetic disturbances along wires. Nature **127**, 777 (1931)

[258] BOZORTH, R. M., and J. F. DILLINGER: Heat treatment of magnetic materials in a magnetic field II. Experiments with two alloys. Physics 6, 285—291 (1935)

[256] — —, and G. A. KELSALL: Magnetic material of high permeability attained by heat treatment in a magnetic field. Phys. Rev. 45, 742—743 (1934)

[236] BRANDSTAETTER, F.: Untersuchung von HF-Massekernen zur Erhöhung der Güte und der effektiven Permeabilität. Abhdlg. d. Österreich. Dokumentationszentrums f. Technik u. Wirtschaft, Heft 25, Wien (1955),

[152] BRANDT, W.: Einige Beobachtungen über eine Verbindung von Barkhauseneffekt und Wiedemanneffekt. Z. Physik 73, 201—202 (1932)

[340] BREHM, H., u. D. WOLF: Ein Zeitintervall-Impulshöhen-Umsetzer für die Messung der Dichtefunktion zufällig verteilter Zeitabstände. Z. angew. Phys. 18, 184—189 (1964)

[351] DE BRETTEVILLE, A.: Anomalous effects in hysteresis loops of a single crystal of BaTiO$_3$. Phys. Rev. 73, 807—808 (1948)

[148] BRION, H.: Über Drehmagnetisierung. Ann. Physik (5) 15, 167—197 (1932)

[232] BROPHY, J. J.: Magnetic fluctuation in molybdenum permalloy. J. Appl. Phys. 29, 483—484 (1958)

[371] — Fluctuations in magnetic and dielectric solids. In: Fluctuation phenomena in solids. S. 1—35. Hrsg. R. E. BURGESS. New York u. London: Academic Press 1965

[370] BROWN, W. F. JR.: The theory of thermal and imperfection fluctuations in ferromagnetic solids. In: Fluctuation phenomena in solids. S. 37—78. Hrsg. R. E. BURGESS. New York u. London: Academic Press 1965

[7] BUFF, H.: Über die durch den elektrischen Strom in Eisendrähten erzeugten Töne. Liebigs Ann. Chem. u. Pharmacie, Suppl. 3, 129—153 (1864/65)

[296] BUNKIN, F. V.: On the statistical nature of remagnetization in ferromagnets. Sov. Phys. Techn. Phys. 1, 1727—1735 (1956/57)

[297] — Periodic remagnetization noises in ferromagnetics. Sov. Phys. Techn. Phys. 1, 1735—1745 (1956/57)

[298] — Contribution to the theory of the Barkhausen effect in a periodically varying field. Radio Eng. and Electron. 4, H. 11, 237—247 (1959)

[217] BURSUC, I., P. APOSTOL et A. OJOG: Contribution à l'étude de l'aimantation des couches électrolytiques de l'alliage de Ni-Fe, sous l'action simultanée d'un champ magnétique circulaire alternatif et d'un champ longitudinal continu. Phys. stat. sol. 7, 1027—1037 (1964)

[216] — A. OJOG et V. TUTOVAN: Contribution à l'étude de l'aimantation des couches électrolytiques de cobalt. Phys. stat. sol. 4, K 61—K 65 (1964)

[96] BUSH, H. D.: Departure from the Rayleigh law of the magnetization of a ferromagnetic material. Nature 166, 401—402 (1950)

[30] —, and R. S. TEBBLE: The Barkhausen effect. Proc. Phys. Soc. London A 60, 370—381 (1948)

[353] CHYNOWETH, A. G.: Barkhausen pulses in barium titanate. Phys. Rev. 110, 1316—1332 (1958)

[352] — Effect of space charge fields on polarization reversal and the generation of Barkhausen pulses in barium titanate. J. Appl. Phys. 30, 280—284 (1959)

[147] CISMAN, A.: Beiträge zum Studium des Barkhauseneffekts. Ann. Physik (5) 6, 825—851 (1930)

[150] CLASH, R. F., and F. J. BECK: Directions of discontinuous changes in magnetization in monocrystal bars and disks of silicon-iron. Phys. Rev. 47, 158—165 (1935)

[287] COLE, R. W.: Motion of ferromagnetic domain walls in 48 Ni-Fe tapes. J. Appl. Phys. 27, 1104 (1956)

[10] CURIE, P.: Sur la possibilité d'existence de la conductibilité magnétique et du magnétisme libre. Séances de la Soc. Franc. de Phys. 1894, S. 76—77 bzw. J. phys. radium (3) 3, 415—417 (1894)

[345] DEULING, H., u. L. STORM: Die Bestimmung der Flußleitung längs zylindrischer ferromagnetischer Proben für Untersuchungen des Barkhauseneffekts. Z. angew. Phys. im Druck

[282] DIJKSTRA, L. J., and J. L. SNOEK: Effect of lattice distortions on the mean rate of propagation of large Barkhausen discontinuities. Nature 161, 886—887 (1948)

[283] DIJKSTRA, L. J. and J. L. SNOEK: On the propagation of large Barkhausen discontinuities in Ni-Fe-alloys. Philips Research Rep. 4, 334—356 (1949)

[257] DILLINGER, J. F., and R. M. BOZORTH: Heat treatment of magnetic materials in a magnetic field I. Survey of iron-cobalt-nickel alloys. Physics 6, 279—284 (1935)

[132] DILLON, J. F., and H. E. EARL: Domain wall motion and ferrimagnetic resonance in a manganese ferrite. J. Appl. Phys. 30, 202—213 (1959)

[279] DÖRING, W.: Über das Anwachsen der Ummagnetisierungskeime bei großen Barkhausen-Sprüngen. Z. Physik 108, 137—152 (1938)

[280] — Das Anwachsen der Ummagnetisierungskeime bei großen Barkhausen-Sprüngen. In: Probleme der Technischen Magnetisierungskurve. S. 26—41. Hrsg. v. R. BECKER. Berlin: Springer-Verlag 1938

[120] — Über die Trägheit der Wände zwischen Weissschen Bezirken. Z. Naturforsch. 3a, 373—379 (1948)

 [55] — Der heutige Stand der Theorie des Ferromagnetismus. In: Physikertagung Hamburg 1963. S. 36—53. Mosbach: Physik-Verlag 1963

[277] —, u. H. HAAKE: Die Wandenergie bei großen Barkhausen-Sprüngen. Z. tech. Physik 19, 551—554 (1938) bzw. Physik. Z. 39, 865—868 (1938)

[242] DRIGO, A., e G. FRATUCELLO: Sui processi elementari irreversibili che accompagnano le piccole deformazioni flessionali di materiali ferromagnetici. Ricerca sci. P. II, Sez. A 6, 551—564 (1964)

[237] —, e M. PIZZO: Particolari aspetti della magnetizzazione di sottili pellicole ferromagnetiche. Nuovo cimento (9) 5, 196—202 (1948)

[337] ELCOCK, E. W.: The flux distribution of a magnetic dipole with reference to small Barkhausen discontinuities. Proc. Leeds Phil. Lit. Soc. Sci. Sect. 6, 1—11 (1952)

[123] ENZ, U.: Die Dynamik der Blochschen Wand. Helv. Phys. Acta 37, 245—251 (1964)

  [5] EWING, J. A.: Contributions to the molecular theory of induced magnetism. Phil. Mag. (5) 30, 205—222 (1890)

[339] FEIX, M.: Théorie de l'enregistrement d'évènements aléatoires. J. phys. radium (8) 16, 719—727 (1955)

 [51] FELDTKELLER, E.: Die Ummagnetisierung anisotroper Nickeleisenschichten in der schweren Richtung II. Hysterese und Domänenverhalten. Z. angew. Phys. 13, 161—164 (1961)

 [52] — Blockierte Drehprozesse in dünnen ferromagnetischen Schichten. Elektron. Rechenanl. 3, 167—175 (1961)

 [53] — Bloch lines in thin nickel-iron films. Proc. Symp. Electr. Magn. Properties Thin Metallic Films 1961, S. 98—110

[311] FELDTKELLER, R.: Die Formänderung der Hystereseschleife von Transformatorenblech beim magnetischen Kriechen. Z. angew. Phys. 4, 281—284 (1952)

[309] —, u. H. WILDE: Hysterese in weichmagnetischen Werkstoffen. Elektrotech. Z. A 77, 449—453 (1956)

[161] FISCHER, J.: Über das Vorkommen negativer Barkhausen-Sprünge. (Russisch). Czechoslovak. J. Phys. 6, 65—72 (1965)

 [93] FÖRSTER, F., u. H. WETZEL: Zur Frage der magnetischen Umklappvorgänge in Eisen und Nickel. Z. Metallk. 33, 115—123 (1941)

 [80] FORD, N. C., and E. W. PUGH: Barkhausen effect in nickel-iron films. J. Appl. Phys. 30, 270 S—271 S (1959)

 [29] FORRER, R.: Sur une anisotropie magnétique artificielle du nickel. Les grands phénomènes de discontinuité. Compt. rend. 180, 1253—1255 (1925)

[245] — Sur une anisotropie magnétique artificielle du nickel. Acquisition d'un état à cycle particulièrement simple. Compt. rend. 180, 1394—1397 (1925)

[246] — Sur les grands phénomènes de discontinuité dans l'aimantation du nickel et l'acquisition d'un état à cycle particulièrement simple. J. phys. radium (6) 7, 109—124 (1926)

[129] GALT, K. J.: Motion of a domain wall in Fe_3O_4. Phys. Rev. 83, 208 (1951)

[130] — Motion of a ferromagnetic domain wall. Phys. Rev. 85, 664—669 (1952)

[118] Galt, K. J.: Motion of individual domain walls in a nickel-iron ferrite. Bell System Techn. J. 33, 1023—1054 (1954)

[131] — J. Andrus, and H. G. Hopper: Motion of domain walls in ferrite crystals. Rev. mod. Phys. 25, 93—97 (1953)

[11] Gerlach, W.: Elektrotech. Z. 42, 1293 (1921)

[2] — Magneto-elastische Effekte. Verhandl. deut. physik. Ges. 3, 64 (1922)

[172] — Eiseneinkristalle. II. Mitteilung. Magnetisierung, Hysterese und Verfestigung. Z. Physik 39, 327—331 (1926)

[173] — Über das magnetische Charakteristikum des Eiseneinkristalls. Z. Physik 64, 502—506 (1930)

[98] — Die Abhängigkeit der ferromagnetischen Eigenschaften von der Temperatur als Grundlage für metall-physikalische Forschung. Metallforschung 2, 275—280 (1947)

[12] —, u. P. Lertes: Über magneto-elastische Effekte. Z. Physik 4, 383—392 (1921)

[13] — — Magnetische Messungen: Barkhauseneffekt, Hysteresis und Kristallstruktur. Physik. Z. 22, 568—569 (1921)

[183] —, u. A. Temesváry: Ferromagnetische Untersuchungen: Die thermische Idealisierung. Sitzber. bayer. Akad. Wiss., Math.-naturw. Kl. 1948, S. 31—61

[146] Girke, H.: Der Einfluß innerer magnetischer Kopplungen auf die Gestalt der Preisach-Funktionen hochpermeabler Materialien. Z. angew. Phys. 12, 502—508 (1960)

[318] — Zur Statistik der ferromagnetischen Hysterese. Z. angew. Phys. 13, 251—254 (1961)

[376] Goedemoed, S. H., C. van Kolmeschate, J. W. Metselaar, and D. de Klerk: Flux jumps in a hard superconductor. Physica 31, 573—584 (1965)

[378] Goodman, B. B., and M. Wertheimer: Observation of the speed of flux jumps in superconducting niobium. Phys. Letters 18, 236—238 (1965)

[302] Gordon, D. I.: An experimental study of Barkhausen noise in nickel-iron alloys. Rev. mod. Phys. 25, 56—57 (1953)

[292] Gorelik, G. S.: Über einige magnetische Umwandlungs-Spektren. (Russisch). Izvest. Akad. Nauk S.S.S.R. Ser. Fiz. 14, 174—186 (1950)

[301] Grachev, A. A.: Über das diskret-kontinuierliche Spektrum der Induktion eines Ferromagnetikums bei zyklischer Ummagnetisierung. (Russisch). Doklady Akad. Nauk S.S.S.R. 71, 269—271 (1950)

[305] — Von der räumlichen Korrelation des Rauschens bei zyklischer Ummagnetisierung. (Russisch). Doklady Akad. Nauk S.S.S.R. 85, 741—744 (1952)

[343] — K. A. Goronina, N. N. Kolachevskii i I. A. Andrionova: Experimentelle Untersuchungen über die Änderung des Magnetflusses in einem Draht bei Ummagnetisierung eines Bereichs. (Russisch). Zhur. Eksp. i Teoret. Fiz. 27, 313—317 (1954)

[233] Greifer, A. P., and W. J. Croft: Rectangular hysteresis loop ferrites with large Barkhausen steps. J. Appl. Phys. 31, 85—88 (1960)

[286] Greiner, C.: Neuere Untersuchungen an Ummagnetisierungskeimen. Ann. Physik (6) 12, 89—110 (1953)

[48] Haacke, G., u. J. Jaumann: Bewegungen der Blochwände in Ultraschallfeldern. Z. angew. Phys. 12, 289—297 (1960)

[278] Haake, H.: Über die Keime und die Ausbreitung der Ummagnetisierung bei großen Barkhausen-Sprüngen. Z. Physik 113, 218—233 (1939)

[74] Hampe, W.: Die Kenngrößen ferromagnetischer Werkstoffe für den Rayleigh-Bereich. Z. angew. Phys. 14, 498—506 (1962)

[75] — Rayleigh-Potential und Diffusionsnachwirkung im kohlenstoffhaltigen Siliziumeisen. Z. angew. Phys. 15, 249—250 (1963)

[76] —, u. H. Bilger: Das Rayleigh-Potential in 3%-Si-Eisen mit Goss-Textur. Z. angew. Phys. 15, 391—400 (1963)

[313] — —, u. D. Widmann: Der Einfluß diffundierender Fremdatome auf die Form der Hystereseschleife. Z. angew. Phys. 17, 30—41 (1964)

[294] Haneman, D.: Barkhausen noise from a cylindrical core. J. Appl. Phys. 26, 355—356 (1955)

[314] HAROSKE, D., u. G. VOGLER: Untersuchungen über die Ummagnetisierungsvorgänge in Rechteckferriten mittels des erweiterten Preisach-Modells. Z. angew. Phys. 15, 150—154 (1963)

[322] HEAPS, C. W.: Discontinuities of magnetorestistance. Phys. Rev. 43, 763—764 (1933)

[323] — Electromotive forces associated with Barkhausen discontinuities. Phys. Rev. 43, 945 (1933)

[324] — Discontinuities of restistance associated with the Barkhausen effect. Phys. Rev. 45, 320—323 (1934)

[325] — Discontinuities of magnetoresistance. Phys. Rev. 46, 1108 (1934)

[226] — Magnetic viscosity. Phys. Rev. 49, 409 (1936)

[248] — Magnetization of nickel under compressive stresses and the production of magnetic discontinuities. Phys. Rev. 50, 176—179 (1936)

[154] — Discontinuities of magnetostriction and magnetization in nickel. Phys. Rev. 59, 585—587 (1941)

[88] —, and A. B. BRYAN: Discontinuous changes in length accompanying the Barkhausen effect in nickel. Phys. Rev. 36, 326—332 (1930)

[85] —, and J. TAYLOR: Discontinuities of magnetization in iron and nickel. Phys. Rev. 34, 937—944 (1929)

[347] HEIDEN, C., u. L. STORM: Grundsätzliches zur Bestimmung der Größenverteilung der Barkhausen-Volumina in Ferromagnetika. Z. angew. Phys. im Druck

[330] v. HIPPEL, A., u. O. STIERSTADT: Elektrische und mechanische Effekte an Metalldrähten bei thermischer, magnetischer oder akustischer Beeinflussung der Struktur. Z. Physik 69, 52—55 (1931)

[331] — — Bemerkungen zu unserer Arbeit: „Elektrische und mechanische Effekte an Metalldrähten bei thermischer, magnetischer oder akustischer Beeinflussung der Struktur." Z. Physik 72, 266—268 (1931)

[243] HIRONE, T., and S. OGAWA: On the discontinuous displacement of magnetic domain boundary of the ferromagnetic substance due to tension. Sci. Repts Research Inst. Tôhoku Univ. Ser. A 2, 498—502 (1950)

[205] HOFBAUER, T., u. K. M. KOCH: Zum Mechanismus der Magnetisierungssprünge. Z. Physik 130, 409—414 (1951)

[57] HOFFMANN, H.-J.: Preisachsche Modellvorstellung bei ferromagnetischen Stoffen mit veränderlicher innerer Kopplung. Z. angew. Phys. 17, 87—92 (1964)

[179] HOLLMANN, H. E., u. W. BAUCH: Der magnetische Barkhauseneffekt bei Ultraschallbestrahlung. Naturwissenschaften 23, 35 (1935)

[270] HÜLSTER, F.: Zeitliche Phänomene, Ausbreitung und Stabilisierung bei großen Magnetisierungssprüngen. Z. tech. Physik 13, 516—531 (1932)

[271] — Zeitliche Phänomene, und Ausbreitung bei großen Magnetisierungssprüngen II. Z. tech. Physik 15, 387—391 (1933)

[284] HUZIMURA, T.: On the displacement velocity of a magnetic domain boundary by a large Barkhausen jump in a ferromagnetic substance. J. Phys. Soc. Japan 5, 56—60 (1950)

[227] — On the Barkhausen jumps in the course of magnetic after-effect. J. Phys. Soc. Japan 5, 293—297 (1950)

[64] IGNATCHENKO, V. A., i A. M. RODICHEV: Die Größenverteilung der Barkhausen-Sprünge. (Russisch). In: Magnitnaja struktura ferromagnetikov. S. 123—127. Nowosibirsk: Akad. Wiss. USSR 1960

[38] IVLEV, V. F.: Die Temperaturabhängigkeit der Barkhausen-Sprünge. (Russisch). Izvest. Akad. Nauk S.S.S.R. Ser. Fiz. 16, 664—672 (1952)

[39] — V. L. ILIUSHENKO and L. I. ASEEVA: Investigation of reversal of magnetism (Barkhausen) jumps in ferromagnets. Bull. Acad. Sci. U.S.S.R. Phys. Ser. 21, 1239—1243 (1957)

[238] —, and V. S. PROKOPENKO: Nucleation and the Barkhausen effect in ferromagnetic films. Bull. Acad. Sci. U.S.S.R. Phys. Ser. 25, 616—619 (1961). [Übersetzt in Physik. Abhandl. Sowjetunion 6, 607—611 (1962)]

[40] —, and V. M. RUDIAK: On the existence of a most probable size of Barkhausen discontinuities. Soviet Phys. Doklady 3, 571—572 (1958)

[83] IVLEV, V. F., and V. M. RUDIAK: Statistische Größenverteilung der Umma-
gnetisierungssprünge. (Russisch). In: Magnitnaja struktura ferromagnetikov.
S. 101—112. Nowosibirsk: Akad. Wiss. USSR 1960

[372] — — Messung der Koerzitivkraft mit Hilfe der Barkhausen-Sprünge.
(Russisch). In: Magnitnaja struktura ferromagnetikov. S. 143—145. Nowosibirsk: Akad. Wiss. USSR 1960

[34] JOST, K.: Über die zeitliche Folge und Größenverteilung von Barkhausen-
sprüngen. Z. Physik 147, 520—530 (1957)

[175] KAMEI, T.: Mechanical Barkhausen effect. J. Phys. Soc. Japan 6, 260—265
(1951)

[247] KERSTEN, M.: Über die Abhängigkeit der magnetischen Eigenschaften des
Nickels von den elastischen Spannungen. Z. Physik 71, 553—592 (1931)

[276] — Versuche über reversible und irreversible Wandverschiebungen zwischen
antiparallel magnetisierten Weissschen Bezirken. Phys. Z. 39, 860—865
(1938) bzw. Z. tech. Physik 19, 546—551 (1938)

[72] — Über die Bedeutung der Versetzungsdichte für die Theorie der Koerzitivkraft rekristallisierter Werkstoffe. Z. angew. Phys. 8, 496—502 (1956)

[70] —, u. P. GOTTSCHALT: Einige Versuche über den Einfluß von Eigenspannungen auf Koerzitivkraft und kritische Feldstärke der Barkhausensprünge.
Z. tech. Phys. 21, 345—352 (1940)

[354] KIBBLEWITHE, A. C.: Noise generation in crystals and in ceramic forms of
barium titanate when subjected to elastic stress. Proc. Inst. Elec. Eng. Pt. B
102, 59—68 u. 683—684 (1955)

[133] KIM, P. D., and G. M. RODICHEV: Large Barkhausen jumps in thin ferromagnetic
films. Bull. Acad. Sci. U.S.S.R. Phys. Ser. 26, 305—309 (1962)

[189] KIMURA, H.: Domain structure of silicon iron at high temperatures. J. Sci.
Hiroshima Univ. Ser. A-II 25, 87—106 (1961)

[159] KIRENSKII, L. V., i V. F. IVLEV: Die Erscheinung der umgekehrten Inversion
in Ferromagnetika. (Russisch). Doklady Akad. Nauk S.S.S.R. 76, 389—391
(1951)

[69] — M. K. SAVCHENKO and A. M. RODICHEV: Domain structure dynamics in
transformer iron crystals under the influence of stresses. Bull. Acad. Sci.
U.S.S.R. Phys. Ser. 22, 1171—1176 (1958)

[126] — N. M. SALANSKII, and A. M. RODICHEV: Barkhausen effect where the
hysteresis loop is nearly rectangular. Phys. Metals and Metallog. U.S.S.R.
16, Heft 4, 130—131 (1963)

[127] — — — Reversible and irreversible processes in magnetization reversal
of an elastically stretched Fe-Ni-polycrystal. Bull. Acad. Sci. U.S.S.R.
Phys. Ser. 27, 1505—1509 (1963)

[110] KITTEL, C.: Ferromagnetic resonance. J. phys. radium (8) 12, 291—302
(1951)

[97] KNELLER, E.: Über die Temperaturabhängigkeit der Bestimmungsgrößen
der technischen Magnetisierungskurve von Nickel. In: Beiträge zur Theorie
des Ferromagnetismus und der Magnetisierungskurve. S. 82—140. Hrsg. v.
W. KÖSTER. Berlin-Göttingen-Heidelberg: Springer 1956

[4] — Ferromagnetismus. Berlin-Göttingen-Heidelberg: Springer 1962

[134] KNOWLES, J. E.: Some observations of Bitter patterns on polycrystalline
"squareloop" ferrites, and a theoretical explanation of the loop shape and
pulse characteristics of the material. Proc. Phys. Soc. London 75, 885—897
(1960)

[234] — A further explanation of the shape of the hysteresis loop of "square loop"
ferrites. Proc. Phys. Soc. London 77, 225—229 (1961)

[190] — The irreversible change of magnetization produced in "square loop"
ferrite by pulsed magnetic fields. Proc. Phys. Soc. London 77, 576—586
(1961)

[235] — The estimation of domain wall velocity in a "square loop" ferrite, and
some observations on the reversal process. Proc. Phys. Soc. London 78,
233—238 (1961)

[151] KOBAYASI, T.: On the inverse Wiedemann effect and its allied phenomena.
Japan. J. Phys. 5, I, 1—39 (1928/29)

[210] Koch, F. A.: Untersuchungen über die Temperaturabhängigkeit des Procopiu-Effekts. Z. Physik 155, 475—478 (1959)

[180] Koch, K. M.: Beeinflussung des Barkhausen-Effekts durch Torsionsschwingungen. Naturwissenschaften 31, 233—234 (1943)

[181] — Große Barkhausen-Sprünge an tordierten, von Wechselstrom durchflossenen Drähten. Z. Physik 122, 706—713 (1944)

[125] Koch, S.: Quasistationäre Feldverteilung bei den großen Barkhausensprüngen und ihre Deutung durch den gewöhnlichen Barkhauseneffekt. Avhandl. Norske Videnskap-Akad. Oslo I. Mat. Naturv. Kl. 1935, Nr. 7

[230] Kolachevskii, N. N.: Vorläufige Resultate der Untersuchungen über die Temperaturabhängigkeit des Rauschens bei zyklischer Ummagnetisierung von Ferromagnetika. (Russisch). Sammlung v. Arbeit. a. d. Moskauer Physikal.-Techn. Inst. 1958, Nr. 2

[231] — Measurement of the noise of cyclic remagnetization of ferromagnetic substances at low temperatures. Soviet Phys. JETP 9, 278—279 (1959). [Übersetzt in: Phys. Abhandl. a. d. Sowjetunion 1, 124—126 (1959)]

[377] — Experimental investigation of the influence of elastic stresses, heat-treatment and crystal structure in a ferromagnetic specimen on the intensity of magnetic noise. Phys. Metals Metallog. 11, H. 2, 57—60 (1961)

[65] Kranz, J.: Untersuchungen über die irreversible Magnetisierung und Nachwirkung. Z. Physik 139, 619—637 (1954)

[163] —, u. B. Passon: Die Kerrhysterese; eine Erscheinung der Oberflächenmagnetisierung. Z. Physik 161, 525—538 (1961)

[162] —, u. A. Schauer: Über das Vorkommen negativer Barkhausen-Sprünge. Ann. Physik (7) 4, 84—88 (1959)

[289] Krumhansl, J. A., and R. T. Beyer: Barkhausen noise and magnetic amplifiers. II. Analysis of the noise. J. Appl. Phys. 20, 582—586 (1949)

[261] Langmuir, J., and K. J. Sixtus: Regions of reversed magnetization in strained wires. Phys. Rev. 38, 2072 (1931)

[355] Little, E. A.: Dynamic behaviour of domain walls in barium titanate. Phys. Rev. 98, 978—984 (1959)

[285] Lliboutry, L.: Quelques lois relatives au traînage magnétique. Compt. rend. 230, 1042—1044 (1950)

[171] Luck, D. G. C.: Magnetic discontinuities produced by mechanical deformation. Phys. Rev. 40, 1053 (1932)

[35] Lütgemeier, H.: Über das Frequenzspektrum des Barkhausen-Rauschens. Z. angew. Phys. 16, 153—157 (1963)

[36] — Magnetisierungsvorgänge im pauschal unmagnetischen Zustand, die als Folge einer Temperaturänderung auftreten. Z. angew. Phys. 16, 162—172 (1963)

[141] Mazzetti, P.: Study of nonindependent random pulse trains, with application to the Barkhausen noise. Nuovo cimento (10) 25, 1322—1342 (1962)

[299] — Correlation function and power spectrum of a train of nonindependent overlapping pulses having random shape and amplitude. Nuovo cimento (10) 31, 88—97 (1964)

[142] —, e G. Montalenti: Sul calculo del rumore di fondo in circuiti con elementi utilizzanti materiali ferromagnetici. Energia elettrica 39, 562—574 (1962)

[143] — — Power spectrum of the Barkhausen noise of various magnetic materials. J. Appl. Phys. 34, 3223—3225 (1963)

[165] McKeehan, L. W., and R. F. Clash: Directions of discontinuous changes of magnetization in a rotating monocrystal of silicon iron. Phys. Rev. 45, 839—840 (1934)

[356] Merz, W. J.: Domain formation and domain wall motion in ferroelectric $BaTiO_3$ single crystals. Phys. Rev. 95, 690—698 (1954)

[357] — Switching time in ferroelectric $BaTiO_3$ and its dependence on crystal thickness. J. Appl. Phys. 27, 938—943 (1956)

[78] Metzdorf, W.: Eine Beziehung zwischen magnetischen Nachwirkungs- und Hystereseverlusten bei Ferriten. Z. angew. Phys. 11, 95—102 (1959)

[54] Middelhoek, S.: Domänenwandkriechen in dünnen Ni-Fe-Schichten. Z. angew. Phys. 14, 191—193 (1962)

[358] MILLER, R. C.: Some experiments on the motion of 180°-domain walls in BaTiO$_3$. Phys. Rev. 111, 736—739 (1958)

[359] — On the origin of Barkhausen pulses in BaTiO$_3$. J. Phys. and Chem. Solids 17, 93—100 (1960)

[95] MONTALENTI, G.: Sulla relazione tra effetto Barkhausen e legge di Rayleigh. Nuovo cimento (9) 5, 154—161 (1948)

[300] — Brief survey of the recent researches on magnetism at the Istituto Elettrotecnico Nazionale Galileo Ferraris. 1. Barkhausen noise. Z. angew. Phys. 17, 136—142 (1964)

[360] MUELLER, H.: Properties of Rochelle salt. Phys. Rev. 47, 175—191 (1935)

[90] MURAKAWA, K.: Discontinuous change in magnetization in ferromagnetic substances. Proc. Phys.-Math. Soc. Japan 18, 380—401 (1936)

[91] — Discontinuous change in magnetization in ferromagnetic substances. Part II. Proc. Phys.-Math. Soc. Japan 19, 715—733 (1937)

[128] NAGASHIMA, T.: Magnetische Eigenschaften von sehr reinem Eisen. Ber. d. A. G. Ferromagn. 1959, S. 148—154

[281] NÉEL, L.: La forme des noyaux d'inversion dans les grandes discontinuités Barkhausen. Cahiers phys. 1, H. 4, 57—60 (1941)

[77] — Théorie des lois d'aimantation de Lord Rayleigh. I et II. Cahiers phys., H. 12, 1—20 (1942); H. 13, 18—30 (1943)

[157] — Les lois de l'aimantation et de la subdivision en domaines élémentaires d'un monocristal de fer. J. phys. radium (8) 5, 241—251 (1944)

[182] — Théorie du traînage magnétique des substances massives dans la domaine de Rayleigh. J. phys. radium (8) 11, 49—61 (1950)

[222] — Le traînage magnétique. J. phys. radium (8) 12, 339—351 (1951)

[71] — Bases d'une nouvelle théorie générale du champ coercitif. Ann. univ. Grenoble, 22, 299—343 (1946)

[220] — Théorie du traînage des ferromagnétiques en grains fins avec applications aux terres cuites. Ann. de géophys. 5, 99—136 (1949)

[221] — Influence des fluctuations thermiques sur l'aimantation des substances ferromagnétiques massives. Compt. rend. 228, 1210—1212 (1949)

[186] NEWHOUSE, V. L.: Discontinuities in the variation of magnetization with temperature. Proc. Phys. Soc. London A 65, 325—328 (1952)

[369] — The utilization of domain wall viscosity in data handling devices. Proc. I.R.E. 45, 1484—1492 (1957)

[361] NEWTON, R. R., I. A. AHEARN, and K. G. McKAY: Observation of the ferro-electric Barkhausen effect in barium titanate. Phys. Rev. 75, 103—106 (1949)

[288] NONNENMACHER, W.: Über das Spektrum des Barkhausengeräusches. Nachrichtentechn. Fachber. Heft 2, 82—87 (1955)

[306] —, u. L. SCHWEIZER: Die Bestimmung der Permeabilität ferromagnetischer Stoffe aus der thermischen Rauschspannung von Spulen. Z. angew. Phys. 9, 239—245 (1957)

[249] DEL NUNZIO, B.: Brusche variazioni nel magnetismo del nichel. Atti reale ist. veneto sci. lettere ed arti. 87, 941—956 (1928)

[252] — Caratteri delle brusche variazioni nella magnetizzazione del nichel. Nuovo cimento (7) 7, 305—317 (1930)

[185] — Ricerca di un analogo termico dell'effetto Barkhausen. Atti accad. naz. Lincei 12, 125—129 (1930)

[250] — Il reticulo cristallino del nichel e le brusche variazioni della sua magnetizza-zione. Atti reale ist. veneto sci. lettere ed arti. 92, 541—549 (1933)

[285] OGAWA, S.: Über den großen Barkhausensprung. Dritter Teil. Anwachsen und Verschwinden des Ummagnetisierungskeimes. Sci. Rep. Tôhoku Univ. A 1, 53—61 (1949)

[104] ÔKUBO, J., and M. TAKAGI: On the effect of stretching and twisting on the discontinuous process of the magnetization in nickel, iron and nickel-iron alloys. Sci. Rep. Tôhoku Imp. Univ. I 25, 426—479 (1936)

[362] v. OOIJEN, D. J., and W. F. DRUYVESTEYN: Analogon of Barkhausen noise observed in a superconductor. Phys. Rev. Letters 6, 30—31 (1963)

[326] Ostermann, H., u. F. v. Schmoller: Quantitative Auswertung des Matteuccieffekts. Z. Physik 78, 690—696 (1932)

[224] Pescetti, D., et J.-C. Barbier: Sur le traînage magnétique de fluctuation au voisinage du point de Curie. Compt. rend. 243, 1740—1743 (1956)

[19] Pfaffenberger, J.: Über den Barkhauseneffekt. Ann. Physik (4) 87, 737—768 (1928)

[46] Pfrenger, E., u. K. Stierstadt: Die wahrscheinlichste Größe der Barkhausen-Sprünge. Z. Naturforsch. 20a, 492—494 (1965)

[15] v. d. Pol, B.: Discontinuities in the magnetization. Proc. Acad. Amsterdam 23/I, 637—643 (1921)

[16] — Discontinuities in the magnetization II. Proc. Acad. Sci. Sci. Amsterdam 23/II, 980—988 (1922)

[122] Polivanov, K. M., A. M. Rodichev, u. V. A. Ignatchenko: The influence of the parameters of ferromagnetic materials on the measurement of Barkhausen effect. Phys. Metals and Metallog. U.S.S.R. 9, H. 5, 130—140 (1960)

[20] Preisach, F.: Untersuchungen über den Barkhausen-Effekt. Ann. Physik (5) 3, 737—799 (1929)

[254] — Permeabilität und Hysterese bei Magnetisierung in der energetischen Vorzugsrichtung. Physik. Z. 33, 913—923 (1932)

[255] — Permeabilität und Hysterese bei Magnetisierung in der energetischen Vorzugsrichtung. Z. tech. Physik 13, 514—516 (1932)

[144] — Über die magnetische Nachwirkung. Z. Physik 94, 277—302 (1935)

[168] Procopiu, S.: L'influence des actions mécaniques et des courants alternatifs sur les discontinuités d'aimantation du fer. Compt. rend. 184, 1163—1165 (1927)

[169] — L'influence des actions mécaniques et du courant alternatif sur les discontinuités d'aimantation. Ann. sci. univ. Jassy 15, 59—64 (1928/29)

[195] — Influence d'un champ alternatif circulaire sur les discontinuités d'aimantation du fer. J. phys. radium (7) 1, 306—313 (1930)

[192] — Recherches expérimentales sur le phénomène de Barkhausen. Ann. sci. univ. Jassy 16, 352—374 (1930)

[334] — Sur l'effet Barkhausen interne. Bull. acad. roumaine 15, 84—86 (1932)

[212] — Détermination de l'épaisseur de la plus mince couche de fer, électrolytique, à laquelle disparaissent les discontinuités d'aimantation. Compt. rend. 208, 1212—1214 (1939)

[193] —, et T. Farcas: L'influence de l'intensité du courant alternatif sur la variation du phénomène de Barkhausen. Ann. sci. univ. Jassy 15, 65—68 (1928/29)

[194] — — Relation entre les discontinuités d'aimantation (effet Barkhausen) et l'intensité d'aimantation. Ann. sci. univ. Jassy 16, 344—351 (1929)

[196] —, si V. Tutovan: Efect Barkhausen circular la fire de fer prin care trece curent alternativ. Stud. si cerc. st. Acad. R.P.R. Fil. Jasi 2, 143—167 (1951)

[197] — — Inductii magnetice alternative produce de un fir de fier prin care trece un curent alternativ axial. Influenta tractiunii si a unui cimp magnetizant longitudinal. Bull. st. Acad. R.P.R. Sect. Mat.-Fiz. 6, 311—338 (1954)

[198] — — Inductions magnétiques alternatives produites par un fil de fer parcouru par un courant alternatif axial. Influence de la traction et d'un champ d'aimantation longitudinal. Rev. Phys. Acad. R.P.R. 1, 63—87 (1956)

[200] —, et G. Vasiliu: Les discontinuités d'aimantation en champ alternatif. Explication des fréquences multiples apparaissant lors de la ferro-résonance. Compt. rend. 204, 673—674 (1937)

[201] — — La torsion d'un fil de fer ou de nickel facilite les discontinuités d'aimantation en courant alternatif axial. Compt. rend. 204, 971—973 (1937)

[199] —, si I. Viscrian: Intensitatile de magnetizare la fire de fier electrolitic si de otel in cimp alternativ longitudinal si circular. Efectul Barkhausen circular, 13—36. Studiul influentei tractiunii asupra proprietatilor magnetice ale fierului electrolitic sub forma de fire in cimp magnetic alternativ longitudinal si circular, 285—306. Studiul fenomenelor magneto-mecanice la nichel sub forma de fire in cimp magnetic alternativ longitudinal si circular. Efectul Barkhausen circular, 307—340. Stud. si cerc. st. Acad. R.P.R. Fil. Jasi, Fiz. sti. Teh. 14 (1963)

[239] PROKOPENKO, V. S.: Distribution of the magnitudes of magnetization jumps in cylindrical iron films. Soviet Phys. Tech. Phys. **7**, 1035 (1962/63)

[241] PRUTTON, M.: Thin ferromagnetic Films. London: Butterworths 1964

[102] REIMER, L.: Vergleich röntgenographisch und magnetisch ermittelter Eigenspannungen in ferromagnetischen Metallen. In: Beiträge z. Theorie d. Ferromagn. u. d. Magnetis.-kurve. Hrsg. v. W. KÖSTER. S. 141—169. Berlin-Göttingen-Heidelberg: Springer-Verlag 1956

[272] REINHART, R. E.: Large Barkhausen discontinuities and their propagation. Phys. Rev. **45**, 342—343 (1934)

[273] — Large Barkhausen discontinuities and their propagation in Ni-Fe alloys. Phys. Rev. **45**, 420—424 (1934)

[274] — Large Barkhausen discontinuities and their propagation in Ni-Fe-alloys II. Phys. Rev. **46**, 483—486 (1934)

[114] RICHTER, G.: Über die magnetische Nachwirkung am Carbonyleisen. Ann. Physik (5) **29**, 605—635 (1937)

[82] ROCHE, J.: The Barkhausen effect in spinel ferrites. Brit. J. Appl. Phys. **14**, 784—789 (1963)

[139] RODICHEV, A. M.: Die Abhängigkeit des Barkhausen-Effekts von der Änderungsgeschwindigkeit des Magnetfeldes. (Russisch). In: Magnitnaja struktura ferromagnetikov. S. 135—142. Nowosibirsk: Akad. Wiss. U.S.S.R. 1960

[41] —, and V. A. IGNATCHENKO: The dynamics of Barkhausen effect. Phys. Metals Metallog. U.S.S.R. English translation **9**, Nr. 6, 93—97 (1960). [Übersetzt in Phys. Abhdlg. a. d. Sowjetunion **3**, 423—428 (1960)]

[344] — —, i N. M. SALANSKII: Abschätzung der Größe von Barkhausen-Sprüngen. (Russisch). In: Magnitnaja struktura ferromagnetikov. S. 113—121. Nowosibirsk: Akad. Wiss. U.S.S.R. 1960

[42] — N. M. SALANSKII, i I. V. SINEGUBOV: Statistische Verteilung der Dauer von Barkhausen-Impulsen. (Russisch). Izvest Sibir. Otdel. Akad. Nauk S.S.S.R., Nr. 3, 123—126 (1960)

[177] —, i M. K. SAVCHENKO: Mechanischer Barkhausen-Effekt in einem Einkristall aus Transformatorstahl. (Russisch). In: Magnitnaja struktura ferromagnetikov. S. 151—153. Nowosibirsk: Akad. Wiss. U.S.S.R. 1960

[137] RODICHEV, G. M., i P. D. KIM: Investigation of the duration of Barkhausen jumps in an iron film. Bull. acad. sci. U.S.S.R. Ser. Phys. **25**, 620—623 (1961). [Übersetzt in Phys. Abhdlg. a. d. Sowjetunion **6**, 602—606 (1962)]

[244] ROTHENSTEIN, B. F., and A. POLICEC: Matteucci effects in the case of dynamical torsion. J. Appl. Phys. **36**, 1808—1811 (1965)

[342] RYTOV, C. M.: Der magnetische Fluß eines Dipols, der sich im Inneren eines kreisförmigen Drahtes befindet. (Russisch). Zhur. eksptl. i Teoret. Fiz. **27**, 307—312 (1954)

[291] SACK, H. S., R. T. BEYER, G. H. MILLER, and J. W. TRISCHKA: Special magnetic amplifiers and their use in computing circuits. Proc. I.R.E. **35**, 1375—1382 (1947)

[138] SALANSKII, N. M., and A. M. RODICHEV: Duration of Barkhausen pulses in ferromagnets. Bull. Acad. sci. U.S.S.R. Ser. Phys. **27**, 1502—1504 (1963)

[240] — — Length of Barkhausen impulses in ferromagnetics. Phys. Metals Metallog. U.S.S.R. **17**, Nr. 1, 136—138 (1964)

[49] — —, u. V. A. BURAVIKHIN: Reversible and non reversible processes in the remagnetization of monocrystals of silicon-iron. Phys. Metals Metallog. U.S.S.R. **11**, Nr. 6, 23—30 (1961). [Übersetzt in Phys. Abhdlg. a. d. Sowjetunion **6**, 37—48 (1962)]

[81] — —, and M. K. SAVCHENKO: Barkhausen effect in thin Mo-Permalloy films. Bull. acad. sci. U.S.S.R. Ser. Phys. **25**, 612—615 (1961). [Übersetzt in Phys. Abhdlg. a. d. Sowjetunion **6**, 392—396 (1962)]

[167] SAVCHENKO, M. K., i A. M. RODICHEV: Die gleichzeitige Beobachtung der Bereichsstruktur und des Barkhausen-Effekts. (Russisch). In: Magnitnaja struktura ferromagnetikov. S. 147—150. Nowosibirsk: Akad. Wiss. U.S.S.R. 1960

[368] SAWADA, H.: Statistische Forschung der Barkhausensprünge. J. Phys. Soc. Japan **1**, 3—5 (1946)

[108] SAWADA, H.: Statistical study of the Barkhausen effect. Part I, Distribution of domain size. J. Phys. Soc. Japan 7, 564—571 (1952)

 [73] — Statistical study of the Barkhausen effect. Part II, Relation between domain size and internal stress. J. Phys. Soc. Japan 7, 571—574 (1952)

 [92] — Statistical study of the Barkhausen effect. Part III, Distribution of time interval. J. Phys. Soc. Japan 7, 575—578 (1952)

[328] v. SCHMOLLER, F.: Untersuchungen über den Matteucci-Effekt. Z. Physik 93, 35—51 (1935)

[251] — Über unsymmetrische Rechteckschleifen bei zirkularer Magnetisierung. Z. Physik 93, 52—54 (1935)

[312] SCHREIBER, F.: Hysterese-Relaxation und Permeabilität von kohlenstoffhaltigem Silizium-Eisen. Z. angew. Phys. 8, 539—551 (1956)

[327] SCHÜTZ, W.: Über den Induktionseffekt an den Enden eines tordierten ferromagnetischen Drahtes in Beziehung zur Theorie der Magnetisierungskurve. Z. Physik 78, 697—703 (1932)

[174] SHICHIJO, Y.: Mechanischer Barkhausen-Effekt in Silizium-Eisen. (Japanisch). Nippon Butsuri Gakkaishi 1, 16 (1946)

[265] SIXTUS, K. J.: Reversal nuclei in magnetic propagation. Phys. Rev. 45, 768 (1934)

[266] — Magnetic reversal nuclei. Part V. Propagation of large Barkhausen discontinuities. Phys. Rev. 48, 425—430 (1935)

[124] — Versuche über große Barkhausen-Sprünge. In: Probleme d. techn. Magnetisierungskurve. S. 9—25. Berlin: Springer-Verlag 1938

 [28] —, and L. TONKS: The propagation of large Barkhausen discontinuities along wires. Phys. Rev. 35, 1441 (1930)

[262] — — Propagation of large Barkhausen discontinuities. Phys. Rev. 37, 930—958 (1931)

[263] — — Further experiments on the propagation of large Barkhausen discontinuities. Phys. Rev. 39, 357—358 (1932)

[264] — — Propagation of large Barkhausen discontinuities II. Phys. Rev. 42, 419—435 (1932)

 [86] SIZOO, G. J.: Enkele metingen over het Barkhausen-effect. Physica s'Gravenhage 9, 43—50 (1929)

 [87] — Eigenschappen von ferromagnetischen Kristallen. Physica s'Gravenhage 10, 1—18 (1930)

[329] SKÓRSKI, R.: Matteuccieffect: Its interpretation and its use for the study of ferromagnetic matter. J. Appl. Phys. 35, 1213—1216 (1964)

[209] —, and A. DURACZ: Induced emf produced by a ferromagnetic wire carrying alternating current in a static magnetic field. J. Appl. Phys. 36, 511—513 (1965)

[115] SNOEK, J. L.: Time effects in magnetization. Physica 5, 663—688 (1938)

[116] — Magnetic aftereffect and chemical constitution. Physica 6, 161—170 (1939)

[117] — Magnetic aftereffects at higher inductions. Physica 6, 797—805 (1939)

[341] — On the effective length of a small Barkhausen discontinuity. Physica 7, 609—624 (1940)

[207] SOROHAN, M.: Efect Barkhausen circular, legatura dintre forma "inductiilor magnetice alternative" si forma curbei de hysterezis. Anal. st. Univ. Al. I. Cuza Iasi, Ser. Nuov. Sect. I 8, 253—260 (1962)

[208] — Sur la théorie de l'effet Procopiu. Phys. stat. sol. 6, K 81—K 85 (1964)

[275] STEINBERG, D. S.: Über die Ausbreitung der magnetischen Umklappwelle. Phys. Z. Sowjetunion 7, 155—174 (1935)

[153] —, u. W. I. BARANOFF: Die Querkomponente der Magnetisierung in Ferromagnetika, die der Deformation durch Schub unterworfen sind. Physik. Z. Sowjetunion 2, 236—242 (1932)

[367] STEINHAUS, W.: Über unsere Kenntnis von der Natur der ferromagnetischen Erscheinungen und von den magnetischen Eigenschaften der Stoffe. Ergeb. exakt. Naturw. 6, 44—74 (1927)

 [58] STEWART, K. H.: Domain wall movement in a single crystal. Proc. Phys. Soc. London A 63, 761—765 (1950)

[59] Stewart, K. H.: Experiments on a specimen with large domains. J. phys. radium (8) 12, 325—331 (1951)

[119] — Ferromagnetic domains. S. 144 ff. Cambridge: Univers. Press 1954

[45] Stierstadt, K., u. W. Boeckh: Die Temperaturabhängigkeit des magnetischen Barkhausen-Effekt III. Die Sprunggrößenverteilung längs der Magnetisierungskurve. Z. Physik 186, 154—167 (1965)

[44] —, u. H.-J. Geile: Die Temperaturabhängigkeit des magnetischen Barkhausen-Effekts II. Barkhausen-Sprünge bei thermischer Idealisierung. Z. Physik 180, 66—79 (1964)

[320] —, u. J. Kohl: Z. angew. Phys., in Vorbereitung

[43] —, u. E. Pfrenger: Die Temperaturabhängigkeit des magnetischen Barkhausen-Effeks I. Z. Physik 179, 182—198 (1964)

[363] —, u. E. Preuss: Z. Physik, in Vorbereitung

[319] Stoll, D.: Die Jordan-Nachwirkung in Wechselfeldern. Z. angew. Phys. 19, 334—343 (1965)

[3] Stoner, E. C.: Ferromagnetism: Magnetization curves. Repts. Progr. in Phys. 13, 83—180 (1953)

[366] — The analysis of magnetization curves. Rev. Modern. Phys. 25, 2—16 (1953)

[346] Storm, L.: Untersuchungen über Ummagnetisierungsvorgänge in Ferromagnetika. Methoden und Ergebnisse. Habilitationsschrift, Univers. Münster 1965

[37] —, u. C. Heiden: Untersuchungen über das Frequenzspektrum des Barkhausen-Rauschens. Z. angew. Phys. 17, 161—164 (1964)

[218] Street, R., and J. C. Wooley: A study of magnetic viscosity. Proc. Phys. Soc. London A 62, 562—572 (1949)

[219] — — Time decrease of magnetic permeability in alnico. Proc. Phys. Soc. London B 63, 509—519 (1950)

[103] — —, and P. B. Smith: Magnetic viscosity under discontinuously and continuously variable field conditions. Proc. Phys. Soc. London B 65, 679—696 (1952)

[100] Takagi, M.: On the effect of temperature on the discontinuous process of magnetization in nickel, and nickel-iron alloy (40% Ni). Sci. Rep. Tôhoku Imp. Univ. I 26, 55—64 (1937)

[30] Tebble, R. S.: siehe unter Bush, H. D., u. R. S. Tebble

[47] — The Barkhausen effect. Proc. Phys. Soc. London B 68, 1017—1032 (1955)

[101] — W. D. Corner, and J. E. Wood: Reversible effects in the magnetization of nickel. Proc. Phys. Soc. London B 64, 753—760 (1951)

[79] —, and V. L. Newhouse: The Barkhausen effect in single crystals. Proc. Phys. Soc. London B 66, 633—641 (1953)

[31] — I. C. Skidmore, and W. D. Corner: The Barkhausen effect. Proc. Phys. Soc. London A 63, 739—761 (1950)

[107] Teimuty, S. I., and J. B. Swedlund: Barkhausen effect in irradiated pure iron and nickel. U.S. Gov. Research. Rep. 39, 108—109 (1964)

[135] Telesnin, R. W.: Dynamische Kurven der Magnetisierung und der Ummagnetisierung des Eisens. (Russisch). Zhur. Eksptl. i Teoret. Fiz. 7, 117—130 (1937)

[136] — On the rate of variation of iron magnetization at different sections of the hysteresis loop. Doklady Akad Nauk S.S.S.R. 20, 647—650 (1938)

[228] — Magnetische Nachwirkung einiger Fe-Ni-Legierungen und verzögerte Magnetisierungssprünge. (Russisch). Zhur. eksptl. Teoret. Fiz. 18, 970—975 (1948)

[229] — Die Erscheinung der Nachwirkung bei Magnetisierungssprüngen. (Russisch). Doklady Akad Nauk S.S.S.R. 59, 887—888 (1948)

[178] —, i E. P. Dsaganija: Verzögerte Magnetisierungssprünge. (Russisch). In: Magnitnaja struktura ferromagnetikov. S. 91—100. Nowosibirsk: Akad. Wiss. U.S.S.R. 1960

[184] Tesche, O.: Magnetische Unstetigkeiten bei Abschreckvorgängen. Z. tech. Physik 11, 239—242 (1930)

[99] — Demonstrationsversuch: Barkhauseneffekt bis zum Curiepunkt. Physik. Z. 34, 879 (1933)

[112] Thomson, J. J.: On the heat produced by eddy currents in an iron plate exposed to an alternating magnetic field. Electrician (London) **28**, 559—600 (1892)

[267] Tonks, L., and K. J. Sixtus: Strain and magnetic orientation. Phys. Rev. **41**, 539—540 (1932)

[268] — — Propagation of large Barkhausen discontinuities III. Effect of a circular field with torsion. Phys. Rec. **43**, 70—80 (1933)

[269] — — Propagation of large Barkhausen discontinuities IV. Regions of reversed magnetization. Phys. Rev. **43**, 931—940 (1933)

[202] Tutovan, V.: Variation de la perméabilité magnétique et du phénomène d'inductions magnétiques alternatives pour des fils et des barres du fer sous l'action de la traction. Anal. st. Univ. Al. I. Cuza Iasi Ser. Nuov. Sect. I **4**, 107—122 (1958)

[203] — Sur la perméabilité dans le cas du "phénomène d'inductions magnétiques alternatives". Influence de la traction. Anal. st. Univ. Al. I. Cuza Iasi Ser. Nuov. Sect. I **4**, 123—128 (1958)

[211] — Sur la perméabilité magnétique dans le cas de l'aimantation sous l'action d'un champ alternatif circulaire en présence d'un champ longitudinal continu. Compt. rend. **248**, 940—943 (1959)

[215] —, si P. Apostol: Influenta torsiunii asupra magnetizarii paturilor electrolitice de fier, supuse simultan unui cimp alternativ circular si unui cimp continuu longitudinal. Anal. st. Univ. Al. I. Cuza Iasi Ser. Nuov. Sect. I **8**, 145—158 (1962)

[213] —, si I. D. Bursuc: Asupra grosimii critice a paturilor subtiri de fier obtinute electrolitic. Anal. st. Univ. Al. I. Cuza Iasi Ser. Nuov. Sect. I **6**, 819—828 (1960)

[214] — — L'effet Procopiu dans le cas des couches minces de fer obtenues par voie électrolytique. Compt. rend. **253**, 405—407 (1961)

[18] Tyndall, E. P. T.: The Barkhausen effect. Phys. Rev. **24**, 439—451 (1924)

[170] —, and J. M. B. Kellogg: Note on the Barkhausen effect under mechanical stress. Phys. Rev. **30**, 354—356 (1927)

[317] Uher, L.: Eine neue Methode der Konstruktion des verallgemeinerten Preisachdiagramms. Czechoslov. J. Phys. B **14**, 861—872 (1964)

[191] Valle, G.: Sul l'effetto del passagio di una corrente alternata in un filio ferromagnetico sottoposto a torsione e sull'effetto inverso. Atii reale accad. sci. Torino **67**, 319—338 (1932)

[204] —, e G. Tribulato: Di un nuovo dispositivo magnetometrico a compensazione. Nuovo cimento (8) **16**, 441—446 (1939)

[206] Vasiliu, G.: Contributii la studiul magnetizarii firelor subtiri. Stud. si cerc. Univ. st. Acad. RPR Jasi **11**, 19—28 (1960)

[155] Vlasov, A. Y., and Y. D. Tropin: Magnetization and magnetostriction jumps in nickel. Bull. acad. sci. U.S.S.R. Ser. phys. **25**, 1532—1534 (1961)

[8] Warburg, E.: Über den Einfluß tönender Schwingungen auf den Magnetismus des Eisens. Pogg. Annalen **139**, 499—502 (1870)

[303] Warren, K. G.: Barkhausen noise in transformer cores. Electron. Technol. **38**, 89—94 (1961)

[374] — Spectrum of Barkhausen noise for periodic magnetization of ferromagnetic materials in bulk. Proc. Inst. Elec. Eng. **111**, 387—392 (1964)

[307] Weiss, P., et J. de Freudenreich: Etude de l'aimantation initiale en fonction de la température. Arch. Soc. Phys. Nat. Genève **42**, 449—482 (1916)

[17] —, et G. Ribaud: Sur les discontinuités de l'aimantation. J. phys. radium (6) **3**, 74—80 (1922)

[364] Widman, D.: Die Untersuchung von Blochwandverschiebungen mit Hilfe der Desakkomodation. Z. angew. Phys. **19**, 327—334 (1965)

[365] — Der Einfluß einer inneren Entmagnetisierung auf Blochwandverschiebungen in hochpermeablen Werkstoffen. Z. angew. Phys. **19**, 445—452 (1965)

[308] Wilde, H.: Messungen über die reversible Permeabilität und ihre theoretische Deutung. Z. angew. Phys. **7**, 509—513 (1955)

[310] — Modellvorstellungen zu den Erscheinungen der ferromagnetischen Hysterese. Nachr.-tech. Z. **10**, 497—502 (1957)

[145] Wilde, H., u. H. Girke: Die Messung der Wahrscheinlichkeitsverteilung der Barkhausensprünge in einem Ferromagnetikum. Z. angew. Phys. 11, 339—342 (1959)

[293] Williams, F. C., and S. W. Noble: The fundamental limitations of the second-harmonic type of magnetic modulator as applied to the amplification of small d. c. signals. Proc. Inst. Elec. Eng. II 97, 445—459 (1950)

[66] Williams, H. J.: Magnetic properties of single crystals of silicon iron. Phys. Rev. 52, 747—751 (1937)

[259] —, and M. Goertz: Domain structure of perminvar having a rectangular hysteresis loop. J. Appl. Phys. 23, 316—323 (1952)

[67] —, and W. Shockley: A simple domain structure in an iron crystal showing a direct correlation with the magnetization. Phys. Rev. 75, 178—183 (1949)

[68] — — Memory in simple ferromagnetic domain crystal. Phys. Rev. 78, 341 (1950)

[121] — —, and C. Kittel: Studies of the propagation velocity of a ferromagnetic domain boundary. Phys. Rev. 80, 1090—1094 (1950)

[84] Williams, S. R.: Oscillograms of the Barkhausen effect. Phys. Rev. 22, 526 (1923)

[160] Wotruba, K.: Über die Möglichkeit des negativen Barkhausen-Effekts. (Russisch). Czechoslov. J. Phys. 3, 162 (1953)

[338] — Ein Amplitudenanalysator elektrischer Impulse mit mechanischem Differential zur Messung des Barkhausen-Effekts. Czechoslov. J. Phys. 4, 48—52 (1954)

[105] — Der Einfluß plastischer Deformation auf den Barkhausen-Effekt. (Russisch). Czechoslov. J. Phys. 4, 375 (1954)

[348] — Zur Frage der quantitativen Messung von Barkhausen-Sprüngen. (Russisch). Czechoslov. J. Phys. 4, 377—378 (1954)

[336] — Ausgestaltung der ursprünglichen Methode für das Studium des Barkhauseneffekts und Beurteilung dessen Wiederholbarkeit. Czechoslov. J. Phys. 5, 98—100 (1955)

[106] — Influence of plastic deformation on the Barkhausen effect. Bull. acad. sci. U.S.S.R. Ser. phys. 21, 1235—1238 (1957)

[113] Wwedensky, B.: Über die Wirbelströme bei der spontanen Änderung der Magnetisierung. Ann. Physik (4) 64, 609—620 (1921)

[335] Zomakion, B. F., i V. F. Ivlev: Eine Methode zur Untersuchung der Magnetisierungssprünge. (Russisch). Doklady Akad. Nauk S.S.S.R. 76, 205—208 (1951)

[14] Zschiesche, K.: Über magnetoelastische Effekte. Z. Physik 11, 201—214 (1922)

Privatdozent Dr. Klaus Stierstadt
I. Physikalisches Institut der Universität
8 München 22, Geschwister-Scholl-Platz

Canonical Quantization of Gauge Invariant Field Theories

Wolfgang Kundt

I. Institut für Theoretische Physik
der Universität Hamburg

Received March 1966

Contents

Introduction

The present state of *canonical field quantization* can be described as follows: One appeals to a non existing theory; one bases a perturbation calculation on the existence of a unitary operator which has been proven not to exist; one subtracts infinity at each step of the calculation. And one obtains results which describe the experiments to two or more signifying figures.

About a dozen years ago, physicists recognized that the canonical commutation relations in the usual form can only apply to fields without interaction; a satisfactory way out was not in sight. Consequently, they bypassed a quantization of classical fields, and studied those features of (axiomatic) quantum field theory which are already implied by the following rather *general assumptions:* 1) certain postulates on the domains of definition, and ranges of the field operators 2) Lorentz invariance (more precisely: invariance with respect to the covering group of the inhomogeneous Lorentz group), 3) local commutativity of observables, and 4) asymptotic completeness. Here 2) guarantees the independence of the description of the (MINKOWSKIAN) coordinate system, 3) guarantees the causality of the theory, 4) ensures the possibility of a description of interactions by means of the scattering operator, and 1) is necessary for mathematical rigour.

Despite all success of this general theory, the description of experiments is still done today by means of the above described, mathematically illegitimate methods. And at the international conference on elementary particles in Siena at the beginning of October 1963, R. JOST [1] said: "The greatest dangers, and the really valid objections to axiomatic theories are clearly—that one may have to give up before one reaches an understanding—or that after long and hard work one finds oneself back at the Lagrangean field theories with all of their shortcomings".

In this situation, I think that a survey of the fundamental postulates, and mathematical structure of both canonical quantization and classical fields is not out of place.

A systematic treatment naturally begins with the quantum theory of a system of a *finite* number of *degrees of freedom*, even though this theory has two serious faults: 1) It does not treat time and space coordinates on equal footing, and 2) it assumes the conservation of particles which is obviously violated for all the known elementary particles. As concerns 1), it has been recently shown by COESTER [2] (1965), compare also SCHROER [3] (1966), that an N-particle system can be described by an S-operator theory which satisfies all covariance and causality requirements. In any case, a future quantum field theory will have to contain the quantum theory of particles as a legitimate approximation; just as one has recently succeeded in recovering NEWTON's theory of gravitation from EINSTEIN's theory by means of a well defined limiting process, compare TRAUTMAN [4] (1966), and DAUTCOURT [5] (1964). Aside from this, several *compatibility* requirements in field quantization occur already in a finite dimensional theory in simplified form where they can be treated in full rigour.

Canonical field quantization, in *Hamiltonian* as well as *Lagrangean* form, reveals two independant domains of problems. One domain is the Q-number part which originates from *representations* in Hilbert space, and is cursorily surveyed in chapter 5. The other domain is purely classical: It stems from the *invariance* of classical field theories under infinite dimensional Lie (semi-) groups, viz. the gauge group of the 4-potential in electrodynamics, and the group of all (regular) coordinate transformations in the case of the gravitational theory. These *gauge invariances* occur as a consequence of a covariant treatment, and correspond to the fact that one admits more variables (potentials) to the description than there exist physical degrees of freedom.

The treatment of such "singular" theories is subject of part II where it is shown in a self-contained way that a singular theory can be *canonically reduced* to a regular theory. In view of the many different ways tried out by physicists during the last fifteen years, our conclusion is important that all of them lead to the same Lie structure of the observables.

Regular theories are a special case of singular theories, and systems of finite dimension can be considered as a special case of fields (in the language of distributions). Part II therefore contains several *proofs* which are left out in part I in favour of a condensed presentation.

Acknowledgements and Historical Remarks. Part II of this article was stimulated back in 1959 by Professors P. G. BERGMANN and A. B. KOMAR in a large number of conversations. It has also profited from an illuminating seminar, and clarifying remarks by Dr. J. EHLERS. Its contents and applications to the gravitational field have often been called "quantization" even though nothing is done but a reformulation of the classical (unquantized) theory. When I tried to survey the methods for quantizing the gravitational field towards the end of 1964, I felt uneasy if leaving out the quantum part. At this moment, it was the repeated criticism and bibliographic guidance of Professor H. JOOS, a number of most informative talks with

Dr. H. J. BORCHERS, and several clarifying discussions with Dr. B. SCHROER which gave me a first insight into the present state of field quantization, and which are mirrored in chapter 5. Chapters 1 to 3 appeared necessary for a systematic presentation; here thanks are due to Mr. J. MADORE who helped clarifying the properties of the quantum invariance group. Chapter 4 on classical fields has been influenced by lively conversations with Dr. K. HASSELMANN. Finally, many suggestions by Professor W. DÖRING for an improved presentation are gratefully acknowledged.

Part I. Canonical Quantization

1. Classical System of Finite Dimension

1.1. Regular theory. We consider physical systems with a finite number of degrees of freedom which can be described by a first order[1] *Lagrange function* $l(q^A, \dot{q}^A; t)$ of $2N$ real variables q^A, $\dot{q}^A$, and possibly the time coordinate t. A fairly general example is the 3-dimensional *oscillator* whose Lagrangean reads $l = m\dot{q}^A \dot{q}_A/2 - v(q^B)$; (summation over the index A understood). We do not lose physical generality by restricting all functions to be C_∞-functions (infinitely differentiable); analyticity would exclude wave-like phenomena, and will only be assumed where necessary.

The description of a system is called *regular* (in D) if the matrix $\partial_B \cdot \partial_A \cdot l$ of the second derivatives of l with respect to the velocity coordinates $\dot{q}^A$ has a non-vanishing determinant (in the considered domain D of the $(2N + 1)$-dimensional euclidean space of all q^A, $\dot{q}^A$, t); that is if the defining equations $p_A := \partial_A \cdot l$ of the *canonical momenta* p_A can be solved for the velocities $\dot{q}^A$. This assumption is fulfilled if all q_A, $\dot{q}_A$ correspond to true degrees of freedom of the system, that is if they can be prescribed independently (as Cauchy data) at a fixed time. As a non-regular example we mention that only three components of the relativistic four-velocity of a particle are independent because the square of the four-velocity is constant. If one allows all four components to enter into the description, one obtains a singular theory. *Singular theories* are object of part II where it will be shown that they can be reduced (in non-pathological cases) to regular theories.

1.2. Phase space description. In a regular theory, one can replace the velocities $\dot{q}^A$ by the momenta p_A. All measurable quantities, or *observables "a"* are real functions on the phase space whose coordinates are p_A, q^A; we abbreviate: $a = a(m)$ with $m \leftrightarrow \{m^\alpha\} := \{p_A, q^B\}$, $1 \leq A$, $B \leq N, 1 \leq \alpha \leq 2N$. An explicit time dependence of observables appears to be of no physical interest, and will consequently be suppressed. The implicit time dependence of an observable is governed by the Euler-Lagrange equations belonging to the Lagrangean l, or equivalently by *Hamilton's* first order *equation* of *motion*

$$\frac{\mathrm{d}}{\mathrm{d}t} a(m(t)) =: \dot{a} = [h, a], \tag{1.1}$$

---

[1] Higher order Lagrangeans are treated by MARX [6] (1951).

where $h = h(m; t) := p_A \dot{q}^A - l$ is the Hamilton function, and where

$$[a, b] := a'^A b,_A - a,_A b'^A = \varepsilon^{\alpha\beta} a,_\alpha b,_\beta \tag{1.2}$$

is the *Poisson bracket* of $a(m)$ and $b(m)$, with

$$a'^A := \partial_{p_A} a \ , \quad a,_A := \partial_{q^A} a \ , \tag{1.3}$$

$$\varepsilon^{\alpha\beta} := \begin{cases} \pm 1 \text{ for } \beta = \alpha \pm N \\ 0 \text{ otherwise} \end{cases} = - \varepsilon^{\alpha\beta} \ . \tag{1.4}$$

Proofs will follow in chapter 6 under more general conditions.

The Poisson bracket (1.2) maps pairs a, b of phase space functions into phase space functions. It defines, on the vector space of all $a(m)$, a Lie product, namely a bilinear map which is skew

$$[a, b] = - [b, a] \ , \tag{1.5}$$

and which satisfies JACOBI's identity

$$[[a, b], c] + [[b, c], a] + [[c, a], b] = 0 \ . \tag{1.6}$$

A proof which holds, at the same time, for infinite dimension will follow in chapter 4. We state that the observables form a (real) *Lie algebra*.

1.3. Statistical ensemble. The subsets E of phase space correspond to properties: $m(t) \in E$ means that the system has, at time t, a position and momentum in E. A *Gibbsian ensemble* of equal systems can be described by a non-negative normalized measure μ on the subsets E, or, equivalently, on their characteristic functions $\chi_E(m)$: $\langle \chi_E \rangle := \mu(E)$ is by definition the probability of finding a copy with property E in the ensemble.

An observable can be regarded as an infinite linear combination of characteristic functions of intervals (approximation by step functions)

$$\sum_k a(m_k) \chi_{E_k}(m) \to \int a(m') \chi_{dm'}(m) = a(m) \ , \tag{1.7}$$

where $m_k \in E_k$, $\mu(E_k \cap E_l) = 0$ for $k \neq l$, $\bigcup_k E_k = $ phase space, and where by definition: $\int_{E_k} \chi_{dm'}(m) := \chi_{E_k}(m)$. Calling $\langle \chi_E \rangle$ the *expectation value* of the property E, and assuming the expectation value $\langle a \rangle$ of an observable to be linear and continuous (e.g. with respect to the L^2-norm on the square-integrable functions $a(m)$), one obtains from (1.7)

$$\langle a \rangle = \int a(m') \langle \chi_{dm'} \rangle = \int a(m') \mu(dm') \ . \tag{1.8}$$

$\langle a \rangle$ is the mean value of the observable a for an ensemble described by the statistical measure μ. Large ensembles are conventionally described by measures whose Radon-Nikodym derivative $w(m)$ with respect to the Lebesgue measure

$$dm := h^{-N} \prod_\alpha dm^\alpha \tag{1.9}$$

is a function (rather than a distribution): $\mu(dm) = w(m) \, dm$, where $w(m)$ is a real, non-negative, normalized function characterizing the ensemble. Using the language of quantum theory, we call w the *state function* of the system. (1.8) now becomes

$$\langle a \rangle = \langle w, a \rangle , \tag{1.10}$$

with

$$\langle a, b \rangle := \int a^*(m)\, b(m)\, \mathrm{d}m \tag{1.11}$$

for complex valued functions a, b, and with $\langle w, 1 \rangle = 1$.

As is well known, this bracket defines a *scalar product* on the vector space of all square-integrable functions on phase space. In this way, the classical L^2-observables form a (real) *pre-Hilbert space*. (The metrical completion of this pre Hilbert space contains, of course, such non-differentiable functions as the characteristic functions $\chi_E(m)$ whose Lie product is no longer defined.) We are going to show that both Lie algebra and Hilbert space structure suffice to formulate all meaningful physical statements.

1.4. Equation of motion. The time dependence of the expectation value of an observable is obtained, in classical *Schrödinger picture*, by attaching the "state measure" $w(m;t)\,\mathrm{d}m$ to the particle trajectories $m(t)$, that is by Lie transporting $w(m;t)\,\mathrm{d}m$ along the trajectories. According to Liouville's theorem, Lebesgue's measure $\mathrm{d}m$ in phase space is motion invariant (see below (1.21)); we therefore get

$$\partial_t w + w,_\alpha \dot{m}^\alpha = 0 , \tag{1.12}$$

and (1.1) implies

$$\partial_t w = [w, h] , \tag{1.13}$$

so that

$$\frac{\mathrm{d}}{\mathrm{d}t} \langle a \rangle = \langle [w, h], a \rangle \tag{1.14}$$

is the desired equation of motion. By partial integration one can move the Hamiltonian from w to a

$$\begin{aligned}
\langle [w, h], a \rangle &= \quad \int \varepsilon^{\alpha\beta} w,_\alpha h,_\beta a\, \mathrm{d}m = - \int w\, \partial_\alpha(\varepsilon^{\alpha\beta} h,_\beta a)\, \mathrm{d}m \\
&= - \int w\, \varepsilon^{\alpha\beta} h,_\beta a,_\alpha \mathrm{d}m = \langle w, [h, a] \rangle ,
\end{aligned} \tag{1.15}$$

where we have used the constancy, and antisymmetry of the symplectic tensor $\varepsilon^{\alpha\beta}$. Insertion into (1.14) yields the equation of motion in the (classical) *Heisenberg picture* in which the "state" w is considered time independent whereas the observables obey Hamilton's equation of motion. This equation evidently converges towards the equation (1.1) of a determined system when w approaches a delta function.

1.5. Invariance group. According to our derivation, the law of motion in phase space has been obtained with respect to *canonical coordinates* m^α in which the symplectic metric $\varepsilon^{\alpha\beta}$ assumes its normal values (1.4). On the other hand, our formulation (1.2) of the Lie product is generally covariant if observables are treated as scalars. In general coordinates, the *symplectic metric* is characterized by

$$\varepsilon^{(\alpha\beta)} = 0 = \varepsilon_{[\alpha\beta,\gamma]} , \tag{1.16}$$

where $\varepsilon_{\alpha\beta}$ is, by definition, the inverse matrix of $\varepsilon^{\alpha\beta}$.

We compare the present situation with special relativity theory: the world metric g_{ab} is characterized by $g_{[ab]} = 0 = g_{ab;c} = R_{abcd}$, and assumes its normal form in Minkowskian coordinates. The subgroup of all coordinate transformations which leave the normal form of g_{ab} fixed is the *Lorentz group*. It is the invariance group of *Minkowski geometry*.

Every symplectic metric (1.16) can be transformed to normal form (1.4) in finite domains: this statement is equivalent to the existence of canonical coordinates which is a direct consequence of FROBENIUS' lemma (on the integrability of homogeneous linear partial differential equations for one function; see e.g. SCHOUTEN [7] (1954), II (5.6), or compare lemmas 1,2 in section 6.4). We define the (semi-) group of *canonical transformations* as the transformations which leave the normal form of $\varepsilon_{\alpha\beta}$ fixed. They are the transformations whose functional matrix is symplectic; compare WEYL [8] (1939), CHEVALLEY [9] (1946).

The canonical transformations form an infinite dimensional Lie (semi-) group whose *one-dimensional subgroups* $m^\alpha(0) \to m^\alpha(s) = f^\alpha(m^\beta(0); s)$ take the form

$$m^\alpha(s) = e^{-s[g,\,\ldots]}\, m^\alpha(0) \; ; \tag{1.17}$$

here s is the group parameter, $g = g(m)$ is the (real) "generating function", and the exponential operator is, in suitable coordinates, the operator of a Taylor expansion

$$e^{-s[g,\,\ldots]} = e^{\,s g^\alpha \partial_\alpha} \quad \text{with} \quad g^\alpha := \varepsilon^{\alpha\beta} g_{,\beta} \; ; \tag{1.18}$$

(in suitable coordinates, any contravariant vector g^α can take the values δ_1^α). In order to see that (1.17) really gives the one-dimensional invariance groups of $\varepsilon_{\alpha\beta}$, we consider the corresponding infinitesimal maps

$$\delta m^\alpha = - [g, m^\alpha] = g^\alpha \,, \tag{1.19}$$

or

$$\varepsilon_{\beta\alpha}\delta m^\alpha = g_{,\beta} \,. \tag{1.20}$$

$\varepsilon_{\alpha\beta}$ behaves like a covariant second rank tensor

$$\varepsilon_{\alpha'\beta'} = \varepsilon_{\alpha\beta}\, m^\alpha{}_{,\alpha'}\, m^\beta{}_{,\beta'} \,, \tag{1.21}$$

whence for infinitesimal transformations

$$\delta\varepsilon_{\alpha\beta} = - 2\varepsilon_{\gamma[\beta}\,\delta m^\gamma{}_{,\alpha]} = 2\, \partial_{[\alpha}(\varepsilon_{\beta]\gamma}\,\delta m^\gamma) \,, \tag{1.22}$$

and one sees that $\delta\varepsilon_{\alpha\beta}$ vanishes if and only if $\varepsilon_{\beta\gamma}\delta m^\gamma$ is a gradient. But this is precisely the content of the infinitesimal law (1.20). Taking determinants in (1.21), one finds that canonical maps conserve the Euclidean *volume*.

Observables are treated as scalars under canonical transformations: $a'(m') = a(m)$, where m' stands for the new coordinates, and a' for the new function by which the scalar is represented. Calling $m^\alpha(0) =: m^\alpha$, $m^\alpha(1) =: m'^\alpha$, we obtain for a canonical map (1.17) acting on an analytic scalar

$$a'(m) = a'(e^{[g,\,\ldots]}m') = e^{[g,\,\ldots]}a'(m') = e^{[g,\,\ldots]}a(m) \,. \tag{1.23}$$

In order to understand the second equality we remember that, according to (1.18), the exponential operator has the effect of a Taylor expansion, that is it displaces the argument of the analytic function on which it acts. Such a displacement commutes with arbitrary analytic applications.

The development in time: $a(0) \to a(t) = e^{t[h,\,\cdots]} a(0)$ is a special one-dimensional subgroup of canonical transformations if the *Hamiltonian* h does not depend explicitly on t. If it does depend on t, we only deal with a (one-dimensional) submanifold. Canonical maps are postulated to commute with the development in time. This fixes the transformation law of the Hamiltonian: $(a')^{\cdot} = (\dot{a})'$ means

$$[h'(m';t), a'(m';t)] + \partial_t a'(m';t) = [h(m;t), a(m)]' . \qquad (1.24)$$

Here we have assumed that the generating function g is explicitly t-dependent so that the transformed observables likewise are. (1.23) generalizes in this case to

$$a'(m;t) = e^{[g(m;t),\,\cdots]} a(m) , \qquad (1.25)$$

whence

$$\partial_t a'(m';t) = [g_t(m';t), a'(m',t)] \quad \text{for} \quad [g, g_t] = 0 , \qquad (1.26)$$

which holds particularly for infinitesimal g. (1.24) now reads

$$\begin{aligned}
[h'(m';t) + g_t(m';t), a'(m';t)] &= [h(m;t), a(m)]' \\
&= [h(m(m';t);t), a'(m';t)] ,
\end{aligned} \qquad (1.27)$$

the latter because Poisson brackets behave like scalars. This equation is valid for arbitrary scalar $a(m)$, and we conclude

$$h'(m';t) - h(m;t) = -g_t(m';t) \qquad (1.28)$$

for arbitrary infinitesimal g. In particular, h behaves like a *scalar* under *time independent* canonical transformations.

1.6. Unitary representation of the invariance group. It is easy to give a *faithful unitary representation* of the *canonical* group, i.e. the group generated by (1.17). According to (1.23), scalars behave under (1.17) as

$$a' = e^{[g,\,\cdots]} a . \qquad (1.29)$$

Now we know from (1.11) that the L^2-scalars form a (pre-) Hilbert space. All we have to do is show that (1.29) is a unitary map.

To this end, we look at the corresponding infinitesimal map $-i\Gamma$

$$\Gamma a = i[g, a] , \qquad (1.30)$$

and show that Γ is selfadjoint. A Hilbert space operator is called *selfadjoint* if it is *symmetric*

$$\langle a, \Gamma b \rangle = \langle \Gamma a, b \rangle \text{ for all } a, b \in \text{def}(\Gamma) , \qquad (1.31)$$

and if def (Γ), the domain of definition of Γ, agrees with def (Γ^*), (Γ^* being the adjoint). In our case, property (1.31) has been proven in (1.15). The coincidence def $(\Gamma) = $ def (Γ^*) is equivalent to the emptiness of the null spaces of the two operators $\Gamma^* \pm i1$; see e.g. LUDWIG [10] (1954) page 396, or WIGHTMAN [11] (1964) page 112. The latter null spaces (kernels) are indeed of zero dimension.

Equation (1.30) gives the infinitesimal map belonging to the group representation (1.29). It therefore defines a faithful *representation*

$g^{\alpha}\partial_{\alpha} \to i\Gamma =: G$ of the *Lie algebra* of the canonical group by antiself-adjoint Hilbert space operators, whereby Poisson brackets are mapped into skew products $FG - GF$.

1.7. Summary. We have seen that a classical system can be described by its phase space, namely a real *affine space* of even dimension equipped with a *symplectic metric*. Observables are the (real) phase space functions; they form a linear vector space. The subspace of all square integrable functions carries a (pre-) *Hilbert space* structure; the subspace of all C_{∞}-functions carries a *Lie algebra* structure. *Ensemble mean values* are the scalar product of a state function w with an observable a. So far, a system is fully characterized by the *topology* of its phase space, which, in most cases, agrees with Euclidean $2N$-space. (Different topologies occur when angular coordinates are used.)

The *dynamics* enters through the *Hamiltonian h* which occurs in the equation of motion. This equation says that the time derivative of the expectation value is the scalar product formed from the state function w and the Lie product of h and a.

The *invariance group* of symplectic geometry is the canonical group. Its maps conserve LEBESGUE's measure, and hence the scalar product as well. Canonical transformations therefore lead to isomorphic descriptions whereby observables are transformed as scalars, and the Hamiltonian is transformed according to (1.28). By means of a suitable time dependent canonical map, one can always achieve that the new Hamiltonian vanishes (so-called "contact map"), which shows that mathematically the topology of phase space is the only distinguishing invariant. The prize one has to pay is the complicated shape of those observables which correspond to fundamental measurements: physically, different systems of equal topology are distinguished by different correspondences between *measured values* and *position coordinates* q^A.

A table listing the results of this chapter will follow on page 123, in confrontation with the corresponding structure of a quantized system towards which we turn our attention now.

2. Quantized System of Finite Dimension

2.1. Commutation relations. The first rule of canonical quantization of a regular system replaces the $2N$ canonical phase space coordinates m^{α} by *selfadjoint operators* M^{α} on Hilbert space (of countably infinite dimension) with the commutation relations:

$$[M^{\alpha}, M^{\beta}] = \varepsilon^{\alpha\beta}\,\mathbf{1}\,, \tag{2.1}$$

where the commutator

$$[A, B] := (i/\hbar)\,(AB - BA) \tag{2.2}$$

is a bilinear map of operator pairs A, B on operators which again has the properties (1.5, 6) of a Lie product. $\mathbf{1}$ is the identity operator. In addition, the *commutator product* obeys, like Poisson's bracket, the product rule of LEIBNIZ

$$[A B, C] = A [B, C] + [A, C] B . \tag{2.3}$$

Conversely, FALK [12] (1955) has shown that a Lie product with (2.1, 3) on the polynomial ring of $2N$ unknowns M^α essentially only admits the two realizations (1.2) and (2.2).

In the literature one usually finds the statement that for fixed N, any two "suitably regular" irreducible representations of (2.1) are unitarily equivalent: $M'^\alpha = U M^\alpha U^{-1}$. Reference is made to VON NEUMANN [88] (1930) who derives Weyls's identity (A.7) from (2.1) by formal power series calculation. This step presupposes the existence of a dense domain of analytic vectors for the operators M^α, and is false in the case of the rotator. Weyl's form (A.7) of the commutation relations cuts out the freedom to preassign the *spectrum* of the *position operators* Q^A. This spectrum will naturally be assumed translation invariant, and one is left, in the case $N = 1$, with either unlimited position spectrum (realized by the oscillator), or with the circle (realized by the rotator).

We are going to show that, for given position spectrum, any two *irreducible* representations of (2.1) are *unitarily equivalent*. First, the commuting system of selfadjoint Q^A is determined, by its spectrum, up to unitary equivalence, if one properly disposes of the null sets of the measure on the spectrum. Translational invariance fixes the measure to be Lebesgue's measure; compare MACKEY [13] (1963) page 88. Next, the P_A are determined, by their commutators with the maximal commuting system of the Q^B, up to arbitrary additive functions $f_A(Q^B)$. If P_A is one representation, and $P_A + f_A(Q^B)$ a second, one finds $0 = \partial_{[A} f_{B]}$ from (2.1). But we have

$$P_A + f_{,A}(Q^B) = \exp\{-i f(Q^B)/\hbar\} \; P_A \; \exp\{i f(Q^B)/\hbar\} , \tag{2.4}$$

so that the second representation is unitarily equivalent to the first, q. e. d.

2.2. Quantum ensemble. Quantum measurements are of statistical kind: If one repeats a measurement on identically prepared systems, the measured values necessarily form a probability distribution if the measured observable does not commute with the preparing one. We therefore compare measurements on a quantized system with those on a classical ensemble. The *state* of a quantized ensemble will be described by a positive semidefinite selfadjoint operator W of trace one; and the *expectation value* of an *observable* A (= selfadjoint operator) in the state W is given by

$$\langle A \rangle = \langle W, A \rangle , \tag{2.5}$$

with the scalar product

$$\langle A, B \rangle := \text{trace} \, (A^* B) \tag{2.6}$$

for not necessarily selfadjoint operators A, B.

This important law, relating an observable and a state to a measured number, can be derived from rather fundamental properties of the expectation value. One assumes the expectation value to be a (real)

linear form, that is an additive and homogeneous map of the observables
into the real numbers

$$\langle \alpha A + \beta B \rangle = \alpha \langle A \rangle + \beta \langle B \rangle . \tag{2.7}$$

This linear form be non negative

$$\langle A^* A \rangle \geqq 0 , \tag{2.8}$$

and normalized

$$\langle 1 \rangle = 1 . \tag{2.9}$$

From here one formally concludes as follows: the matrix of a selfadjoint
operator A with respect to a complete orthonormal system S in Hilbert
space can be expanded in selfadjoint matrix identities E_{kl} (compare the
expansion of a selfadjoint two-rowed matrix in Pauli matrices)

$$A = \sum_{k \geqq l} \alpha_{kl} E_{kl} \quad , \quad \alpha_{kl} \quad \text{real} . \tag{2.10}$$

The expectation value is linear, "consequently"

$$\langle A \rangle = \sum_{k \geqq l} \alpha_{kl} \langle E_{kl} \rangle . \tag{2.11}$$

Elementary calculation shows, see LUDWIG [10] (1954) page 50, that
the latter sum can be uniquely written in the form "trace $(W A)$", with
an operator W whose matrix elements are complex linear combinations
of the $\langle E_{kl} \rangle$. W is selfadjoint because $\langle E_{kl} \rangle$ is real by assumption.
Forming (2.8) for $A =$ projection on a one-dimensional subspace, one
finds that W is semidefinite; and (2.9) means "trace $(W) = 1$".

This conclusion is correct for finite matrices. In Hilbert space of
infinite dimension, (2.10) presupposes that A is defined on S. The
transition from (2.10) to (2.11) requires additivity with respect to an
infinite number of non-commuting operators! GLEASON [14] (1957) has
given a by no means trivial proof that (2.5) already ensues from the
following largely weaker assumption: the expectation value be a *normalized measure* on the *properties*. By "properties" we mean observables
with eigen values zero and one, that is (orthogonal) projections. They
correspond to the characteristic phase space functions of a classical
system, and can be adjoined one-to-one to the closed subspaces on which
they project. A "measure on the properties" is a non-negative function μ
on the projections E_k which is countably additive on pairwise orthogonal
ones

$$\mu \left(\sum_k E_k \right) = \sum_k \mu (E_k) \quad \text{for} \quad E_k E_l = 0 , \qquad (k \neq l) . \tag{2.12}$$

Note that GLEASON's assumptions refer to commuting (i.e. simul-
taneously measurable) properties only; they appear extremely intuitive.
Note that their classical analogue can be used to characterize the classical
exspectation value!

2.3. Equation of motion. The time dependence of the expectation
value is formally suggested by (1.14), (2.2), and (2.5)

$$\frac{d \langle A \rangle}{dt} = \langle [W, H], A \rangle . \tag{2.13}$$

Again, this time via the cyclic invariance of the trace, one can move the Hamilton operator H from W to A

$$\langle [W, H], A \rangle = \langle W, [H, A] \rangle . \tag{2.14}$$

The question arises which (selfadjoint) operator to choose as the *Hamiltonian*. Here we meet a problem which has so far not found a universal answer. In most applications, the classical Hamilton function has, in Cartesian coordinates, the simple form

$$h(m) = h_1(p_A) + h_2(q^A) + c p_A q^A , \tag{2.15}$$

where h_1 and h_2 are analytic, and h_1 is of degree ≤ 2. In this situation, one has adopted the obvious *"substitution rule"* $m^\alpha \to M^\alpha$ to obtain the canonical Hamilton operator from the classical Hamilton function. All operators $H(M)$ which can be obtained in this way from the same h agree up to an additive constant (multiple of the identity operator); and this is as much as one wants because H only enters into (2.14) modulo a constant. On the other hand, a coordinate dependent quantization rule cannot be satisfactory both for invariance reasons, and for the sake of generalizations to (non-linear) fields. — We remark that an exception to (2.15) is given by the relativistic energy of a particle.

KOMAR [15] (1965) has pointed out that the above substitution rule, together with (2.1), can be formulated in a coordinate independent way: one postulates that the Lie algebra generated by infinitesimal Euclidean *space translations* (p_A), *rotations* $(2q_{[A}p_{B]})$, and *time translation* (h) be taken over isomorphically into quantum theory. This postulate is realizable, at least for the class (2.15) of Hamiltonians, because the generators listed create a sufficiently small sub Lie algebra. It gives a prescription which can be followed, in principle, in an arbitrary coordinate system. And, apart from the case of a free particle, it fixes all other Lie products because an element which has vanishing Lie product with both p_A and $q_{[A}p_{B]}$ is a constant multiple of $p_B p^B$, and has to vanish if on top its Lie product with h is zero. This prescription is, however, not handy, nor has it found access to field theory.

Secondly, if one desires a configuration *covariant formulation* of the above substitution rule, one can work in the Q-representation in which H acts as a differential operator, and express H in a generally covariant manner. This method is customarily applied in eigen value problems for potentials with spherical symmetry where one prefers polar coordinates to Cartesian ones.

A different (though unitarily equivalent) quantization prescription will be suggested in the following chapter: polynominals in m^α are to be replaced by the corresponding totally symmetrized polynomials in M^α. We will consider this prescription for three reasons: on the one hand, it does not make explicit reference to Cartesian coordinates. Secondly we shall derive an isomorphism theorem which illuminates the degree to which a quantized system deviates from a classical one. And thirdly, this isomorphism theorem is useful for the calculation of macroscopic quantum phenomena.

In any case, it has to be stressed that for the class of Hamiltonians given by (2.15) there exist *quantization rules* which are *invariant* with respect to arbitrary (canonical) configuration space transformations; compare the more negative statements by VAN HOVE [16] (1951), UHLHORN [17] (1956), JORDAN and SUDARSHAN [18] (1961), and others.

2.4. Implications. The *spectral theorem* says (see e.g. LOOMIS [19] (1953)) that every normal Hilbert space operator A (i.e. every operator which commutes with its adjoint) has a spectral representation

$$A = \int \alpha \, dE_\alpha , \quad \alpha \text{ complex} , \tag{2.16}$$

in which $E_D := \int_D dE_\alpha = E_D{}^* = E_D{}^2$ is a projection operator for every measurable domain D in the complex plain. Moreover, $[E_D, E_{D'}] = 0$ for $D \cap D' = \theta$; the closed subspaces on which the E_D project contain each other for growing D, and converge towards the full Hilbert space. One concludes

$$f(A) = \int f(\alpha) \, dE_\alpha \tag{2.17}$$

for arbitrary $(C_\infty$-)function f. For selfadjoint A, the spectral value α runs through the real line only. The representation (2.16) can be put in isomorphic correspondence to the step function representation (1.7) of (complex valued) functions.

The spectrum of a *state operator* W is real and non-negative because W is selfadjoint and non-negative. Its bounded trace implies that the spectrum is discrete and countable, so that

$$W = \sum_{0 < \omega_k \leq 1} \omega_k E_k \text{ with } \text{trace}\,(E_k) = 1, \sum_k \omega_k = 1 . \tag{2.18}$$

A state is called *pure* if this sum contains one term only. In this case, W is the projection on a one-dimensional ray in Hilbert space: $W = E = E^2$.

From (2.5) and the spectral theorem follows that the expectation value of an observable A falls into the *convex hull* of its *spectrum*

$$\begin{cases} \langle W, A \rangle = \int \alpha \sum_{\omega_k > 0} \omega_k \langle E_k, dE_\alpha \rangle = : \int \alpha \, dw_\alpha , \\ \int_D dw_\alpha \geq 0 , \quad \int dw_\alpha = 1 . \end{cases} \tag{2.19}$$

The expectation value $\langle W, E \rangle$ of a *property* E is a number between zero and one; it is the *probability* of finding the property E in the state W.

As mentioned above, the repeated measurement of an observable of a quantum ensemble will not, in general, reproduce the same value. The latter will only happen if the *mean square deviation* ΔA of $\langle A \rangle$

$$\Delta A := (\langle \tilde{A}^2 \rangle)^{1/2} , \quad \tilde{A} := A - \langle A \rangle 1 , \tag{2.20}$$

vanishes; which happens if and only if the state is an eigen state of A. The proof can be easily gathered from (2.19).

The product of the mean square deviations of two observables A, B obeys HEISENBERG's *uncertainty relation*

$$\Delta A \quad \Delta B \geq (\hbar/2) \langle [A, B] \rangle \tag{2.21}$$

which is obtained by evaluating the non-negative function

$$f(\lambda) := \langle (\tilde{A} + i\lambda \tilde{B})(\tilde{A} - i\lambda \tilde{B}) \rangle , \qquad \lambda \text{ real}, \qquad (2.22)$$

in its minimum.

The *entropy* s of a quantum state is defined as

$$s := - k \langle W, \ln W \rangle = - k \sum_{0 < \omega_j \leq 1} \omega_j \ln \omega_j$$

where k is BOLTZMANN's constant. From (2.18) one concludes that s satisfies $0 \leq s \leq \infty$, with $s = 0$ if and only if the state is pure. s is conserved in time, and additive for composite systems without interaction.

2.5. Different foundations. Our inductive foundation of quantum theory started with the rather little intuitive replacement of the canonical coordinates, and observables by selfadjoint operators on Hilbert space. The question arises whether there exist different properties of a quantized system which are less opaque, and therefore better suited for an *axiomatic treatment*. Here one finds in LOOMIS [19] (1953) that every *H*-algebra* possesses a faithful representation by bounded operators on a Hilbert space. An H*-algebra is an (associative) algebra with Hilbert space structure, norm preserving involution (*), and with compatibility conditions between multiplication and norm, and between involution and scalar product respectively. The observables with $\langle A, A \rangle < \infty$ of a quantized system form an H*-algebra with scalar product (2.6). Physically there is, however, no transparent reason to postulate an associative structure.

A different characterization is of importance to quantum field theory (NEUMARK [20] (1959), HAAG and KASTLER [21] (1964)): a norm-closed algebra of bounded operators on Hilbert space is a *C*-algebra* with respect to the operator norm, i.e. an (associative) algebra with Banach space structure, involution, and compatibility conditions. And conversely, every C*-algebra possesses a norm preserving representation by operators on a Hilbert space. These data are, indeed, of even less physical transparence than those of an H*-algebra. But they retain applicability in field theory where they form the basis of an algebraic treatment.

A *probabilistic* foundation of quantum theory has been attempted by MACKEY [13] (1963, page 61). His axioms include neither a norm, nor an associative structure of the observables. Unfortunately, this author does not succeed either in deriving the Hilbert space structure from physically plausible axioms only. On page 137 of MACKEY's book one finds further relevant references.

2.6. Invariance group. There are different ways to define the invariance maps of quantum theory. In LUDWIG [10] (1954, page 101), the invariance maps are defined as the *invertible* applications of the *lattice* of quantum *properties* onto itself. It is shown that all relations are conserved if unions of closed subspaces are mapped onto unions, and orthogonal complements of subspaces are mapped onto orthogonal complements. It is then shown that every such map corresponds to a *unitary*, or *antiunitary* application of the Hilbert space; compare BARGMANN [22] (1964). Conversely, a unitary, or antiunitary application of the Hilbert space is an invariance map.

Another definition keeps in strict analogy with classical physics. There we could define the invariance maps as the *Lie algebra* automorphisms $a(m) \to a'(m')$ (with the Lie product in its canonical form (1.2, 4)) under which observables behave as scalars. In view of the step function approximation (1.7), the scalar behaviour is equivalent to saying that *characteristic functions* map into characteristic functions.

We parallel the classical characterization by defining the quantum invariance maps as the *Lie algebra automorphisms* which map *projections* into projections. An automorphism $A \to A'$ of the operator Lie algebra defined by (2.2) must satisfy

$$(AB - BA)' = A'B' - B'A' , \tag{2.23}$$

or

$$(AB)^0 = (BA)^0 , \quad (AB)^0 := (AB)' - A'B' . \tag{2.24}$$

If projections E map into projections, one has $(EE)^0 = 0$. Inserting $E = F + G, F, G$ being mutually orthogonal projections, one gets

$$(FG)^0 = 0 . \tag{2.25}$$

From here, one arrives by linearity at $(AB)^0 = 0$ for all normal A, B with discrete spectrum; and (2.25) shows that for these A, B we deal, at the same time, with an associative automorphism. Now we find in JACOBSON [23] (1964, pages 45, 79) that all automorphisms of a primitive (associative) algebra of linear operators with minimal right ideals take the form

$$A' = T A T^{-1} . \tag{2.26}$$

If (selfadjoint!) projections are to map into projections, T must be unitary, or antiunitary, q. e. d.

We have seen that the quantum invariance group is the *(anti-) unitary group* in Hilbert space. Its one-dimensional subgroups can be written as

$$M^\alpha(s) = e^{-siG/\hbar} M^\alpha(0) e^{siG/\hbar} = e^{-s[G,\ldots]} M^\alpha(0) \tag{2.27}$$

with G as the selfadjoint generating operator.

As in the classical case, *observables* are treated as scalars under unitary transformations: $A'(M') = A(M)$. Calling $M^\alpha(0) =: M^\alpha$, $M^\alpha(1) =: M'^\alpha$, we get for a unitary map (2.27) acting on an analytic scalar

$$A'(M) = A'(e^{[G,\ldots]} M') = e^{[G,\ldots]} A'(M')$$
$$= e^{[G,\ldots]} A(M) . \tag{2.28}$$

Constant multiples of the identity operator generate the identity transformation. Acting on observables, the quantum invariance group is (isomorphic to) the factor group of the (anti-) unitary group modulo the constants (i.e. constant multiples of the identity operator). In other words, the quantum invariance group is the *special (anti-) unitary group*.

A glance at (2.6) shows that this invariance group does not change the scalar product either so that both Lie algebra and Hilbert space structure are conserved. This statement ultimately justifies its name "invariance group".

2.7. Unitary representation of the invariance group. We have seen that the quantum invariance group is the special (anti-) unitary group, and at the same time we have obtained, in (2.28), a *faithful* representation of its one-dimensional subgroups

$$A' = e^{[G,\,\dots]} A \,. \tag{2.29}$$

This representation is *unitary* on the Hilbert space of so-called *trace operators*, i.e. on the Hilbert space of all operators A with $\langle A^*A \rangle < \infty$ which is defined by (2.6). For a proof, we consider the corresponding infinitesimal transformations $- i\Gamma$

$$\Gamma A = i\,[G, A] \,. \tag{2.30}$$

Γ is *symmetric* as has been shown in (2.14). And the coincidence of the *domains* of *definition* of Γ and Γ^* can be seen as below formula (1.31). It also follows from the fact that the corresponding finite transformation (2.29) maps the full Hilbert space onto the full Hilbert space. The map $[G,\dots] \to - i\Gamma$ is a faithful antiselfadjoint representation of the Lie algebra of the quantum invariance group.

2.8. Summary. We have found that a quantized system can be described by a *representation* of the *canonical commutation* relations (2.1) by selfadjoint Hilbert space operators with prescribed *position spectrum*. Observables are the selfadjoint operators. They form a linear vector space with a *Lie product* whose image elements are symmetric operators with a not necessarily dense domain of definition. The subspace of all trace operators carries a *Hilbert space* structure; it is contained in the algebra of all "completely continuous" operators.

Expectation value of an observable A in a state W is the scalar product of W and A. So far, the only distinguishing characteristic of a quantized system is the *topology* of the *spectrum* of its position operators.

The dynamics enters through the *Hamilton operator* H which occurs in the equation of motion. This equation is identical in form to the classical one. The Hamiltonian is obtained from the classical one by obvious substitution if one sticks to Cartesian coordinates. This *quantization prescription* can be formulated in various ways which are invariant with respect to configuration space transformations; the different ways are, of course, unitarily equivalent. We return to this problem in the following chapter.

The *invariance group* can be defined, in analogy to the classical case, as the automorphism group of the Lie algebra of observables which maps properties onto properties. It is the special (anti-) unitary group, and conserves the scalar product as well.

3. Comparison between Classical and Quantized System

3.1. Confrontation. We collect the results of the preceding chapters into a table:

structure element	classical	quantized
Canonical Variables	m^α (real numbers)	M^α (selfadjoint operators)
Observable	$a(m)$ (real function)	A (selfadjoint operator)
Scalar Product	$\langle a, b\rangle := \int a^*(m)\, b(m)\, dm$	$\langle A, B\rangle := \operatorname{trace}(A^* B)$
Lie Product with (2.3)	$[a, b] := \varepsilon^{\alpha\beta} a,_\alpha b,_\beta$	$[A, B] := i/\hbar (A B - B A)$
State	$w(m) \geqq 0,\ \langle w, 1\rangle = 1$	$W \geqq 0,\ \langle W, 1\rangle = 1$
Pure State	$w_{m'}(m) = \delta(m - m')$	$W^2 = W$
Expectation Value	$\langle a\rangle = \langle w, a\rangle$	$\langle A\rangle = \langle W, A\rangle$
Canonical Relations	$[m^\alpha, m^\beta] = \varepsilon^{\alpha\beta}$	$[M^\alpha, M^\beta] = \varepsilon^{\varkappa\beta}\,\mathbf{1}$
Equation of Motion — Heisenberg Image / Schrödinger Image	$\dfrac{d\langle a\rangle}{dt} = \begin{cases}\langle w, [h, a]\rangle \\ \langle [w, h], a\rangle\end{cases}$	$\dfrac{d\langle A\rangle}{dt} = \begin{cases}\langle W, [H, A]\rangle \\ \langle [W, H], A\rangle\end{cases}$
Property	$\chi_E(m),\ (E = \text{closed subset})$	$E = E^* = E^2\ (= \text{projection on closed subspace})$
Probability	$\langle w, \chi_E\rangle = \int_E w(m)\, dm$	$\langle W, E\rangle$
Entropy	$-k\langle w, \ln w\rangle$	$-k\langle W, \ln W\rangle$
Invariance Group	canonical group	special (anti-)unitary group

The first four lines introduce the mathematical *objects*, and *operations*. The next three lines introduce their *inter*pretation. The following two lines give the *dynamical relations*; and the next two lines contain further interpretation.

We have seen that suitable subspaces of observables have *identical mathematical structure* in both theories. We shall see shortly that the two invariance groups are not isomorphic. There arises the natural question for the "degree of isomorphic behaviour", especially in view of an invariant quantization prescription.

3.2. Invariance of canonical quantization. Given two descriptions of the same physical system in different (canonical) coordinate systems. A *quantization prescription* $\Phi: h \to H$ is only reasonable if it leads, in both cases, to unitarily equivalent quantum theories.

In what follows, we restrict considerations to coordinate systems whose linking transformation can be continuously connected to the identity. Such transformations are generated by one-dimensional subgroups, and we can pass over to their infinitesimal generators. Let $\mathfrak{c}$ be the Lie algebra of the canonical subgroup considered, and $\mathfrak{U}$ the Lie algebra of the special unitary group. The above postulate of reasonability now says: To every element $g \in \mathfrak{c}$ there must exist an element $G \in \mathfrak{U}$ such that the diagram

$$
\begin{array}{ccc}
h & \xrightarrow{\ \Phi\ } & H \\[4pt]
{\scriptstyle g}\Big\downarrow & & \Big\downarrow{\scriptstyle G} \\[4pt]
h' & \xrightarrow{\ \Phi\ } & H'
\end{array}
\tag{3.1}
$$

is *commutative*. Note that we have written "g" instead of "$-g^\alpha \partial_\alpha$" (compare (1.18), and "$G$" instead of "$[G, \ldots]$". It has to be kept in mind that both g, and G are to be taken modulo the constants.

In order to avoid unnecessary complications, we restrict the canonical transformations to time independent ones. According to (1.28, 23) and (2.28), diagram (3.1) is commutative if and only if

$$e^{[G,\ldots]}\Phi h = \Phi e^{[g,\ldots]}h \tag{3.2}$$

holds.

Now it is reasonable to allow a restriction on the class $\mathfrak{h}$ of Hamilton functions admitted, compare our remark in connection with (2.15). $\mathfrak{h}$ must of course be invariant under the action of $\mathfrak{c}$. If $\mathfrak{h}$ is large enough, and Φ is given, (3.2) defines a unique one-to-one application Ψ

$$G = \Psi g \tag{3.3}$$

of $\mathfrak{c}$ into $\mathfrak{U}$. For we have from (3.2) (take g infinitesimal)

$$[\Psi g, \Phi h] = \Phi [g, h] . \tag{3.4}$$

Moreover, we get for successive maps

$$[[\Psi f, \Psi g], \Phi h] = \Phi [[f, g], h] = [\Psi [f, g], \Phi h] . \tag{3.5}$$

Call $\mathfrak{c}_h$ the left co-algebra of $\mathfrak{c}$ belonging to h, that is the set of all elements obtained from h by left Lie multiplication with elements from $\mathfrak{c}$. For a moment, identify Ψ with Φ. Then (3.4), (3.5) say that Φ must be an *isomorphism* of $\mathfrak{c}_h$ into $\mathfrak{U}$; and conversely, (3.2) is fulfilled for any such isomorphism Φ. But we do not want to lose generality, and collect our results into

Lemma 1: The quantization prescription $\Phi : h \to H \in \mathfrak{U}$ for the class $\mathfrak{h}$ of Hamilton functions is invariant with respect to the canonical subgroup generated by $\mathfrak{c} = \{g, f, \ldots\}$ if and only if there exists an isomorphism Ψ of $\mathfrak{c}$ into $\mathfrak{U} = \{H, G, F, \ldots\}$ which satisfies $[\Psi g, \Phi h] = \Phi [g, h]$. Especially, Φ is invariant if $\Phi = \Psi$ is an isomorphism of $\mathfrak{c}_h$ into $\mathfrak{U}$.

In view of this lemma we are led to look for isomorphic embeddings of canonical sub Lie algebras into $\mathfrak{U}$.

3.3. Phase space representation of a quantized system. We ask for *isomorphic embeddings* of the Lie algebra $\mathfrak{c}$ of the canonical group into the Lie algebra $\mathfrak{U}$ of the special unitary group. In (1.30), and (2.30) we have obtained their faithful antiselfadjoint representations

$$\begin{cases} a \to [g, a], \ a \in H_1, \text{ and} \\ A \to [G, A], \ A \in H_2 \end{cases} \tag{3.6}$$

respectively. Maximal abelian subsets of $\mathfrak{c}$ and $\mathfrak{U}$ are given by m^α and M^α. Their simultaneous (improper) eigen vectors form complete (improper) orthogonal systems in H_1 and H_2 respectively. The corresponding eigen value problems read

$$\begin{cases} i [m^\alpha, \ v_n] = n^\alpha v_n / \hbar \\ i [M^\alpha, \ V_n] = n^\alpha V_n / \hbar , \end{cases} \tag{3.7}$$

($\hbar$ is inserted for dimensional reasons, i for reality reasons), and are solved by the normalized improper vectors

$$\begin{cases} v_n = \exp\{- (i/\hbar) \ \varepsilon_{\beta\gamma} m^\beta n^\gamma\} , \\ V_n = \exp\{- (i/\hbar) \ \varepsilon_{\beta\gamma} M^\beta n^\gamma\} , \end{cases} \tag{3.8}$$

which are *unique* up to arbitrary phase factors $e^{i f (n)}$, ($f (n)$ real).

We restrict the possible isomorphisms Ψ considered to those which map *phase space translations* into "translations" of the canonical operators

$$\Psi m^\alpha = M^\alpha \, . \tag{3.9}$$

As a consequence, v_n must map into $e^{if(n)} V_n$ under Ψ. The phase factor $e^{if(n)}$ corresponds to an inner automorphism of $\mathfrak{U}$ which is of no interest, and will therefore be chosen equal to one. In this way, the two representation spaces H_1 and H_2 are identified via

$$v_n \leftrightarrow V_n \, . \tag{3.10}$$

Through this identification, an arbitrary trace operator $A \in H_2$ maps into

$$a = \int \mathrm{d}n \, v_n \langle V_n, A \rangle = \int \mathrm{d}n \, \langle \exp\{(i/\hbar)\, \varepsilon_{\beta\gamma}(M^\beta - m^\beta)n^\gamma\}, A \rangle \, . \tag{3.11}$$

We collect results into

Lemma 2: Under the (natural) assumption (3.9), a possible isomorphic embedding of a sub Lie algebra $\mathfrak{c}$ of canonical transformations into $\mathfrak{U}$ leads to the correspondence (3.11) of the underlying representation spaces which is unique up to unitary equivalence.

The correspondence (3.11) can be shown to have the following properties:

Theorem 3: (Isomorphism theorem): The map φ

$$(\varphi A)\,(m) := \langle U(m), A \rangle \, , \tag{3.12}$$

with

$$U(m) := \int \mathrm{d}n \, \exp\{(i/\hbar)\, \varepsilon_{\beta\gamma}(M^\beta - m^\beta)n^\gamma\} \, , \quad \mathrm{d}n := h^{-N} \prod_\alpha \mathrm{d}n^\alpha \, , \tag{3.13}$$

is a faithful representation of the Lie Hilbert algebra of selfadjoint trace operators A by real L^2 phase space functions $a(m)$ which maps the scalar product (2.6) into the scalar product (1.11), and commutators $[A, B]$ into Moyal brackets $\{a, b\}$

$$\{a, b\} := (2/\hbar) \sin\{(\hbar/2)\, \varepsilon^{\alpha\beta}\overset{a}{\partial_\alpha}\overset{b}{\partial_\beta}\}ab \, . \tag{3.14}$$

(Here the partial differentiation $\overset{a}{\partial_\alpha}$ acts on the function a only, and the sin-function has to be replaced by its power series.) The inverse map $\overset{-1}{\varphi}$ reads

$$\overset{-1}{\varphi}a = \int \mathrm{d}m \, U(m)\, a(m) \, ; \tag{3.15}$$

or, for analytic functions $a(m)$

$$\overset{-1}{\varphi}a = \exp\{(i\hbar/2)\, \partial_{Q^A}\partial_{P_A}\}a_Q(M) \, , \tag{3.16}$$

where $a_Q(M)$ is the power series obtained from $a(m)$ by the replacement $m^\alpha \to M^\alpha$ in such a way that in every monomial, all Q^A stand to the left of the P_A; (a_Q is called the left ordered operator). Especially, analytic functions of the p_A (or q^A) alone are mapped into the same functions of the corresponding operators:

$$\overset{-1}{\varphi} f(p_A) = f(P_A) \, . \tag{3.17}$$

φ takes V_n (defined in (3.8)) into v_n.

A formal *proof* of this theorem will be presented in the appendix; POULSEN [24] (1965) has given it a mathematically thorough consideration. For a better understanding, we make the following comments: Formulae (3.12, 13) are identical with (3.11). φ is, by construction, a faithful linear map which takes scalar products into scalar products. In the appendix, the *Moyal bracket* will be found to be the image of the commutator; it is a differential expression of infinite order (i.e. "non local"). Nevertheless, it coincides with the Poisson bracket up to first order in $\hbar$, and is even identical with it if one of the two "factors" is of degree less than, or equal to two. Formula (3.15) is, like (3.11), an immediate consequence of (3.10). From there, (3.16) is obtained by a short calculation, and implies (3.17). The last statement of the theorem is equivalent to (3.10). Note that in general $\varphi(A B) \neq \varphi A \cdot \varphi B$, that is, φ is not multiplicative.

Historically I remark that $\overset{-1}{\varphi}$ was first proposed by WEYL in 1930 (see [25] 1950) from a purely group theoretic point of view. The map φ was applied by WIGNER [26] (1932) to equilibrium problems of quantum statistics. Among the large number of further publications on this subject I mention MOYAL [27] (1949), UHLHORN [17] (1956), BAKER [28] (1958), and the references given by JORDAN and SUDARSHAN [18] (1961).

Apart from the role which φ plays in our invariance considerations, it allows the rigorous treatment of a quantum ensemble by a *phase space model*, and thus lends itself to a convenient estimate of deviations from classical behaviour.

The phase space representation φ in theorem 3 was restricted to Hilbert space elements, that means, φ maps trace operators on L^2 functions. There exists, however, a unique continuation to *polynomials* which conserves the Lie Hilbert structure (whenever it makes sense): If one inserts a monomial $a(m)$ into (3.15), the m-space itegration yields a tempered distribution (product of derivatives of δ-functions) in n-space, and the following n-space integration produces a polynomial $a_s(M)$ in M^α. Without calculation, one can see that $a_s(M)$ must be *symmetrical* with respect to a permutation of the P's and Q's. For it is a multiple partial n-derivative of the symmetrical operator $\exp\{(i/\hbar)$ $\varepsilon_{\beta\gamma}M^\beta n^\gamma\}$ at $n^\gamma = 0$. Moreover, $a_s(m) = a(m)$ because for $M^\alpha = m^\alpha$, (3.15) is the Fourier transformation followed by its inverse. Consequently, $a_s(M)$ is the *totally symmetrized part* of $a_Q(M)$. This proves our announcement in chapter 2.

In the literature, different substitution rules $a(m) \to a(M)$ have been suggested which can likewise be continued from L^2-functions to polynomials, or vice versa. They correspond to different choices of the phase factor in (3.10). For instance, RIVIER[2] has considered the map which takes monomials $p^k q^l$ $(k, l = $ exponents) into the selfadjoint parts $^1/_2(P^k Q^l + Q^l P^k)$ of the corresponding operator products. I have studied this map extensively in my original thesis. The advantage of our choice

---

[2] RIVIER [29] (1951) proves a certain trivial commutability of his map with infinitesimal coordinate transformations which has often been misinterpreted in the sequel.

in theorem 3 lies in the simplicity of the equivalent phase space Lie product.

3.4. Invariant quantization prescriptions. We return to the main task of this chapter: the study of quantization prescriptions $\Phi\colon h \to H$ which commute (at least) with continuous coordinate changes in configuration space. In lemma 1 we arrived at a handy criterion which is built on isomorphic embeddings of a c into $\mathfrak{U}$. In lemma 2 we found that all such *embeddings* [with (3.9)] are obtained, up to equivalence, via the correspondence (3.11) of their representation spaces. We want to see now that, under a further natural assumption, such an embedding Ψ must again take the form (3.11) described in the isomorphism theorem.

To this end, we consider the faithful antiselfadjoint *representations* of c and $\mathfrak{U}$ given in (3.6). Assumption (3.9) fixes the images of the maximal commuting system m^α. Every element $g \in c$ is determined, through its Poisson brackets with the m^α, up to an additive function of the m^α. Correspondingly, every element $G \in \mathfrak{U}$ is determined, through its commutators with the M^α, up to an additive function of the M^α. We therefore get for the image of $g = m^\alpha m^\beta$ under Ψ

$$\Psi(m^\alpha m^\beta) = M^\alpha M^\beta + f^{\alpha\beta}(M) \tag{3.18}$$

with as yet undetermined functions $f^{\alpha\beta}$ which must, of course, be in accord with all Lie relations

$$\Psi[f, g] = [\Psi f, \Psi g] \tag{3.19}$$

of second degree. In this way, one obtains a linear homogeneous system of equations for the operators $f^{\alpha\beta}(M)$ (involving their commutators with $M^\gamma M^\delta$) which is naturally solved by

$$f^{\alpha\beta} = 0 . \tag{3.20}$$

As a further *assumption*, we restrict the embeddings considered to those satisfying (3.20). The m^α, $m^\alpha m^\beta$ now form an irreducible system S, so that every element $g \in c$ is uniquely determined through its Poisson brackets with S; (remember that g stands for its equivalence class modulo the constants!). Correspondingly, every element $G \in \mathfrak{U}$ is uniquely determined through its commutators with Ψm^α, $\Psi(m^\alpha m^\beta)$. In this way, using the homomorphism relation (3.19), one concludes for monomials by induction with respect to their degree, and for fixed degree with respect to their degree in p_A, that Ψ has to coincide with $\overset{-1}{\varphi}$, viz. (3.15). Or, describing $\mathfrak{U}$ by its phase space representation φ, one concludes that the embedding must be the identical map. We have shown:

Lemma 4: Represent a Lie algebra c of canonical transformations by (equivalence classes of) phase space functions according to equation (3.6), and represent the Lie algebra $\mathfrak{U}$ by phase space functions according to equations (3.6) and (3.11). Under the assumptions (3.9) and (3.20), an isomorphic embedding of c into $\mathfrak{U}$ must, in these representations, be the identical map.

One can now see that *only certain* sub Lie algebras c allow isomorphic embeddings, for in general, Poisson brackets are not identical with Moyal brackets. One such sub Lie algebra is given by the generators

$$\mathfrak{c} = \{g = p_A f^A(q^B)\} \tag{3.21}$$

of arbitrary (canonical) *configuration space* transformations

$$q^{A'} = f^{A'}(q^B) , \quad p_{A'} \text{ properly} , \tag{3.22}$$

because all such g are of first degree in p_A. The classical configuration space transformations are therefore *isomorphically contained* in the quantum invariance group.

If we use the representations of lemma 4, our invariance condition of lemma 1 simplifies to

$$\{g, \Phi h\} = \Phi[g, h] . \tag{3.23}$$

Find Φ!

A natural choice for Φ is the identity map (i.e. $\Phi = \Psi$, as suggested in lemma 1). In this case, however, the class of Hamilton functions has to be restricted to those generated by (2.15). One easily checks that, for $\mathfrak{c}$ given in (3.21), and for any h from (2.15), the general element of $\mathfrak{c}_h$ is of degree less than or equal to 2 in p_A; that the class $\mathfrak{h}$ of all such $\mathfrak{c}_h$ is closed under $\mathfrak{c}$; and that all Moyal brackets occurring in any such $\mathfrak{c}_h$ reduce to Poisson brackets. We have shown

Theorem 5. Let $\mathfrak{c}$ be embedded into $\mathfrak{U}$; (the most interesting example of such a $\mathfrak{c}$ is given in (3.21). If one uses the phase space representations described in lemma 4, and takes for Ψ the identity map, a quantization prescription $\Phi: h \to \Phi h$ is invariant with respect to $\mathfrak{c}$ if and only if condition (3.23) holds. Especially, if one chooses Φ as the identity map, one has to restrict the class $\mathfrak{h}$ of Hamilton functions to those of maximum degree 2 in the momenta.

We have to mention that our considerations only apply to canonical transformations which can be continuously *connected* to the *identity* because only these can be reached with elements from one-dimensional subgroups. As a counter example, we regard the transition from Cartesian to polar coordinates: the radial coordinate r runs through the positive semi axis R^+. A selfadjoint operator with R^+ as spectrum can have a conjugate one Γ which is symmetric but not selfadjoint, because the null spaces of $\Gamma^* \pm i\mathbf{1}$ have different dimension; see LUDWIG [10] (1954) page 397.

3.5. Statistics. The isomorphism theorem 3 describes a quantized system by an equivalent phase space model which illuminates the quantum deviations from classical behaviour: The *state operator* W of a quantum ensemble satisfies

$$0 < \langle W, W \rangle \le 1 \tag{3.24}$$

which follows from the spectral representation (2.18) by squaring

$$W^2 = \sum_{0 < \omega_k \le 1} \omega_k^2 E_k \le \sum_{0 < \omega_k \le 1} \omega_k E_k , \quad \left(\sum_h \omega_k = 1\right), \tag{3.25}$$

and tracing. Inequality (3.24) is, of course, conserved under the phase space representation φ, and is in contrast to the weaker inequality

$$0 < \langle w, w \rangle < \infty \tag{3.26}$$

satisfied by the state function w of a classical ensemble.

The violation of inequality (3.24) by a w is the stronger the smaller its support, i.e. the more it *determines* the classical state. Taking w proportional to a characteristic function, $w(m) = c\chi(m)$, the maximum quantum determination $\langle w, w \rangle = 1$ is reached for $c = 1$. In this case, the ensemble is contained in a phase space domain D of measure h^N.

4. Classical Field

4.1. Functional derivative. In passing over from a system of point particles to a field, one has to face an increase of the *phase space dimension* from N to *infinity*. In this transition, partial derivatives become (partial) functional derivatives. We therefore begin this chapter with a sketchy introduction to functional differentiation.

Recall that the partial derivative $s,_A(q)$ of a function $s(q)$ of N variables q^A is defined by

$$|s(q + \delta q) - s(q) - s,_A(q) \cdot \delta q^A| \leqq \|\delta q\| \, \varepsilon(\|\delta q\|) \,, \tag{4.1}$$

with the norm $\|q\| := (\delta_{AB} q^A q^B)^{1/2}$, and with $\varepsilon(x) \to 0$ for $x \to 0$. In words: for fixed q^A, the derivative s' of s

$$s'(\delta q; q) := s,_A(q) \cdot \delta q^A \tag{4.2}$$

is that linear form in δq^A whose value agrees with the difference $s(q+\delta q) - s(q)$ better than to first order in the norm of δq^A; and the coefficients $s,_A$ of s' are called the *partial derivative* of s.

A *functional* is a continuous mapping of a linear topological space L into the (real or complex) numbers. We may think of the special case where L is the Hilbert space H of L^2-functions $q^A(x)$ on a manifold. Examples of *linear* functionals are the integral $\int c_A(x) q^A(x) \, dx$ for given functions $c_A(x)$, or the value of $q_A(x)$ for given A and x, if L is restricted to the continuous L^2-functions.

Whenever the linear space L carries a norm, as H does, a functional s is called "differentiable at q" if there exists a linear mapping $s'(\delta q; q)$ which satisfies (4.1, 2); and s' is called the (Fréchet-)*derivative* of s.

Every continuous linear map s' of H into the numbers is a scalar product (theorem of Riesz)

$$s'(\delta q) = \int s_A \delta q^A \, dx \,. \tag{4.3}$$

If $s' = s'(\delta q; q)$ is the derivative of s, we write

$$s_A(q) =: s,_A(q) =: \partial_A s(q) \,, \tag{4.4}$$

and call the functions $s,_A$ the *partial* (functional) *derivative* of s, or *gradient* of s. Note that for fixed q, $s,_A = s,_A(q(x))$ is a vector of L^2-functions, so that by analogy to (4.2) we should write $s,_{Ax}$ instead

9

of $s,_A$; sometimes, however, it is convenient to absorb the "continuous index" x into the discrete index A.

For instance, taking

$$s = \int l(q^C(y), q^C,_c(y))\, \mathrm{d}y\,, \tag{4.5}$$

we get

$$s,_A = \{\partial_{q^A} - \partial_a \partial_{q^A,_a}\}\, l(q^C(x), q^C,_c(x))\,, \tag{4.6}$$

where as usual one has to perform all partial differentiations on the function l with respect to its arguments $q^C, \ldots$ before inserting the special values $q^C(x), \ldots$ for them.

(Fréchet-) derivatives obey the following three fundamental rules: 1) *linearity*, 2) *commutability* of second (and higher) derivatives, and 3) *chain rule*; which can be proven along the same lines as for functions. A danger has to be mentioned that originates from our shorthand notation $s,_{Ax} =: s,_A$: In second derivatives $s,_{Ax, By} =: s,_{AB}$ one must not identify the two continuous indices x, y! With this proviso, rule 2) is spelled as follows

$$s,_{AB} = s,_{BA}\,. \tag{4.7}$$

The chain rule 3) applies to differentiable mappings t of normed linear spaces into normed linear spaces, and embraces an infinity of rules corresponding to all possible dimensions n_k of the three spaces L_k involved: $L_1 \xrightarrow{t} L_2 \xrightarrow{s} L_3$. The case $n_1 = \infty$, $n_2 = 2$, $n_3 = 1$ yields the *product rule* if s is chosen as the product function

$$(ab),_A = a\, b,_A + a,_A\, b\,. \tag{4.8}$$

Our example (4.5) teaches that (even) for a C_∞-Lagrange function l, the action functional s is not twice differentiable: the linear functional $s',_A$ defined by

$$|s,_A(q + \delta q) - s,_A(q) - s',_A(\delta q; q)| \leq \|\delta q\|\, \varepsilon(\|\delta q\|) \tag{4.9}$$

is not continuous, and the theorem of Riesz (4.3) does not apply. This situation changes if one restricts the linear space $L = \{q\}$ to all C_∞-L^2-functions (which are dense in the Hilbert space of all L^2-functions). In a natural way, s now becomes infinitely differentiable; its derivatives are (special) *tempered distributions*. An excellent review on distributions can be found in the book by STREATER and WIGHTMAN [30] (1964) on page 31, or in JOST's book [31] (1965).

4.2. Configuration space description. The best known example of a classical field is MAXWELL's *electromagnetic field*. Unfortunately, this field does not allow a regular description as defined in chapter 1, and as assumed throughout part I of this article. The same holds true for EINSTEIN's *gravitational field*. In order to have an example in mind, one may think of a hydrodynamic matter flow, or, for simplicity's sake, of the field theoretic analogue of a one dimensional harmonic oscillator: the *neutral scalar meson field*. Its Lagrange function reads (in a possibly curved spacetime):

$$l(q, q,_a) = -(1/2)\,(q'^a q,_a + m^2 q^2) \tag{4.10}$$

where the amplitude $q = q(x^b)$ is a real spacetime function, $0 \leq a, b \leq 3$, $m = \text{const}$, $q'^a := g^{ab} q_{,b}$, and $\text{sgn}(g_{ab}) = (-+++)$.

A system of finite dimension $2N$ is described by N (real) functions of time $q^A(t)$. In comparison with a field, the (position coordinates) $q^A(t)$ correspond to N (real) spacetime functions $q^A(x)$, where x stands for x^a. (Again, we restrict considerations to Lagrange functions of first order). A complete system of *Cauchy data* is respectively given, in the two cases, by $2N$ (real) numbers $q^A(0)$, $\dot{q}^A(0)$, or by $2N$ (real) space functions $q^A(0, \boldsymbol{x})$, $\dot{q}^A(0, \boldsymbol{x})$, $\boldsymbol{x} \leftrightarrow x^\alpha$, $1 \leq \alpha \leq 3$.

Such a *splitting* $(x^a) = (x^0, x^\alpha)$ into *space* and *time* is always possible in suitable finite domains, and can be formulated in a covariant way by distinguishing a simply covering system of spacelike hypersurfaces, and a transverse timelike vector field; see e.g. TRAUTMAN [32] (1963) page 27. Here we prefer the use of adapted coordinates, in which $\dot{q}^A := q^A{}_{,0}$.

A special field is described by its Lagrange function $l(q^A, q^A{}_{,a}; x^a)$ which is a $(C_\infty$-) function in Euclidean $(5N + 4)$-space. The Lagrangean *field equations*

$$s_{,A} = 0 \tag{4.11}$$

are obtained by equating to zero the (functional) derivative s' of the *action functional*

$$s := \int l \, \mathrm{d}^4 x . \tag{4.12}$$

It has to be stressed that s need not exist; all we shall need is the existence of $\int_D l \, \mathrm{d}^4 x$ for every compact domain D. (Note that the Lagrange equations of a system of finite dimension can equally be written in the shape (4.11), with $s := \int l \, \mathrm{d}t$) .

4.3. Phase space description. The "velocities" $\dot{q}^A(x)$ of a regular field can be replaced, as in the finite dimensional case, by the *canonical momenta*

$$p_A := \partial_{\dot{q}^A} l(q^B, \dot{q}^B, q^B{}_{,\beta}) . \tag{4.13}$$

The set of $2N$ space functions $\{p_A(\boldsymbol{x}), q^B(\boldsymbol{x})\} =: \{m^\alpha(\boldsymbol{x})\}$ forms a *canonical coordinate system* in phase space; we have suppressed the time dependence, as in the finite dimensional case, by writing $q^A(\boldsymbol{x}) := q^A(x^0, \boldsymbol{x})$.

So far, our phase space is infinite dimensional of real power because m depends on the continuous couple $\alpha, \boldsymbol{x}$. Physically, however, two functions describe the same situation if they disagree on a set of Lebesgue measure zero only. It is therefore convenient to define the *phase space* of a field as the $2N$-fold direct sum of the L^2-space over Euclidean 3-space R^3, provided all field amplitudes $m^\alpha(\boldsymbol{x})$ have unbounded range. By this definition, the phase space of a field is (isomorphic to) the *Hilbert space* of countably infinite dimension. [Amplitudes $q^A(\boldsymbol{x})$ which do not decrease towards infinity are hereby excluded; they correspond to fields with infinite energy].

We write the scalar product between two points (vectors) m, m' of phase space as

$$(m, m') := \sum_\alpha \int m^\alpha(\boldsymbol{x}) \, m'^\alpha(\boldsymbol{x}) \, \mathrm{d}^3 x . \tag{4.14}$$

Let $f_k(x)$ be a basis of the L^2-space over R^3, and expand the phase space coordinates $m^\alpha(x)$ in terms of this basis

$$m^\alpha(x) = \sum_{k=1}^{\infty} m^\alpha{}_k f_k(x) \qquad (4.15)$$

with

$$m^\alpha{}_k = (f_k, m^\alpha) . \qquad (4.16)$$

Phase space points m can thus be described by infinite sequences of numbers $m^\alpha{}_k$.

Observables of a finite dimensional system are real phase space functions. Correspondingly, we define the *observables "a"* of a field as the mappings of phase space into the real numbers, that is as the real phase space functionals; (forget about continuity for a moment). We write $a(m^\alpha(x)) =: a(m)$. Simple examples of observables are polynomials in $m^\alpha(x)$ for fixed space point x. In statistics, one is interested in average values of products of field amplitudes in different world points. They are likewise observables if the world points have spacelike separation; if not, one has to express $m^\alpha(x)$ as functional of its Cauchy data $m^\alpha(x)$ via the field equations. By this additional prescription, even such averages become observables in our terminology.

So far, we have left aside the question of continuity. If we want the observables to be *infinitely differentiable*, we have to restrict the phase space to the dense linear subspace of all C_∞-L^2-functions (so-called "test-functions"). Again, we refer the reader to STREATER and WIGHTMAN [30] (1964).

4.4. Field equation. The formal energy functional

$$h := \int (p_A \dot{q}^A - l) \, \mathrm{d}^3 x \qquad (4.17)$$

becomes the *Hamilton functional* when all "velocities" are eliminated by means of (4.13). In a well-known way, LAGRANGE's field equations (4.11) can be reexpressed in Hamiltonian form

$$\frac{\mathrm{d}a}{\mathrm{d}x^0} = [h, a] \qquad (4.18)$$

for arbitrary observable $a(m)$, where

$$[a, b] := \int \varepsilon^{\alpha\beta} \, a_{,\alpha x} \, b_{,\beta x} \, \mathrm{d}^3 x , \qquad (4.19)$$

is the generalized *Poisson bracket* of the two functionals a, b. The commas in the integrand denote functional differentiation: $a_{,\alpha x} =: a_{,\alpha}$, and $\varepsilon^{\alpha\beta}$ is again the symplectic metric in normal form.

Note that in the Poisson bracket, (functional) derivatives are taken with respect to the space functions $m^\alpha(x)$

$$\delta a = \int a_{,\alpha x} \, \delta m^\alpha(x) \, \mathrm{d}^3 x , \qquad (4.20)$$

in contrast to LAGRANGE's equations which involve derivatives with respect to the world functions $q^A(x)$!

For the Poisson brackets of the *canonical coordinates* one gets

$$[m^\alpha(x), m^\beta(y)] = \varepsilon^{\alpha\beta} \delta(x, y) \qquad (4.21)$$

because of

$$\delta m^\alpha(x) = \int \delta^\alpha_\beta \, \delta(x, y) \, \delta m^\beta(y) \, \mathrm{d}^3 y . \qquad (4.22)$$

Or, if one uses the countable components $m^\alpha{}_k$ defined in (4.16):

$$[m^\alpha{}_k, m^\beta{}_l] = \varepsilon^{\alpha\beta}\, \delta_{kl}\,. \tag{4.23}$$

These relations correspond to the canonical commutation relations of Bose-Einstein fields.

The Poisson bracket (4.19) is again a *Lie product*. For a proof we have to show that JACOBI's identity (1.6) holds — a proof which was left out in the first chapter. To this end, it is convenient to further rationalize our *notation*. We agreed to write "$a_{,\alpha}$" instead of "$a_{,\alpha x}$". It is now consequent to write "δ^α_β", and "$\varepsilon^{\alpha\beta}$" instead of "$\delta^\alpha_\beta \delta(x, y)$", and "$\varepsilon^{\alpha\beta} \delta(x, y)$" respectively, and to extend EINSTEIN's summation convention to the continuous index x. In this notation, the Lie product (4.19) reads as in the finite dimensional case, and JACOBI's *identity* says that

$$3j := \varepsilon^{\gamma\delta}(\varepsilon^{\alpha\beta} a_{,\alpha} b_{,\beta})_{,\gamma} c_{,\delta} + \cdots \tag{4.24}$$

vanishes, where the dots stand for two additional terms obtained by cyclic permutation of the functionals a, b, and c. j is a scalar on phase space, but it is convenient to evaluate it in canonical coordinates. Then $\varepsilon^{\alpha\beta}$ is constant (i.e. independent of m), hence can be omitted from the differentiation with respect to γ; whereas $c_{,\delta}$ can be included because $\varepsilon^{\gamma\delta}$ is antisymmetric, and derivatives commute. A cyclic permutation of a, b, c is now equivalent to a cyclic permutation of α, β, δ which can be performed on the upper indices:

$$j = \varepsilon^{\gamma\{\delta}\varepsilon^{\alpha\beta\}}(a_{,\alpha} b_{,\beta} c_{,\delta})_{,\gamma}\,; \tag{4.25}$$

the curly bracket denotes the cyclic part, an ordinary bracket the totally skew part. An arbitrary antisymmetric tensor $\varepsilon^{\alpha\beta}$ obeys the symmetry relation

$$3\varepsilon^{\gamma\{\delta}\varepsilon^{\alpha\beta\}} = \varepsilon^{\gamma\delta}\varepsilon^{\alpha\beta} + 2\varepsilon^{\gamma[\alpha}\varepsilon^{\beta]\delta} = 3\varepsilon^{[\gamma\delta}\varepsilon^{\alpha\beta]}\,. \tag{4.26}$$

Here the first equation holds by definition; the second one is seen as follows: in the left hand wing, the indices α, β, δ enter on equal footing. It therefore suffices to see antisymmetry in the two pairs γ, δ and α, β which is immediate. Insertion of (4.26) into (4.25) yields $j = 0$ as announced.

4.5. Statistical ensemble. Statistical ensembles of fields are not popular because of their difficult mathematics. They are usually eluded by means of simpler models. As a starting point for field quantization, however, it is desirable to understand the classical counterpart.

As in the finite dimensional case, *properties* of a field are described by subsets E of the phase space, or by their characteristic functions $\chi_E(m)$. The average value (or expectation value) $\langle \chi_E \rangle$ of a property E must again be a normalized non-negative measure $\mu(E)$. The *expectation value* $\langle a \rangle$ of an observable $a(m)$ in the "state" μ is assumed to be a linear functional; we write [compare (1.8)]

$$\langle a \rangle = \int a(m)\, \mathrm{d}\mu(m) \tag{4.27}$$

with

$$0 \leq \langle \chi_E \rangle =: \mu(E) \leq 1\,. \tag{4.28}$$

Do such measures $\mathrm{d}\mu$ on the infinite dimensional phase space exist, and what is the class of integrable observables ? Can one define a Radon-Nikodym derivative $w(m)$ such that

$$\mathrm{d}\mu = w(m)\,\mathrm{d}m \qquad (4.29)$$

holds, where $\mathrm{d}m$ is a motion invariant non-negative measure? The latter property was needed in (1.12), in order to arrive at the canonical *field equation* for an *ensemble*

$$\frac{\mathrm{d}\langle a\rangle}{\mathrm{d}x^0} = \langle [w, h], a\rangle \qquad (4.30)$$

with

$$\langle a\rangle := \langle w, a\rangle,\ \langle a, b\rangle := \int a^*(m)\,b(m)\,\mathrm{d}m\,. \qquad (4.31)$$

At present I cannot answer these questions, but my impression is affirmative. As one result I mention that a *generalized Lebesgue measure* $\mathrm{d}m$ must not be countably additive in order to be unitarily invariant. For the rest, the interested reader is referred to the seminar notes on *functional integration* by FRIEDRICHS and SHAPIRO [33] (1957), to the papers by SEGAL [34, 35, 36] (1956, 1958, 1964), and to the survey articles by McSHANE [37] (1963), and KOVALĆHIK [38] (1963); applications to field quantization occur in FRIEDRICHS [39] (1953), and COESTER and HAAG [40] (1960).

4.6. Summary. With a certain proviso concerning the existence of generalized Lebesgue measures, we have reestablished the same *formal structure* for a classical field as for a system of finite dimension.

An ambiguity arises in the definition of the (infinite dimensional) *phase space* which we equipped, for simplicity's sake, with a pre Hilbert space structure. *Observables* are the continuous phase space functionals. They form a *Lie algebra* if one restricts all field amplitudes to C_∞-functions; whereby the Lie product is the (generalized) *Poisson bracket*, and involves functional differentiation. The time derivative of an observable is its Lie product with the Hamilton functional.

The question of existence and uniqueness of a motion invariant measure on phase space has been left unanswered. If such a measure exists, *ensemble mean values* can again be written as the *scalar product* between an observable $a(m)$ and a "state functional" $w(m)$. Observables and states are elements from a *dual pair* of linear topological spaces, and the time derivative of a mean value is the scalar product formed from $a(m)$ and the Lie product of h and w.

5. Quantized Field

5.1. Preface. This chapter is devoted to a non-existing theory: the theory of canonical field quantization. All I will do is a) set out on the way one is tempted to go if one wants to keep in *correspondence* with the general structures elaborated in the preceding chapters, b) sketch the new *features* which have to be faced, and *tools* which have been provided, and c) list the essential *difficulties*, which have been, up to now, a serious obstacle to all rigorous attempts despite of so many successfully explained experiments. For a more elaborate treatment of many of the foundational problems involved, the reader is referred to two articles by HAAG [41, 42] (1955, 1961), to his unpublished lecture notes [43] (1962), to the book by FRIEDRICHS [39] (1953), and to the recent Corsica lectures by WIGHTMAN [11] (1964) which contain a lot of relevant references. Regarding the applications, we only mention some of the latest books: BOGOLIUBOV and SHIRKOV [44] (1959), SCHWEBER [45] (1962), BJORKEN and DRELL [46] (1965), and the handbook article by KÄLLEN [47] (1958) on quantum electrodynamics.

5.2. Hamiltonian dynamics. Canonical quantization starts with the representation of a canonical system m^α on phase space by selfadjoint operators M^α on Hilbert space (of countably infinite dimension). If $m^\alpha(x)$ are expanded in terms of test functions $f_k(x)$ as in (4.16), their images M^α_k must satisfy the *canonical commutation relations*

$$[M^\alpha_k, M^\beta_l] = \varepsilon^{\alpha\beta}\delta_{kl}\mathbf{1} , \tag{5.1}$$

$$M^\alpha_k = \int f_k^*(x)\, M^\alpha(x)\, \mathrm{d}^3x . \tag{5.2}$$

This postulate refers to *Bose-Einstein*-fields; Fermi-Dirac-fields have no direct classical counterparts, and will be treated below.

We have seen that a representation of the Lie algebra (5.1) is unique, in the case of a system of *finite dimension*, if one prescribes the *spectrum* of the position operators Q^A. For unbounded (translationally invariant) spectrum, and only in this case, the representatives of the corresponding group elements $\exp\{(i/\hbar)\, t_\alpha M^\alpha\}$ satisfy WEYL's relation (A.7) derived in the appendix. In the present case, the Q^A_k describe *potentials* which, in the absence of known limitations to field excitations, are assumed unbounded. Thus one asks for representations of the group elements $\exp\{(i/\hbar) \int f_k^*(x)M^\alpha(x)\, \mathrm{d}^3x\}$ by unitary operators $U^\alpha(f_k)$ satisfying (in analogy to (A.7))

$$\begin{cases} U^\alpha(f_k)\, U^\alpha(f_l) = U^\alpha(f_k + f_l) , \\ [U^\alpha(f_k), U^\beta(f_l)] = 0 \text{ for } \beta \neq \alpha \pm N \\ U^\alpha(f_k)\, U^{\alpha+N}(f_l) = \exp\{(i/\hbar)\, (f_k, f_l)\}\, U^{\alpha+N}(f_l)\, U^\alpha(f_k) , 1 \leq \alpha \leq N . \end{cases} \tag{5.3}$$

New is the fact that there exists a *continuity* of *inequivalent* (irreducible) unitary representations of (5.3); see GÅRDING and WIGHTMAN [48] (1954), HAAG [42] (1961). Among all of them there exists just one representation with a (normalizable) *no particle state*, i.e. a ray in Hilbert space which is annihilated by all destruction operators. This is the well-known *Fock-representation*, relevant for free fields (for which the no particle state becomes the vacuum state). It has been shown that euclidean invariant theories with reasonable interaction cannot be described by the Fock representation but possibly by different ones which moreover change continuously with time, see WIGHTMAN [11] (1964) § 6; compare also Joos [49] (1958). ARAKI [50] (1960) has shown that under certain natural conditions the Hamilton operator H of a euclidean- and time reflection-invariant theory is uniquely determined by a representation (5.3). Which indicates that for a quantized field the *dynamics* (described by H) is closely tied up with the *kinematics* [described by a representation (5.3)].

In this situation it appears rather premature to ask which *quantization prescription* to apply to a classical Hamilton function in order to obtain the "correct" *Hamilton operator*. Of course, an ultimate theory will have to make sure that quantization be a unique process, commuting with all admitted transformations; (coordinate changes, gauges, . . .). At the moment, there does not exist a single realistic model of interacting quantized fields. The Hamiltonians considered are selected by simplicity principles whereby polynomials in the canonical variables are the preferred choice. But perturbation theory, even though sometimes rather doubtful and unjustified, yields transition rates which are LORENTZ and gauge invariant. How to control covariance in the intermediate steps? Future may tell.

One further remark is in place concerning the Hamiltonian: any quantization prescription will yield an operator which is symmetric through its formal building law. In general, however, this operator will fail to be *selfadjoint*. Only selfadjoint Hamiltonians give rise to a unitary development in time. It is therefore important to make sure that one can *extend* a symmetric Hamiltonian to a selfadjoint one by an extended quantization prescription (of physical relevance!). Results of this sort are collected in WIGHTMAN [11] (1964) § 8.

5.3. Expectation value. For a quantum ensemble of finite dimension, the expectation value has been shown to be the scalar product of a selfadjoint positive semidefinite trace one operator W with the observable A under consideration if GLEASON's assumptions are accepted. For a quantized field we want to arrive at the same result. To this end, the assumptions have to be strengthened.

The *properties* (projection operators) of a quantized field belonging to a bounded domain D in spacetime generate a *von Neumann algebra* $\Re_D$ by complex linear combination, multiplication, and weak closure; compare DIXMIER [51] (1957). Von Neumann algebras with trivial center are called *factors*. There exist three types of factors called I, II, III. The observables of a finite dimensional quantized system include one-dimensional projections, and are thus of type I, whereas for a Bose-Einstein field $\Re_D$ is of type III, compare WIGHTMAN [11] (1964) theorem 9.1. GLEASON's proof applies to type I factors only.

A set of characterizing properties for the expectation value $\langle A \rangle$ to be obtained by tracing the product $W A$ has been given by DIXMIER [51] (1957) page 54:
$\langle A \rangle$ is a normed *ultraweakly continuous non negative* complex *linear form* on the observables A; compare also HAAG and KASTLER [21] (1964) (21). This we are going to explain: in chapter 2 it has been remarked that real linearity of $\langle A \rangle$ in non commuting observables is not physically intuitive. However, this assumption appears to be unavoidable. The

additional assumption of complex linearity is equivalent to

$$\langle A^* \rangle = \langle A \rangle^* \tag{5.4}$$

for not selfadjoint elements A of the von Neumann algebra, and serves for a unique extension from the selfadjoint elements to the full algebra. So far the assumption "linear form". "Positivity" and "normalization" have been formulated in (2.8) and (2.9). "Ultraweak continuity" lies between weak continuity and norm continuity.

The expectation value of a quantized field has thus been cast into the form of a *scalar product* between state and observable. Note that in general neither *states* nor *observables* are Hilbert space elements with respect to this scalar product: they are elements from dual spaces.

It must be mentioned that with a finite number of measurements one can only determine *weak neighbourhoods* in the space of expectation value forms; this may be a hint that our definition given above is too idealized.

5.4. Difficulties. Two difficulties bar the way outlined so far: 1) a canonical Hamilton operator contains *products* of canonical operators at the same spacetime point. Such products of operator valued distributions $M^\alpha(x)$ (compare (4.21), (5.1)) are not defined. A reasonable prescription has been given by WICK: all negative frequency operator parts in a product are to be moved to the right. This *Wick ordering* is unique (and hence applicable) if and only if the Fourier transforms of the operators $M^\alpha(x)$ vanish outside the light cone. The latter property is sometimes taken as the definition of *generalized free fields* for which the scattering operator can be shown to be the identity; compare WIGHTMAN [11] (1964) § 2.

A second difficulty of canonical quantization stems from the fact that field operators which are not *smeared* with a test function in the *time* are in general ill-behaved, compare WIGHTMAN [89] (1964). If smeared in time, a canonical field is an infinitely differentiable function in space as has been proven by BORCHERS [52] (1964). A canonical Hamiltonian, however, is defined as a space section integral. This leads to *ultraviolet divergences*.

In order to arrive at physical conclusions, one has expanded (weakly) interacting fields in terms of free fields: The time dependence of the free field is described by the "unperturbed" Hamiltonian, and the "relative motion" of the perturbed field against the free field by the *interaction Hamiltonian*. As we have mentioned above, however, an interacting field (if euclidean invariant) cannot be unitarily related to a free field. Consequently, such an expansion is inconsistent from the beginning; which comments the first phrase of our introduction. A way out is offered by the introduction of a big box (which destroys translational invariance), but so far there does not exist a rigorous treatment of the limiting process as the box goes to infinity.

5.5. Frame theory. These difficulties have caused physicists to consider a frame theory, or "general theory" of quantized fields which renounces upon field equations; see the papers by LEHMANN [53] (1954),

Haag and Schroer [54] (1962), the books by Streater and Wightman [30] (1964), and by Jost [31] (1965), or the article by Todorov [55] (1965):

One replaces the canonical commutation relations by the weaker postulate of *local commutativity*, i.e. commutativity of observables which belong to spacelike oriented spacetime domains. But one postulates (inhomogeneous) *Lorentz invariance* (or rather invariance with respect to its simply connected covering group), and moreover a *spectral condition* on the generating 4-vector of spacetime translations (positivity of energy!) as well as the *completeness* of *asymptotic* states which is necessary for the interpretation of collision experiments. Finally, one has to add a number of assumptions on the common *domain* of *definition*, and *denseness* of the field operators, on their behaviour as weak *tempered distributions*, and on the existence and *cyclicity* of a *vacuum state*, i.e. a state which is invariant under euclidean motions and time translations.

From this rather general frame of assumptions, several important conclusions have been drawn. But fields of *rest mass zero* (like the electromagnetic, and gravitational field) are excluded from most of the theorems for which the mass spectrum is assumed to be bounded away from zero. And no substitute is in sight for the renounced upon field equations.

5.6. Fermi-Dirac fields. We return to theories with field equations. Our above considerations need two generalizations in order to cover present day problems: 1) we only considered fields with classical analoga, and 2) among these only fields which can be described regularly. In this section we want to incorporate fields with half uneven spin.

Lorentz-invariant classical fields are described by *tensors*, i.e. their variables belong, in each spacetime point, to a "single valued" representation of the (homogenous) Lorentz group. Dirac has recognized that in physics one also needs the "double valued" representations, or true representations of the universal covering group $SL\,(2, C)$: electrons are described by *spinors*.

Falk [56] (1953) has shown how to treat a classical particle with *spin* such that its quantum theory can be obtained in canonical way: Spin is imagined as angular momentum of the point particle, and described (relativistically) by eight independent canonical variables π_a, φ^a where φ^a are fictitious position coordinates of a point on the gravity radius, and where π_a are the kinematical momenta. However, not all functions of the π_a, φ^a are observable but only functions of the six monomials

$$m_{ab} := 2\,\varphi_{[a}\pi_{b]}\,;\tag{5.5}$$

and only these are henceforth admitted to the description. By descendence they satisfy the Poisson bracket relations

$$[m_{ab},\, m^{cd}] = 4\,\delta^{[c}_{[a}m_{b]}{}^{d]}\,.\tag{5.6}$$

The enlarged set of observables of a spinning particle consists of all functions of the six m^α and six m_{ab}, and again forms a *Lie algebra*. This Lie algebra has a non trivial center which consists of all functions of the elements n_k

$$n_1 := m^{ab} m_{ab}, \quad n_2 := \eta^{abcd} m_{ab} m_{cd}. \tag{5.7}$$

It is *characterized* by the *"dimension"* $M = 12$ of its function basis $\{m^{\alpha}, m_{ab}\}$, and the "dimension" $C = 2$ of the function basis $\{n_1, n_2\}$ of its center. To see this we consider the factor Lie algebra modulo the center which, according to the Frobenius theorem (mentioned below (1.16)), can be generated by $2F = M - C$ canonically conjugate functions, and does not possess any invariants beyond its dimension.

At this stage, canonical quantization of the spinning particle requires a *representation* of the Lie algebra under consideration by selfadjoint Hilbert space operators, with Poisson brackets replaced by commutators. As shown by Falk, the relativistic description of a particle with prescribed spin can be obtained by such a (many-to-one) representation. So that the quantum theory of *fermions* can be understood by correspondence. For applications, of course, one will omit the heuristic approach sketched above, and start right away with *anticommuting* canonical variables; compare e.g. BELINFANTE, CAPLAN, KENNEDY [57] (1957). It has to be stressed that all *observables* of a Fermi-Dirac field are even functionals of the canonical variables, and therefore satisfy again the canonical *commutation* relations.

5.7. Electromagnetic field. As mentioned at the beginning of the last section, another generalization is needed for the canonical quantization of the electromagnetic field: Up to now, all considerations were restricted to theories which admit a phase space description, that is which are regular according to the definition given in section 1.1.

In general, however, fields are described by their potentials which have more independent components than there exist degrees of freedom. This leads to the existence of a *gauge group*, and the theory becomes *singular*.

In order to obtain MAXWELL's equations from a Lagrangean, one is forced to introduce the *4-vector potential*. The potential is only unique up to an additive gradient. As a consequence of this *gauge invariance*, the ("continuous") time component of the canonical 4-momentum vanishes indentically. It is therefore impossible to express the time derivative of the potential as functional of the momentum and potential; a phase space description does not exist.

Out of this situation, four different ways have been found: the *first* way (Fermi trick) consists in *artificially gauging* the theory by adding a gauge dependent term to the Lagrangean. In this case one has to make sure that the gauge condition is compatible with the development in time, that is does not restrict the degrees of freedom of the field. And that all solutions are restricted to those satisfying the gauge condition.

A *second* way consists in a desertion from the canonical way by separating the field into a *radiation* part and a *Coulomb* part. Dirac was the first to use it.

A *third* way avoids any arbitrariness, or intuition: the singular theory is reduced to a *regular* one by a *canonical* procedure, in the course of which all gauge dependent quantities are automatically eliminated. This way has been essentially prepared by Dirac and Bergmann for the purpose of quantizing the gravitational field; compare BERGMANN [58] (1956). It will be studied in detail in the following chapter.

A *fourth* way is equally independent of arbitrariness: instead of using HAMILTON's formalism one cultivates the formalism of *Lagrange*. This way has been promoted by PEIERLS [59] (1952), and DE WITT. It requires a new definition of the Poisson bracket which is extended to non simultaneous observables, and which we shall study in chapter 8. Its advantage lies in the 4-dimensional *covariance*. The prize one pays is the loss of canonical coordinates.

After "classical regularization" of the singular field in one of the four ways listed there exist two possibilities for *quantization*: Either one replaces *all* classical *varibales* by *Q-numbers*, that is by linear operators on an infinite dimensional vector space. In this case, the "physical" states form the factor space of a subspace which carries Hilbert space structure. Or one replaces only the gauge invariant *observables* by selfadjoint Hilbert space operators whereas all *gauge conditions* remain *c-numbers*; (by "gauge conditions" we mean functionals of the classical variables which vanish in some gauge). In our present case of the free electromagnetic field, both possibilities lead to the same quantum theory, see HAAG [43] (1962). The situation changes in the case of the (non linear) gravitational field.

5.8. Gravitational field. With EINSTEIN, the gravitational field is described in a coordinate independent way; its *gauge group* consists of all regular coordinate transformations. An ultimate quantum theory of the gravitational field must yield expectation values which only depend on the geometry but not on the choice of coordinates. How to achieve this task?

One has taken the electromagnetic field as a model, in fact: as the only model. And one has parallelled all four ways of *classical regularization* tried out on that field. The *first* way termed *muddification* imitates the Fermi trick, and has been pursued by BELINFANTE and GARRISON [60] (1961), and GARRISON [61] (1963): One destroys the gauge invariance by adding a gauge term to the Lagrangean.

A *second* way decomposes the gravitational field into its transverse *radiation part* and longitudinal *gauge part*; it has been intensely studied by ARNOWITT, DESER and MISNER, see ADM [62] (1962), and a series of papers quoted there. The main idea is as follows:

A one dimensional particle can be classically described by two different *Poisson bracket structures*. In the usual treatment its Hamilton function reads

$$h(p, q) = p^2/2 + v(q) . \tag{5.8}$$

One can, however, treat the time t as zeroth canonical coordinate q^0, with p_0 as the canonically conjugate one. In this case one has to take

$$z(p_0, p, q^0, q) := p_0 + h(p, q) \tag{5.9}$$

as the new Hamilton function defined on an enlarged phase space with two more dimensions. The Poisson bracket is understood to be extended in an obvious manner. The equation of motion now refers to an arbitrary parameter x (instead of t). p_0 has no observable significance which can be expressed by the *constraint* equation

$$z = 0 \qquad (5.10)$$

saying that the new Hamiltonian vanishes.

This *parameterized* description corresponds to the covariant description of the gravitational field where the role of x is taken over by the four coordinates x^a, and that of the constraint $z = 0$ by the four empty space constraints $R_a^0 = 0$ ($R_a^b =$ Ricci tensor).

In a theory with constraints one defines *observables* as those dynamical variables which have vanishing Poisson brackets with the constraints (exceptions and refinements will be presented in part II). In our case they are the functions $a(p, \tilde{q})$ of p and $\tilde{q} := q - pq^0$ where both p and $\tilde{q}$ are *constants* of the *motion* because of $[a, z] = 0$, and where $[p, \tilde{q}] = 1$ shows that one deals with a canonical system. This contrasts to the usual treatment in which the observables $a(p, q)$ are (implicitly) *time dependent*, and h is the *non vanishing energy*. Both systems of observables can be made to coincide (including their Lie structure) by admitting arbitrary (real) functions of q^0 as coefficients.

We return to the ADM way of regularizing the gravitational field. In analogy to our model they observe that the covariant description of the gravitational field must be *deparameterized* in order to be in correspondence with older theories. By elimination of the four constraint equations $R_a^0 = 0$, and introduction of as many coordinate conditions (corresponding to $q^0 = x$ in the model) they arrive at a regular phase space description with a non vanishing Hamiltonian depending on two independent components of the metric, and their first time derivatives. Their *quasi invariant* coordinates are fixed by invariant systems of equations plus boundary conditions at infinity, and are unique (if existing) up to Lorentz transformations. Their construction of the *reduced phase space* is made unique up to coordinate independent canonical transformations by the proviso that all observables do not depend explicitly on the coordinates. The Poisson bracket is recovered through its property of putting the equation of motion in canonical form.

There exist two further suggestions for a classical regularization of the gravitational field which differ from the ADM procedure by yielding time independent observables. Such a *third* way is the *canonical Hamiltonian* treatment developed mainly by DIRAC and BERGMANN, and published in DIRAC [63, 64] (1958, 1959), BERGMANN [65] (1962), and in the extremely clear lecture notes by TRAUTMAN [32] (1963). It corresponds to the parameterized description of the above model, and will be subject of chapters 6 and 7. Besides there are the papers [66] to [71] by BERGMANN and collaborators (1950—1956) and [72], [73] (1961, 1964) by BERGMANN.

As already stated in the preceding section, this *canonical regularization* is unique for given Lagrangean. It yields observables which, by definition, have vanishing Poisson brackets with the constraints. The latter have been shown by Bergmann to be the generators of gauge transformations, that is of arbitrary coordinate transformations. They act as Lie displacements. As a consequence, all observables are invariant with respect to displacements of the coordinates, and are especially *constants* of the *motion*. (They correspond to the functions $a(p, \tilde{q})$ in the model). The Hamiltonian is a constraint, it *vanishes*.

A *fourth* way of regularization is the canonical *Lagrangean* treatment which does not destroy 4-dimensional *covariance*. It is demonstrated in DE WITT [74, 75] (1962, 1964). Its basis is the Peierls definition of the (generalized) Poisson bracket. Like the canonical Hamiltonian treatment, it leads to gauge invariant observables which are necessarily *constants* of the *motion*. In chapter 8 we will show that its Lie structure is identical with that of the Hamiltonian treatment.

There exists a large number of further publications on a classical regularization, or *prequantization* of the gravitational field. We mention a) the work of SCHWINGER [76] (1963) and KIBBLE [77] (1963) who extend the ADM method to an interaction of gravitation with matter fields, b) the work of KATZ [78, 79, 80] (1964, 1965) who develops a purely *group theoretical regularization* of fields with gauge invariance, and arrives systematically at adapted variables, and c) the comparing papers by ANDERSON [81, 82, 83] (1960, 1963, 1964).

All this was purely classical. How should one *quantize* a regularized theory? For the free electromagnetic field we have listed two possibilities. In the present case, the linear vector space method will fail to work, for the following reasons: Quantization must commute with gauge transformations. It has been shown (Borchers, private communication) that even very simple gauge groups are not *unitarily implementable*, that is cannot be represented by unitary transformations of the corresponding von Neumann algebra. Besides there is the paper [84] by ANDERSON (1963) saying that for the gravitational field there is *no factor ordering* for which the representing operators of constraints form a Lie-closed system. It therefore appears that under quantization, constraints have to remain c-numbers whereas (only) observables become selfadjoint operators. Only the reduced regular theory is submitted to quantization. But how to quantize a system whose time dependence is eliminated?

One remark is due concerning inequalities. Unlike other classical fields, the gravitational field cannot take arbitrary (real) values: the components of the metrical tensor have to satisfy certain *inequalities* in order to guarantee the proper signature of spacetime geometry. It may or may not happen that these inequalities are not absorbed by the constraints but show up among the observables. If they do show up, one will have to convert them into corresponding inequalities for the representing operators. A warning theorem is quoted in WIGHTMAN [89] (1964) théorème (3.1): In a relativistic quantum field theory with vacuum, a local field cannot have bounded spectrum.

In disregard to the absence of any existence theorems, FEYNMAN [85] (1963) and DE WITT [86] (1964) have considered *perturbation theory* of the quantized gravitational field to all orders.

5.9. Summing remarks. In this part I we have seen that every regular physical system has a *Lie algebra* and *scalar product* structure. And that there exist unique *quantization prescriptions* as soon as a functional basis of generalized *position coordinates* has been specified among the observables, and a *Hamilton functional* been given together with addenda guaranteeing selfadjointness. The quantization prescription supplies the *physical interpretation* in form of its inverse, and is hereby indispensable.

Existence theorems for realistic quantized fields are missing.

Theories with gauge invariance have to be *classically regularized* before being quantized. This can be done in canonical ways, and will be subject of part II.

Part II. Canonical Regularization

6. Hamiltonian Formalism.

6.1. Preface. A simple example of a singular system is the *free relativistic monopole particle* described by the equation $\ddot{q}^a = 0$ if one derives it from the action functional

$$s := \int l \, dt, \quad l(q^a, \dot{q}^a) = m \, |\dot{q}^a \dot{q}_a|^{1/2} \tag{6.1}$$

with rest mass $m =$ const. Its canonical momentum is $m\dot{q}_a |\dot{q}^b \dot{q}_b|^{-1/2}$, and has the constant length m so that only three components vary independently. As a consequence, the matrix $\partial_{\dot{q}^b}\partial_{\dot{q}^a} l$ has rank three. This singularity stems from the freedom of an arbitrary (monotonic) change of the time scale.

The *singularity* can be avoided in different ways; (compare the four ways of sections 5.7, 5.8). For instance one recognizes that l is a constant of motion via the Lagrange equations, and hence every monotonic function of l leads to equivalent Lagrange equations. Such monotonic functions of l lead to a regular system because they fix the time scale to be eigen time. Or one admits only the space components of q^a as independent variables, and uses q^0 as time parameter. Or one follows the canonical prescriptions to be deduced in the sequel.

A further example of a singular system is FERMAT's principle for light rays (which is the rest mass zero analogue of (6.1)). Examples of singular fields are MAXWELL's and EINSTEIN's field. In all these examples, the singularity originates from an invariance with respect to an *infinite dimensional Lie group*. Finite dimensional Lie groups lead to conservation laws but not to singular behaviour.

In what follows we want to keep in full generality, that is we want to regularize the *general singular field* described by a first order C_∞-Lagrangean. (Finite dimensional systems can be considered as special cases). For this we shall have to make repeated use of the *mathematical tools* developed in chapter 4. To simplify language, and in accord with our convention introduced below (4.4), we shall talk of a "C-dimensional surface" in "$2N$-space" if properly speaking we deal with a C-fold infinite dimensional subspace in a $2N$-fold infinite dimensional space.

We will apply solvability criteria for non linear systems of equations, and for linear systems of differential equations (Frobenius lemma) which to my knowledge have not been proven for infinite dimensional spaces but for which I do not know any counter example, and which are conjectured to hold at least under additional restrictions that do not exclude systems of physical interest.

6.2. Primary constraints, Hamiltonian. Let

$$l(q^A, q^A{}_a) \ , \ q^A = q^A(x^b) \ , \ \begin{Bmatrix} 1 \leq A \leq N \\ 0 \leq a \leq 3 \end{Bmatrix} \tag{6.2}$$

be the first order *Lagrange function* of a possibly singular field whose Lagrange equations read

$$s,_A = 0 \ , \ s := \int l(q^A, q^A,_a) \ \mathrm{d}^4 x \ . \tag{6.3}$$

A possible explicit dependence of l on the spacetime coordinates x^a has been suppressed for lack of interest.

N *canonical momenta* are defined by

$$p_A := \partial_{r^A} l \ , \ r^A := q^A{}_0 \ . \tag{6.4}$$

Within the $3N$-space X of all $p_A(x), q^A(x), r^A(x)$ at a fixed time x^0, equations (6.4) define a $2N$-surface Y (because (6.4) is certainly of maximal rank in p_A. Note that $q^A,_\alpha(x)$ are functionals of $q^A(x)$). On Y, LAGRANGE's *equations* (6.3) become $(\partial_0 := \mathrm{d}/\mathrm{d}x^0)$

$$\begin{cases} \text{(a)} \ \partial_0 q^A = r^A \\ \text{(b)} \ \partial_0 p_A \overset{Y}{=} l_A \end{cases}, \quad \begin{aligned} l_A &:= \partial_A \int l(q^A, q^A,_a) \ \mathrm{d}^3 x \\ &= \partial_{q^A} l - \partial_\alpha (\partial_{q^A{}_\alpha} l) \ . \end{aligned} \tag{6.5}$$

Note that "$\partial_{q^A}, \partial_\alpha$" denote partial derivatives whereas "$\partial_A = ,_A$" stand for partial functional derivatives.

On X we define the *formal Hamilton functional* $\tilde{h}$ by

$$\tilde{h}(p, q, r) := \int \{ p_A r^A - l(q^A, q^A,_\alpha, r^A) \} \ \mathrm{d}^3 x \tag{6.6}$$

where from now on we suppress indices in the arguments of functionals. Call *phase space* the $2N$-space of all $p_A(x), q^A(x)$ for fixed x^0. The differential of (6.6)

$$\mathrm{d}\tilde{h} = \int \{ r^A \mathrm{d}p_a - l_A \mathrm{d}q^A + (p_A - \partial_{r^A} l) \ \mathrm{d}r^A \} \ \mathrm{d}^3 x \tag{6.7}$$

shows that $\tilde{h}$ does not depend on r^A along Y, so that there *uniquely* exists a phase space functional h which (by extension to X) agrees with $\tilde{h}$ on Y

$$\tilde{h}(p, q, r) \overset{Y}{=:} h(p, q) \ . \tag{6.8}$$

h is called the *Hamilton functional*. The difference $\tilde{h} - h$ vanishes on Y by definition, so that its differential on Y can only depend on N

linearly independent differentials leading out of Y

$$\mathrm{d}(\bar{h} - h) \overset{Y}{=} \int f^A(p_B, q^B, r^B)\, \mathrm{d}(p_A - \partial_{rA} l)\, \mathrm{d}^3 x \; ; \tag{6.9}$$

here f^A are functions of the indicated arguments, and possibly their spatial derivatives, whose values on Y are uniquely defined. Using (in obvious notation)

$$\mathrm{d}h = \int \{h'^A\, \mathrm{d}p_A + h,_A\, \mathrm{d}q^A\}\, \mathrm{d}^3 x \,, \tag{6.10}$$

and (6.7), (6.9), one gets the *identities*

$$\text{(a)} \quad r^A \overset{Y}{=} h'^A + f^A$$

$$\text{(b)} \quad -l_A \overset{Y}{=} h,_A - \{f^B \partial_{q^A} \partial_{rB} l - \partial_\alpha (f^B \partial_{q^A}{}_\alpha \partial_{rB} l)\} \tag{6.11}$$

$$\text{(c)} \quad 0 \overset{Y}{=} f^B \partial_{rA} \partial_{rB} l$$

because of the linear independence of the differentials $\mathrm{d}p_A$, $\mathrm{d}q^A$, $\mathrm{d}r^A$ on X.

At this stage one has to use the fact that for *singular* systems the momenta defined in (6.4) cannot be solved for the formal velocities r^A (identically in q^A). Suppose there exist precisely M independent equations (in a certain domain D)

$$0 = z^P(p_A; q^A, q^A,_\alpha),\, 1 \leq P \leq M \,. \tag{6.12}$$

$M = 0$ characterizes *regular* systems. The equations $0 = z^P(\partial_{rA} l; q^A, q^A,_\alpha)$ define in X a surface Π which contains Y. On this surface one gets by differentiation

$$0 = \partial_{p_B} z^P \cdot \partial_{rA} \partial_{rB} l \,. \tag{6.13}$$

The functions z^P are called *primary constraints*. (6.13) says that their M momentum gradients are null vectors of the matrix $\partial_{rA} \partial_{rB} l$. This matrix must have rank $N - M$ (in D) because we assumed the z^P to be a maximal system of independent relations between the solutions of (6.4). Now the functions f^B occurring in (6.11c) are likewise null vectors of this matrix, and we conclude from the basis property of the $\partial_{p_B} z^P$

$$f^A \overset{Y}{=} u_P(p_B, q^B, r^B)\, \partial_{p_A} z^P \tag{6.14}$$

with functions u_P whose values on Y are uniquely defined.

Insertion of (6.14) into the identities (6.11) yields

$$\text{(a)} \quad r^A \overset{Y}{=} h'^A + \partial^A \int u_P z^P\, \mathrm{d}^3 x \,,$$

$$\text{(b)} \quad -l_A \overset{Y}{=} h,_A + \partial_A \int u_P z^P\, \mathrm{d}^3 x \,, \tag{6.15}$$

where it has been used that all z^P vanish on Y including their tangential derivatives. The 3-space integrals were introduced in order to take advantage in (b) of the shorthand notation for functional differentiation. HAMILTON's *equations* are now obtained by inserting LAGRANGE's equations (6.5)

$$\text{(a)} \quad \partial_0 q^A \overset{Y}{=} \partial^A \left(h + \int u_P z^P\, \mathrm{d}^3 x\right)$$

$$\text{(b)} \quad \partial_0 p_A \overset{Y}{=} \partial_A \left(h + \int u_P z^P\, \mathrm{d}^3 x\right) \,. \tag{6.16}$$

A further simplification results if one introduces the Poisson bracket (4.19), and calculates the equation of motion for an arbitrary phase space functional $b(p, q)$

$$\partial_0 b \overset{Y}{=} [h + \int u_P z^P \, \mathrm{d}^3 x, \, b] \,. \tag{6.17}$$

This equation will be called HAMILTON's *equation*. It contains only phase space functionals except the M functions u_P which show up as factors of the primary constraints z^P, and are therefore not differentiated. These u_P figure as *independent functions*. From (6.15a), and the rank assumption on (6.4) one gathers

$$\mathrm{rank} \, (\partial_{rA} \{p_B, u_P\}) \overset{Y}{=} N \tag{6.18}$$

so that the u_P supplement the momenta p_B to a functional basis in velocity space.

6.3. Lagrangean constraints, constraint surface. We have to satisfy integrability conditions: On inserting the primary constraints z^Q into (6.17) for b, we get

$$0 \overset{Y}{=} \partial_0 z^Q \overset{Y}{=} [h, z^Q] + \int u_P [z^P, z^Q] \, \mathrm{d}^3 x \,. \tag{6.19}$$

In the literature, this system of equations has been unanimously misinterpreted, namely as a system determining the u_P. As has been stressed above, however, the u_P are fixed from the beginning, and have r-rank M according to (6.18). (6.19) forces us to equate their coefficients to zero, i.e. add the functionals

$$[h, z^Q], \, [z^P, z^Q] \tag{6.20}$$

to our constraints; an on Y functionally independent system of them will be denoted by $z^S(p_A, q^A, q^A,_\alpha)$, and called "basis of *secondary constraints*". (Observe that we have not introduced a new kernel symbol for the secondary constraints, nor specified their index range!). The equations $z^S = 0$ reduce Y to the "secondary constraint surface" Z_1. It may also happen that the equations $z^S = 0$ cannot be satisfied; which is the case for the Lagrangean $l = q$. In physics such cases do not occur. We therefore exclude them in the sequel.

We note in passing that the above mentioned mistake would yield a wrong number of degrees of freedom for the gravitational field as treated in BERGMANN, PENFIELD, SCHILLER, ZATZKIS [66] (1950) ("parameter formalism"). One also learns from (6.20) that all *primary constraints* necessarily have vanishing Poisson brackets.

For further integrability conditions one has to insert the secondary constraints z^S into (6.17), and obtains

$$0 \overset{Z_1}{=} [h, z^S] + \int u_P [z^P, z^S] \, \mathrm{d}^3 x \tag{6.21}$$

with the consequence that all

$$[h, z^S], \, [z^P, z^S] \tag{6.22}$$

must vanish on Z_1. This may lead to *tertiary constraints* $z^T(p_A, q^A, q^A,_\alpha)$ $= 0$ which reduce Z_1 to the tertiary constraint surface Z_2.

Continuing like this one must come to an end after a finite number of steps because the dimension of the constraint surface decreases each time when the integrability conditions (6.21) are not identically satisfied.

It is interesting to know that in the Lagrangean formalism there do not occur primary constraints but all the secondary and higher order constraints, hence the name *Lagrangean constraints*. We denote a basis of all constraints by z^H, $1 \leq H \leq C$, and call

$$Z := Y \cap \{z^H = 0\} \tag{6.23}$$

the *constraint surface*. HAMILTON's equation now reads

$$\partial_0 b \overset{z}{=} [h + \int u_P z^P \, \mathrm{d}^3 x, \, b] \,, \tag{6.24}$$

and the Hamilton functional, and constraints satisfy

$$[h, z^H] \overset{z}{=} 0 \overset{z}{=} [z^P, z^H] \,, \quad \begin{cases} 1 \leq P \leq M \, (\leq C) \,, \\ 1 \leq H \leq C \end{cases} . \tag{6.25}$$

6.4. Observables, reduced phase space. For the purpose of interpretation, and in view of quantization, it is necessary to divide all phase space functionals into different classes. We need three lemmas.

Lemma 1: To each phase space functional z there corresponds an infinitesimal *phase space transformation* Z such that

$$- [z, x] = Z x \tag{6.26}$$

holds for arbitrary phase space functional x. Moreover, the Lie product of two functionals y, z corresponds to the Lie product of the associated infinitesimal transformations

$$[[y, z], x] = (YZ - ZY) x \,. \tag{6.27}$$

For a *proof* we spell out the left hand side of (6.26), and obtain

$$- [z, x] = -\int \varepsilon^{\alpha\beta} z_{,\alpha} x_{,\beta} \mathrm{d}^3 x = (\int z^\beta \partial_\beta \mathrm{d}^3 x) \, x = Z x \text{ with}$$
$$Z := \int z^\beta \partial_\beta \mathrm{d}^3 x \,, \, z^\beta := \varepsilon^{\beta\alpha} z_{,\alpha} \,. \tag{6.28}$$

Next we apply JACOBI's identity (4.24)

$$(YZ - ZY) x = [y, [z, x]] - [z, [y, x]] = [[y, z], x] \,,$$

which proves (6.27).

Lemma 2 (FROBENIUS): For given (linearly independent) infinitesimal transformations Z^P, and functions a^P, the system of linear partial differential equations

$$Z^P x = a^P, 1 \leq P \leq M \,, \tag{6.29}$$

in N-space is completely integrable, i.e. has (locally) $N - M$ functionally independent solutions x if and only if all the integrability conditions

$$(Z^Q Z^P - Z^P Z^Q) x = Z^Q a^P - Z^P a^Q \tag{6.30}$$

are consequences of (6.29). Note that for $a^P = 0$, these integrability conditions say that the Z^P form a Lie closed system.

A *proof* of this lemma can be found in standard text books on partial differential equations. Here we need its generalization to infinite dimension whose validity I will assume. There are two Lie algebras of infinitesimal transformations on phase space to which it shall be applied.

Lemma 3: The following two systems of phase space functionals correspond to *Lie closed systems* of infinitesimal transformations according to lemma 1: 1) the *primary constraints* z^P introduced in (6.12), and 2) the *first class constraints* f defined by

$$f \overset{z}{=} 0 \overset{z}{=} [f, z] \tag{6.31}$$

for all constraints z.

Proof: 1) According to (6.20), the primary constraints satisfy

$$[z^P, z^Q] \overset{Y}{=} 0 \tag{6.32}$$

which says that $[z^P, z^Q]$ is a functional of the z^P. This means that the commutator $Z^P Z^Q - Z^Q Z^P$ is a linear combination of the Z^P (with not necessarily constant coefficients); i.e. the Z^P form a Lie closed system. 2) The Poisson bracket of two first class constraints f, g satisfies, on account of JACOBI's identity

$$[[f, g], z] = [[z, g], f] + [[f, z], g] = [z', f] + [z'', g] \overset{z}{=} 0 \tag{6.33}$$

which shows that $[f, g]$ is again first class.

We can now *classify* the phase space functionals of a singular system: The *constraints* z are divided into *first class* constraints f and *second class* constraints s by definition (6.31). The first class constraints f give rise to the completely integrable system

$$[f, a] \overset{z}{=} 0 \tag{6.34}$$

whose (on Z) non vanishing solutions $a\,(m)$ are called the *observables* of the theory. (6.25) shows that h is an observable.

We want to count (functional) dimensions: Call F (S) the number of functionally independent first (second) class constraints, and $2N$ the dimension of phase space. The Frobenius lemma tells that (6.34) has $2N - F$ functionally independent solutions. Among these solutions there occur all the constraints of dimension $F + S$, so that we are left with

$$P := 2(N - F) - S \tag{6.35}$$

functionally independent observables. P is an even number because the matrix of Poisson brackets between all basis elements of second class constraints must be of maximal rank (via the basis property), and skew. But a skew matrix has even rank, hence S is even.

There remain F phase space functionals which have a non vanishing matrix of Poisson brackets with the first class constraints, and which we call *gauge variables*. All primary constraints Z^P are first class, compare (6.32); their dimension is M $(\leq F)$. Lemmas 1 to 3 guarantee that there exist $F - M$ independent solutions x of

$$[z^P, x] \overset{z}{=} 0 \tag{6.36}$$

which do not satisfy (6.34), that is which are independent of the observables. They are called *first class gauge variables*. The complementary gauge variables are called *second class*, and denoted by y. Their dimension is M.

With these definitions, HAMILTON's *equation* for singular systems is reduced to regular form. For we get from (6.24), (6.34), (6.36),

$$\partial_0 a \overset{z}{=} [h, a] ,\qquad(6.37)$$

and

$$\partial_0 x \overset{z}{=} [h, x] .\qquad(6.38)$$

Second class gauge variables satisfy the more complicated equation (6.24) which, however, only yields the definition of the velocities r^A, and can be omitted. This follows from the r-rank property (6.18) of the u_P.

We have derived equations (6.37, 6.38) from LAGRANGE's equations (6.5) using the canonical postulates (6.4) and (6.8), or (6.11). It has to be shown that *conversely* LAGRANGE's equations follow from the Hamilton equation. To this end we notice that (6.24) is derived from (6.17) by mere exploitation of the integrability conditions, and in this sense is equivalent. The system (6.16) is obtained from (6.17) by insertion of q^A, p_A for $a(m)$. Now we insert from (6.11) for the derivatives of h, and use the expansion (6.14). In this way, equations (6.5) follow from (6.16) where in (b) one receives an additional term which turns out to be the q-gradient of (6.4) within Y, and hence vanishes. This completes the proof of *equivalence*.

It is our aim to arrive at a regular Hamiltonian structure. Consider the subspace C of phase space on which all constraints vanish; we call it the *canonical surface*. Form the factor space of C modulo the (F-dimensional) subspaces on which all observables are constant. This factor space is called the *reduced phase space*. Its dimension equals the number P of independent observables. Which "is" the Lie product of the observables? If one chooses the Poisson bracket, the observables do not, in general, form a Lie closed system. In the following chapter we will show how one has to modify the Poisson bracket (with Dirac) in order to establish a regular Hamiltonian structure on the reduced phase space.

6.5. Electromagnetic field. MAXWELL's field may serve as an illustrating, and important example of the above phase space reduction. Its *Lagrange function* can be taken as

$$l = - f_{ab} f^{ab}/4 \ (= {}^1/_2 (\boldsymbol{E}^2 - \boldsymbol{H}^2)) ,\qquad(6.39)$$

with

$$f_{ab} := 2 q_{[b, a]} ,\qquad(6.40)$$

where q_a is the 4-potential, a comma denotes spacetime differentiation, $\mathrm{sgn}(g_{ab}) = (-+++)$, and where l is normalized such that h becomes the field energy. The canonical 4-*momentum* is, according to (6.4)

$$p^b = f^{b0} (= \{0, \boldsymbol{E}\}) ,\qquad(6.41)$$

and LAGRANGE's equations read

$$0 = p^b{}_{,0} - f^{\alpha b}{}_{,\alpha} = f^{ba}{}_{,a}\qquad(6.42)$$

as wanted.

There is just one *primary constraint*

$$z = p^0 .\qquad(6.43)$$

The identities (6.11, 6.14) become

$$r_a \overset{r}{=} \partial_a \left(h + \int uz\,\mathrm{d}^3x\right) \overset{r}{=} \partial_a h + u\,\delta^0_a$$
$$f^{a\beta}{}_{,\beta} \overset{r}{=} \partial^a \left(h + \int uz\,\mathrm{d}^3x\right) \overset{r}{=} \partial^a h \tag{6.44}$$

where the operators ∂_a, ∂^a denote functional differentiation, as opposed to commas. These identities are easily integrated, and yield the *Hamilton functional*

$$h \overset{r}{=} \int \{q_0 p^\beta{}_{,\beta} - q_\alpha q^{[\alpha,\beta]}{}_{,\beta} + {}^1/_2\, p^\beta p_\beta\}\,\mathrm{d}^3x\,,$$
$$\overset{r}{=} \int \{q_0 p^\beta{}_{,\beta} + {}^1/_4\, f_{\alpha\beta} f^{\alpha\beta} + {}^1/_2\, p^\beta p_\beta\}\,\mathrm{d}^3x \tag{6.45}$$

together with $r_0 = u$. The integrability condition (6.19) for z leads to a *secondary constraint z_2*

$$0 \overset{r}{=} [h, p^0] = -p^\beta{}_{,\beta} =: z_2\,, \tag{6.46}$$

and the integrability condition for z_2 is identically satisfied

$$0 \overset{z_1}{=} [h, z_2] + \int u\,[p^0, z_2]\,\mathrm{d}^3x = f^{\alpha\beta}{}_{,\alpha\beta} = 0\,. \tag{6.47}$$

The two constraints are first class

$$[z, z_2] \overset{z}{=} -[p^0, p^\beta{}_{,\beta}] = 0\,. \tag{6.48}$$

An observable a must annihilate both of them

$$0 \overset{z}{=} [z, a] = \partial^0 a\,,$$
$$0 \overset{z}{=} [z_2, a] = (\partial^\alpha a)_{,\alpha}\,, \tag{6.49}$$

and be independent of z, z_2; whence we conclude

$$a = a(p^\alpha, q_{[\alpha,\beta]}) = a(f_{ab})\,. \tag{6.50}$$

Which means that the *observables* are the gauge independent functionals. On passing from (6.49) to (6.50) one might argue that a term

$$a = \int b^\alpha(p, q)\, q_\alpha\,\mathrm{d}^3x \quad \text{with} \quad b^\alpha{}_{,\alpha} = 0 \tag{6.51}$$

has been forgotten. However, every divergence free vector field b^α is (locally) the divergence of a skew tensor $b^{\alpha\beta} = b^{[\alpha\beta]}$

$$b^\alpha = b^{\alpha\beta}{}_{,\beta}\,. \tag{6.52}$$

(This is the dual statement of the theorem that every curlfree skew tensor field is a curl). Insertion of (6.52) into (6.51) yields after partial integration

$$a = -\int b^{\alpha\beta} q_{[\alpha,\beta]}\,\mathrm{d}^3x \tag{6.53}$$

showing that q_α occurs through its curl only.

Next we have to determine a *first class gauge variable x* satisfying (6.36)

$$0 \overset{z}{=} [z, x] = \partial^0 x \mp [z_2, x] = (\partial^\alpha x)_{,\alpha}\,. \tag{6.54}$$

A simple choice is the divergence of the 3-vector potential

$$x = q_\beta{}'^\beta\,. \tag{6.55}$$

As a final *(second class)* gauge variable y we choose the so-called scalar potential

$$y = q_0\,. \tag{6.56}$$

There is no restriction on the time dependence of $y = q_0$; whereas (6.38) tells that x has to obey

$$\dot{x} = [q_0 p^\beta{}_{,\beta}, x];\qquad(6.57)$$

(the other terms in h drop out). For instance, in the *radiation gauge* $q_0 = 0$, $x = q_\beta{}'^\beta$ becomes time independent. In the equation of motion (6.37) for the observables, the first term of h can be omitted, and we get

$$\dot{a} = [\int \{{}^1\!/_4\, f_{\alpha\beta} f^{\alpha\beta} + {}^1\!/_2\, p^\alpha p_\alpha\} \, \mathrm{d}^3 x, \, a]\qquad(6.58)$$

where the integrand in curly brackets is the energy density ${}^1\!/_2 (\boldsymbol{E}^2 + \boldsymbol{H}^2)$.

Counting *degrees* of *freedom*, we find that we have described the electromagnetic field by $N = 4$ potentials, that there are $F = 1 + 1$ first class constraints, $S = 0$ second class constraints, whence $P = 4$ independent observables.

We quote the result of a corresponding calculation for the *gravitational field* if one chooses the ten potentials g^{ab} as the q-variables: There are $N = 10$ potentials, $F = 4 + 4$ first class constraints, and $S = 0$ second class constraints, whence again $P = 4$ independent observables (per space point). Several other choices of q-variables have been studied in the literature: the "parameter formalism" of BERGMANN and collaborators [66] (1950) treats the coordinates likewise as q-variables. Another choice are the sixteen components of an arbitrary tetrad, or the fifty components of $\{g^{ab}, \Gamma^a_{bc}\}$. In each case one arrives (and must arrive) at $P = 4$ *degrees* of *freedom*: the reduced phase space is a physical invariant.

7. Canonical Transformations

7.1. Derivatives. We start this chapter with a sketchy review on some wellknown functional derivatives mainly for the purpose of notational clarity: Denote by $m = m(0) \to m(s)$ the effect of a one parameter group of *variations* of the points in phase space. Under such a variation, a functional $h(m)$ will change into a new functional $h_s(m(s))$ according to its transformation property. In this situation there exist three reasonable definitions of derivatives.

The *variational derivative* δh of h is defined as the limit

$$\delta h := \lim_{s \to 0} s^{-1}\{h_s(m(s)) - h(m)\}.\qquad(7.1)$$

It has to be distinguished from the *Lie derivative* $\mathscr{L}h$ describing the change in the functional form of h

$$\mathscr{L}h := \lim_{s \to 0} s^{-1}\{h(m) - h_s(m)\},\qquad(7.2)$$

and from the *ordinary derivative* $\mathrm{d}h$ describing the dependence of h on its arguments

$$\mathrm{d}h := \lim_{s \to 0} s^{-1}\{h(m(s)) - h(m)\}.\qquad(7.3)$$

The three derivatives are related by the linear equation

$$\mathrm{d}h = \delta h + \mathscr{L}h. \tag{7.4}$$

7.2. Definition, generating functional. Canonical transformations of a regular (classical) system can be defined in different ways. In chapter 1 we have chosen their property of conserving the normal form of the *symplectic tensor*. In a singular theory, the symplectic tensor of the reduced phase space is not yet known to us (but shall be constructed). We therefore try the different definition:

Definition 2: A classical system be described through its Lagrangean. By its *paths* we understand the curves $a(t)$ in the space of observables governed by HAMILTON's equation of motion (6.37). A transformation $m^\alpha(\boldsymbol{x}) \to m'^\alpha(\boldsymbol{x})$ is called *canonical* if the canonical surface C is mapped onto itself, and if paths are mapped onto paths. (m^α stands again for $\{p_A, q^A\}$).

From this definition one would like to conclude that the formal Lagrange functional

$$\tilde{l} := \int p_A r^A \, \mathrm{d}^3x - h(p, q) \tag{7.5}$$

is changed on Y, under a canonical transformation, by a total time derivative. In this conclusion one often uses that two systems of Lagrange equations possess the same integrals if and only if their normed Lagrange functionals $\tilde{l}$ differ by a total time derivative. The "only if" step is false, as shows our example (6.1). Whether or not the proposition can be saved I do not know. Instead I suggest the (possibly stronger) definition:

Definition 3: A one dimensional group of transformations $m^\alpha(\boldsymbol{x}) \to$ $\to m^\alpha(\boldsymbol{x}; s)$ is called *canonical* if it leaves C invariant, and if the Lie derivative of $\tilde{l}$ on Y is the total time derivative of a functional $-g$

$$\mathscr{L}\tilde{l} \overset{Y}{=} -\partial_0 g. \tag{7.6}$$

In order to conserve the canonical relation among $\tilde{l}$ and h under a canonical transformation, one must moreover *postulate*

$$\mathscr{L}\tilde{l} \overset{Y}{=} -\mathscr{L}h. \tag{7.7}$$

This is obvious from (7.5), and could equally be inferred from (6.6, 8).

We want to relate the *tangent*

$$\delta m^\alpha := \frac{\mathrm{d}}{\mathrm{d}s} m^\alpha(s) \Big|_{s=0} \tag{7.8}$$

of a one dimensional canonical group to the *generating functional* g introduced in (7.6). (The tangent is sometimes called "descriptor"). To this end we deduce from (6.16)

$$\mathrm{d}h \overset{Y}{=} \int \varepsilon_{\alpha\beta} \dot{m}^\alpha \delta m^\beta \mathrm{d}^3x \tag{7.9}$$

with $\dot{m} := \partial_0 m^\alpha$, because the derivative of $\int u_P z^P \mathrm{d}^3x$ vanishes along Y. When this is inserted into (7.4), and use is made of the postulates (7.6, 7), one obtains the *central equation* of canonical transformations

$$\delta h \overset{Y}{=} \int \varepsilon_{\alpha\beta} \dot{m}^\alpha \delta m^\beta \mathrm{d}^3x - \partial_0 g. \tag{7.10}$$

In a regular theory, the generating functional g uniquely determines the tangent δm^β, or the corresponding *infinitesimal transformation* G

$$G := \delta m^\beta \, \partial_\beta ; \tag{7.11}$$

and conversely G determines g up to an additive constant. In a singular theory there exists an infinity of G for given g, but g cannot be chosen without restriction. We are going to study the precise connection. The *Lie product* of two tangents will be always defined by

$$\underset{21}{G} := \underset{2}{G}\underset{1}{G} - \underset{1}{G}\underset{2}{G} , \tag{7.12}$$

and give rise to a natural generalization of the Poisson bracket through the searched for correspondence between infinitesimal transformations and generators.

In order to convert the central equation into differential equations, it is convenient to adapt the phase space coordinates to the canonical surface: We introduce new coordinates m'^α

$$\{m'^\alpha\} := \{y^A, z^H\}, \quad 1 \leq A \leq \dim(C), \quad \dim(C) + 1 \leq H \leq 2N \tag{7.13}$$

such that $\dim(C)$ gauge variables are chosen as the "first" components, and the constraints as the "last" components of a phase space coordinate system. C is described by $z^H = 0$. For canonical transformations and paths we have respectively $\delta z^H = 0 = \dot z^H$. With this, the central equation (7.10) becomes

$$\delta h \overset{c}{=} \int \{\varepsilon_{AB}\, \dot y^A \delta y^B - g_{,A}\, \dot y^A\} \, d^3x - g_t , \tag{7.14}$$

where

$$\varepsilon_{AB} := \varepsilon_{\alpha\beta}\, m^\alpha{}_{,A}\, m^\beta{}_{,B} \tag{7.15}$$

is the "projection" of the symplectic tensor into the canonical surface, and g_t stands for the partial time derivative of the functional g. From the independence of the formal velocities $\dot y^A$ one concludes

$$\text{(a)} \quad \varepsilon_{AB}\, \delta y^B \overset{c}{=} g_{,A} , \tag{7.16}$$

$$\text{(b)} \quad \delta h \overset{c}{=} -g_t ,$$

and conversely this system *characterizes* canonical transformations. We are going to exploit (7.16a).

7.3. Dirac bracket. In a singular theory, the projection ε_{AB} of the symplectic tensor has smaller than maximal rank. Each *null vector* imposes restrictions on the generating functional g, see (7.16a). We are going to relate the null vectors to the constraints by

Lemma 1. The null vectors f^A of ε_{AB} on C are in a one-to-one correspondence with the linear first class constraints f

$$f^A \varepsilon_{AB} = 0 \Leftrightarrow [f, z^H] = 0 . \tag{7.17}$$

(These and all following equations are tacitly understood to be taken on C.) The correspondence is given by

$$\text{(a)} \quad f = -\varepsilon_{AH}\, f^A z^H \tag{7.18}$$

$$\text{(b)} \quad f^A = [y^A, f] ,$$

where the "mixed" projection ε_{AH} is defined in analogy to (7.15). The tensor ε_{AB} has rank P on C ($P =$ dimension of the reduced phase space).

Proof: We need three of the four formulae

$$
\begin{aligned}
&\text{(a)} \quad \varepsilon_{AB}[y^B, z^H] = \quad\quad \varepsilon_{AI}[z^H, z^I]\\
&\text{(b)} \quad \varepsilon_{HA}[y^B, z^H] = \delta_A^B + \varepsilon_{AC}[y^B, y^C]\\
&\text{(c)} \quad \varepsilon_{HB}[y^B, z^I] = \delta_H^I + \varepsilon_{HJ}[z^I, z^J]\\
&\text{(d)} \quad \varepsilon_{HI}[y^A, z^I] = \quad\quad \varepsilon_{BH}[y^A, y^B] .
\end{aligned}
\tag{7.19}
$$

They are inevitably obtained by inserting for the Poisson bracket, and the projections of the symplectic tensor their definitions $[a, b] = \varepsilon^{\alpha\beta} a_{,\alpha} b_{,\beta}$ and (7.15) respectively, and applying the chain rule

$$
\text{(a)} \quad m^{\alpha}{}_{,A} y^A{}_{,\beta} + m^{\alpha}{}_{,H} z^H{}_{,\beta} = \delta_\beta^\alpha ,
$$

$$
\text{(b)} \quad \begin{cases} y^A{}_{,\alpha} m^{\alpha}{}_{,B} = \delta_B^A , \; z^H{}_{,\alpha} m^{\alpha}{}_{,I} = \delta_I^H \\ y^A{}_{,\alpha} m^{\alpha}{}_{,H} = 0 \; , \; z^H{}_{,\alpha} m^{\alpha}{}_{,A} = 0 \end{cases} .
\tag{7.20}
$$

Now we can see that the correspondence (7.18) is one-to-one: (7.18b) follows from (7.18a) by Poisson multiplication with y^B, and application of (7.19b), when use is made of the product rule

$$
[g z^H, m^{\alpha}] \overset{c}{=} g [z^H, m^{\alpha}] .
\tag{7.21}
$$

Hence the map $\varphi : f^A \to f$ is invertible. It maps null vectors f^A on first class constraints f, for in (7.17) one gets from the left to the right hand side by contraction with $[y^B, z^H]$, and application of (7.19a). It remains to be shown that *all* linear constraints f appear among the images under φ: let $f := f_H z^H$ be an arbitrary such constraint, i.e. a solution of the right hand side of (7.17). (7.18b) assigns to it a vector f^A which is a null vector of ε_{AB} because of (7.19b). And f^A is the inverse image of f under φ, for we have on account of (7.19c)

$$
\varepsilon_{AH} f^A = \varepsilon_{AH}[f_I z^I, y^A] = f_H .
\tag{7.22}
$$

Consequently, the image under φ consists of all linear combinations of first class constraints. Its dimension is F. The rank of ε_{AB} equals the dimension of C reduced by the dimension of its null space. This dimension is P (on the canonical surface C).

According to (7.16, 17), the *generators* g have to satisfy the restricting differential equations

$$
Fg := f^A \partial_A g = 0 .
\tag{7.23}
$$

(The infinitesimal transformation F must not be confounded with the number F of first class constraints!). In the preceding chapter we have proven that this system is completely integrable. We even have

Lemma 2. The infinitesimal transformations F defined in (7.23, 17) form an *ideal* in the Lie algebra of all infinitesimal canonical transformations $G := g^A \partial_A$ on the canonical surface C. Define the map χ by

$$
\chi G = g , \quad \varepsilon_{CA} g^A =: g_{,C} .
\tag{7.24}
$$

χ maps the factor Lie algebra of all G modulo F *onto* the factor space of all solutions g of (7.23) (on C) modulo the constants. As a result, χ defines a natural *Lie product* $\{g, h\}$ on the generators which BERGMANN has called *Dirac bracket*.

The generalized Poisson bracket just defined has been introduced by Dirac in 1950, and has been related to the canonical transformations by BERGMANN and GOLDBERG [70] in 1955.

Proof of lemma 2: Let G, H be two infinitesimal transformations with Lie product J

$$J := GH - HG = (G h^A - H g^A)\partial_A =: j^A \partial_A \, . \tag{7.25}$$

Write $j := \chi J$. Insertion of (7.24), and partial integration leads to

$$\begin{aligned} j_{,C} &= \varepsilon_{CA}(G h^A - H g^A) \\ &= G h_{,C} - H g_{,C} + 2 h^{[A} g^{B]} \partial_B \varepsilon_{AC} \\ &= G h_{,C} - H g_{,C} + 2 g^A h^B \varepsilon_{C[A,B]} \, . \end{aligned} \tag{7.26}$$

The projected symplectic tensor $\varepsilon_{AB} = \varepsilon_{[AB]}$ satisfies the characterizing differential equations

$$\varepsilon_{[AB,C]} = 0 \tag{7.27}$$

which can be understood without calculation: The normal form of $\varepsilon_{\alpha\beta}$ in (full) phase space is constant, hence obeys (7.27) with greek indices, which is a coordinate independent system. (7.27) therefore holds especially in coordinates adapted to C. Here "projection" means omission of certain components, q. e. d.

From (7.27) one gets

$$2 \varepsilon_{C[A,B]} = -\varepsilon_{AB,C} \, , \tag{7.28}$$

and insertion into (7.26) yields

$$j_{,C} = \partial_C \{G h - H g - g^A h^B \varepsilon_{AB}\} \tag{7.29}$$

as can be verified with the product rule. All three terms in the curly brackets are equal up to their sign

$$G h = g^B \partial_B h = g^B h^A \varepsilon_{AB} = -H g \, , \tag{7.30}$$

and one finally gets for the generator of the product

$$j = G h = -H g = -g^A h^B \varepsilon_{AB} =: \{g, h\} \tag{7.31}$$

with

$$\{g, h\} = \chi(GH - HG) \, . \tag{7.32}$$

Now we can verify all statements of the lemma: The infinitesimal transformations F form an ideal if $GF - FG$ is again an F for arbitrary G. In fact, j in (7.31) vanishes if we insert for h^A a solution of (7.17), so that $\varepsilon_{CA} j^A = 0$ holds. The null space of χ is precisely the ideal of all F. That χ maps "onto" follows from the fact that (7.23) is completely integrable. That for regular systems, $\{g, h\}$ is identical with the Poisson bracket is contained in

Theorem 3. The Dirac bracket defined in lemma 2 can be written as follows

$$\{g, h\} = \varepsilon^{AB} g_{,A} h_{,B} \, , \tag{7.33}$$

with

$$\varepsilon^{AB} := [y^A, y^B] + [y^A, z^H] z_{HI} [y^B, z^I] , \tag{7.34}$$

$$[z^H, z^I] z_{IJ} [z^J, z^K] := [z^H, z^K] . \tag{7.35}$$

It agrees with the Poisson bracket if h (or g) has vanishing Poisson brackets with all constraints (like the Hamiltonian), or in the absence of second class constraints if g and h do not depend on the constraint coordinates.

Before we come to the proof we remark that the matrix z_{HI} defined implicitly in (7.34) is called the "quasi inverse" of the matrix $[z^H, z^I]$ of Poisson brackets between the constraints. In general, let ε be an anti-symmetric matrix with possibly vanishing determinant; a *quasi inverse* ε^{-1} is defined by

$$\text{(a)} \quad \varepsilon \quad \varepsilon^{-1} \varepsilon \ = \varepsilon \ , \tag{7.36}$$

$$\text{(b)} \quad \varepsilon^{-1} \varepsilon \quad \varepsilon^{-1} = \varepsilon^{-1} .$$

Its existence can be visualized in adapted coordinates in which ε takes the form

$$\varepsilon = \left[\begin{array}{c|c} \tilde{\varepsilon} & 0 \\ \hline 0 & 0 \end{array} \right] \quad \text{with } \det(\tilde{\varepsilon}) \neq 0 . \tag{7.37}$$

Such a system exists always: Take the F null vectors of ε as the last F basis vectors! In such a coordinate system, a possible choice for ε^{-1} is

$$\varepsilon^{-1} = \left[\begin{array}{c|c} \tilde{\varepsilon}^{-1} & 0 \\ \hline 0 & 0 \end{array} \right] . \tag{7.38}$$

In general, ε^{-1} is not unique. But ε^{-1} and ε have equal rank because the rank of a product matrix is smaller than, or equal to the rank of each factor. Especially, $\varepsilon = 0$ implies $\varepsilon^{-1} = 0$. So that z_{HI} vanishes in the absence of second class constraints.

For a *proof* of the theorem we have to show that (7.34) gives a quasi inverse of ε_{AB}: From (7.19b), (7.19a), and (7.34) we have

$$\varepsilon_{CA} \varepsilon^{AB} = \delta_C^B - \varepsilon_{HC} [y^B, z^H] + \varepsilon_{CJ} [z^H, z^J] z_{HI} [y^B, z^I] . \tag{7.39}$$

Twofold application of (7.19a) and (7.35) lead to

$$\varepsilon_{CA} \varepsilon^{AB} \varepsilon_{BD} = \varepsilon_{CD} , \tag{7.40}$$

so that (7.36a) holds true. Equation (7.36b) can be deduced from (7.19c,d) but is not needed. For by inserting (7.40) into the last equation (7.31) one gets the desired formula (7.33); which proves the first statement.

If h annihilates all constraints, the Dirac bracket reduces to

$$\begin{aligned} \{g, h\} &= g_{,A} ([y^A, y^B] h_{,B} + [y^A, z^H] z_{HI} [z^I, z^J] h_{,J}) \\ &= g_{,A} ([y^A, y^B] h_{,B} + [y^A, z^H] h_{,H}) \\ &= g_{,A} [y^A, h] = [g, h] , \end{aligned} \tag{7.41}$$

i.e. coincides with the Poisson bracket. Note that this special case applies to the *Hamilton equation* (6.37) for observables! The second equation in (7.41) needs some comment: Write "δ" for the matrix $z_{HI} [z^I, z^J]$.

By (7.35) we have (on C)

$$[z^H, (z\delta)^K] = [z^H, z^K].\tag{7.42}$$

Through its Poisson brackets with all constraints, a constraint is determined up to a first class constraint f; so that we get

$$(z\delta)^K = z^K + f^K.\tag{7.43}$$

On insertion into (7.41), f^K can be omitted because g is an observable, compare (7.23). The rest is covered by the chain rule

$$[g, h] = g_{,\alpha}[m^\alpha, h].\tag{7.44}$$

In the following chapter we shall have to invert equ. (7.16a), that is determine the *tangent* δy^A for given generating functional g. This inversion is achieved by

$$\delta y^A = -\{g, y^A\}.\tag{7.45}$$

(Note that y^A is ambiguous with g^{AB}!). For a proof we multiply with ε_{CA}, insert (7.39), and find that (7.16a) is established if

$$g_{,B}\,\varepsilon_{JC}[y^B, z^I]\{\delta_I^J - [z^J, z^H]\,z_{HI}\} = 0\tag{7.46}$$

holds. But this has been shown under (7.42).

For the *Dirac bracket* we have obtained the two expressions (7.31) and (7.33) in which either the tangents g^A, or the contravariant symplectic metric ε^{AB} are not unique but can be changed by adding linear combinations of null vectors of ε_{AB}. The covariant metric ε_{AB} is unique. It describes the *symplectic structure* of the reduced phase space. We are now in a position to prove that in singular theories canonical transformations can likewise be characterized by their property to conserve the symplectic metric.

Theorem 4. The canonical group is the *invariance group* of the *Dirac bracket*. Its elements are especially volume preserving transformations of the reduced phase space.

Proof: We have to show that within the fix transformations of C, the canonical transformations are characterized by leaving the normal form of ε_{AB} (on C) invariant. Choose a coordinate system in which ε_{AB} assumes constant values (on C), and exert an infinitesimal transformation. ε_{AB} transforms like a covariant tensor, hence

$$\varepsilon_{A'B'} = \varepsilon_{CD}y^C_{,A'}y^D_{,B'}.\tag{7.47}$$

The corresponding infinitesimal law is, compare definition (7.1),

$$\begin{aligned}\delta\varepsilon_{AB} &= -2\varepsilon_{C[B}\delta y^C_{,A]}\\&= 2\partial_{[A}(\varepsilon_{B]C}\delta y^C).\end{aligned}\tag{7.48}$$

$\delta\varepsilon_{AB}$ vanishes if and only if the vector g_B

$$g_B := \varepsilon_{BC}\delta y^C\tag{7.49}$$

is (locally) a gradient. This is the characterizing equation (7.16a) of canonical transformations.

It remains to be shown that canonical transformations ζ preserve the Lebesgue measure. This follows by forming determinants in the (characterizing) matrix equation

$$\zeta^t \, \varepsilon \, \zeta = \varepsilon \tag{7.50}$$

where $\varepsilon := (\varepsilon_{A\,B})$, and $\zeta := (y^A{}_{,A'})$ equals the functional matrix of the canonical transformation.

7.4. Summary. In the last two chapters we have seen that a singular system possesses a regular Hamiltonian structure: The phase space functionals are divided into *constraint variables* (fixing the canonical surface C), *gauge variables*, and *observables*. The constraint variables vanish. The time dependence of the *second class* gauge variables can be arbitrarily prescribed, and determines the time dependence of the *first class* gauge variables through (6.38). For the observables one establishes HAMILTON's equation of motion (6.37) in its regular form whereby the Poisson bracket coincides with the Dirac bracket. Observables are gauge independently defined.

The *reduced phase space* is the space whose points are those submanifolds of C on which all observables are constant. Its dimension P is even. It carries a (regular) *symplectic structure* which defines the Lie product of observables. This Lie product is the *Dirac bracket* (7.33). It agrees with the Poisson bracket if one factor has vanishing Poisson brackets with all constraints.

The *canonical transformations* possess a normal subgroup generated by the first class constraints which is the *gauge group* of the theory because it leaves the observables invariant. The factor group modulo this subgroup is called the *reduced canonical group*. It is the canonical group on the reduced phase space, and is generated by the observables (modulo the constants). The Lie product of its infinitesimal transformations has been used to define the Dirac bracket of observables.

8. Lagrangean Formalism

8.1. Invariant canonical transformations. In the Lagrangean formalism one defines observables as the spacetime functionals $a(q^A(x))$ which are invariant under arbitrary gauge transformations of the potentials $q^A(x)$. The potentials satisfy the Lagrange equations (6.3). When their Cauchy data $q^A(\boldsymbol{x}), q^A{}_{,0}(\boldsymbol{x})$ are given on some initial hypersurface, they are determined in the "causal shadow" up to arbitrary gauge transformations which leave the initial data fixed. The *observables* can therefore be considered as functionals of the Cauchy data, and thus uniquely correspond to the "simultaneous" observables in the Hamilton formalism.

In order to rediscover the *Dirac bracket* in the Lagrange formalism, one can try to translate the central equation (7.10) into the language of Lagrange; compare BERGMANN and SCHILLER [68] (1953): As "canonical transformations" one defines the velocity dependent configuration space transformations under which the Lagrange function l does not change its order in time derivatives after subtraction of a suitable divergence. That means the Lie derivative (7.2) of the Lagrange functional

$$\tilde{l}(q, \dot{q}) := \int l(q^A, q^A{}_{,a})\, \mathrm{d}^3x \tag{8.1}$$

shall not depend on second time derivatives

$$0 = \partial_A{}_{..} \mathscr{L}\tilde{l}\,, \tag{8.2}$$

and the variational derivative (7.1) shall be a total time derivative

$$\delta\tilde{l} = \partial_0 k\,. \tag{8.3}$$

Insertion of (7.4) and (8.3) into (8.2) yields, because of $\partial_{\ddot{q}A}^{..}\delta\dot{q}^B = \partial_{\dot{q}A}\delta q^B$,

$$\begin{aligned}
0 &= l_{B}{}_{.}\partial_{\dot{q}A}\delta q^B - k_{,A.} \\
&= \partial_A{}_{.}\left(\int l_{B}{}_{.}\,\delta q^B\, \mathrm{d}^3x - k\right) - \delta q^B l_{B \cdot A}{}_{.}
\end{aligned} \tag{8.4}$$

where we have written $l_A{}_{.} := \partial_{\dot{q}A}l$ for partial derivatives, and $\partial_A{}_{.} = {}_{,A.}$ for functional derivatives. We put

$$\begin{aligned}
&\text{(a)} \quad k - \int l_{B}{}_{.}\,\delta q^B\, \mathrm{d}^3x =: g \\
&\text{(b)} \qquad\qquad l_{B \cdot A}{}_{.} =: \varepsilon_{BA}{}_{.}\,,
\end{aligned} \tag{8.5}$$

and claim that g and $\delta q^B(\boldsymbol{x})$ fulfill the defining equation (7.16a) of canonical transformations: $g(q^A, \dot{q}^A)$ *generates* the infinitesimal transformation

$$G := q^B(\boldsymbol{x})\partial_B + \dot{q}^B(\boldsymbol{x})\partial_B{}_{.}\,. \tag{8.6}$$

For a proof we notice that $\varepsilon_{BA}{}_{.}$ are the $(q^B, \dot{q}^A)$-components of the symplectic tensor $\varepsilon_{\alpha\beta}$, compare (7.15), and that all the other terms in the contraction (7.16a) drop out because of $\varepsilon_{BA} = 0$. (Note that our present phase space coordinates p_A, q^A differ from the coordinates y^A, z^H used in (7.15)!).

With this one learns from (8.4) and (7.45)

$$\delta q^A = -\{g, q^A\}\,. \tag{8.7}$$

And time differentiation of (8.5a) together with (8.3), (7.6) lead to the identity

$$s_{,A}\delta q^A - \mathscr{L}\tilde{l}(q, \dot{q}) = \partial_0 g\,. \tag{8.8}$$

This equation has certain similarity with the *central equation* (7.10) in HAMILTON's formalism. It differs from the latter, however, by being explained on the $2N$-space V of all q^A, $\dot{q}^A$ (instead of C). Moreover, it relates tangents and generators in a way which depends on the explicit shape of l, and thus does not give rise to a Lie homomorphism between the two vector spaces, see BERGMANN and SCHILLER [68] (1953).

Such a homomorphism exists, however, if one restricts the generators g to constants of the motion. These g generate the so-called *invariant canonical transformations*, that is the canonical transformations which leave the Lagrange functional invariant. For them one has $\mathscr{L}\tilde{l} = 0$, and (8.8) simplifies to

$$s_{,A}\,\delta q^A = \partial_0 g\,. \tag{8.9}$$

This equation is an identity on V. For paths, both sides of the equation vanish. It yields a useful prescription for the calculation of Dirac brackets, because each *constant* of the *motion* g leads to a Dirac bracket according to (8.7). One only has to form the time derivative $\partial_0 g$ on V, and write it in the form of the left hand side of (8.9): The factor of $s_{,A}$ is $\{q^A, g\}$. This method was applied by KOMAR [87] (1964) to the calculation of the Dirac bracket for functionals whose support lies in a null hypersurface.

8.2. Peierls bracket. A different, more direct method for obtaining a Lie structure in the Lagrangean formalism is the GREEN's *function*, or *propagator* method. It was introduced by PEIERLS [59] in 1952 who proved the identity of his bracket with the Poisson bracket for regular systems. DE WITT [74] (1962) has taken the Peierls bracket as a postulate of his quantization program after explaining its intuitive significance for the measurement process. It is suggested by equ. (7.31).

Let a classical field be described by its action functional s. We want to define the *Peierls bracket* $[a, b]$ of two (not necessarily simultaneous) observables $a(q)$, $b(q)$, where $q^A(x)$ are paths belonging to s. Consider the neighbouring paths $q^A(x; \varepsilon; a)$ belonging to the action $s + \varepsilon a$. They are unique for given boundary conditions at negative, or positive timelike infinity. Denote by

$$d_a^{\pm} b := \frac{d}{d\varepsilon} b(q^A(x; 0; a)) \tag{8.10}$$

the first coefficient of a Taylor expansion in ε of the functional $b(q)$ which is "disturbed" by $a(q)$ such that the advanced or retarded boundary conditions are maintained

$$d_a^{\pm} q^A(\pm\infty, \boldsymbol{x}; 0; a) = 0\,. \tag{8.11}$$

Now the Peierls bracket can be defined by

$$[a, b] := (d_a^- - d_a^+)\,b\,. \tag{8.12}$$

On a hard way via the "reciprocity theorem" of GREEN's functions for certain "wave operators" one can prove the equivalent formula

$$[a, b] = d_a^- b - d_b^+ a \tag{8.13}$$

which DE WITT [74] chooses as his definition. It allows the following interpretation:

An observable $a(q)$ is measured belonging to the system described by s. Suppose $a(q)$ has compact spacetime support D_a. The measurement of $a(q)$ is brought about by *coupling* $a(q)$ to s, where the small "parameter" ε is, more precisely, a functional of the coupling data. Feedbacks are neglected to first order so that the coupled system is described by the action $s + \varepsilon a$. Suppose the measurement of $a(q)$ takes place with an accuracy Δa which corresponds to (2.20), and suppose that the succeeding measurement of an observable $b(q)$ whose support D_b lies in the future of D_a shows a spread Δb, as a consequence of the uncontrolled disturbance by the measurement of $a\,(q)$. In this case (8.13) simplifies to $[a,\,b] = \mathrm{d}_a^- b$, and the expectation value of $(\hbar/2)\,\mathrm{d}_a^- b$ gives a lower bound on the product $\Delta a\,\Delta b$ of the two *classical uncertainties* $\Delta a,\,\Delta b$. This interpretation of the uncertainties, and of the Peierls bracket is justified by the correspondence described in theorem 3 of section 3.3, namely as a first order approximation of an expansion of HEISENBERG's uncertainty relation in powers of $\hbar$. Now we can interchange $a\,(q)$ with $b\,(q)$ in (8.13) if at the same time we interchange retarded with advanced boundary conditions; which can be verified by a comparison with (8.12). In this case, our thought experiment allows a time reflected interpretation. But even in the general case of overlapping supports, $\langle[a,\,b]\rangle$ retains its interpretation as *product uncertainty* of the coinciding measurements of the observables $a\,(q)$ and $b\,(q)$.

Independently of this plausible interpretation of the Peierls bracket, it is desirable to prove its *identity* with the *Dirac bracket* in order to make sure that there exists but one canonical Lie structure of a classical system. At the same time, such a proof will imply that the Peierls bracket satisfies the Jacobi identity. (A direct proof of this nontrivial fact is carried out by DE WITT in [74].)

Lemma 1. The Dirac bracket defined in (7.31) is identical with the Peierls bracket defined in (8.12).

Proof: Let $a\,(q)$ be an observable. $a\,(q)$ can be expressed through the potentials at a fixed time, and even the more through fixed-time-observables $c\,[x^0]$ in the form of a convergent integral

$$a = \int_{-\infty}^{\infty} c\,[x^0]\,\mathrm{d}x^0 .\tag{8.14}$$

We are going to express the variational derivative $\mathrm{d}_a^\pm b$ of an arbitrary fixed time functional $b := h\,[x^0]$ by phase space data. To this end we observe that the variation $s_\varepsilon = s + \varepsilon a$ is implied by a variation

$$\tilde{l}_\varepsilon[x^0] = \tilde{l}[x^0] + \varepsilon c\,[x^0]\tag{8.15}$$

because of

$$s = \int_{-\infty}^{\infty} \tilde{l}[x^0]\,\mathrm{d}x^0 .\tag{8.16}$$

We write

$$g^\pm[x^0] := \int_{\pm\infty}^{x^0} c\,[t]\,\mathrm{d}t ,\tag{8.17}$$

and have

$$c\,[x^0] = \partial_0 g^\pm[x^0] \quad \text{with} \quad g^\pm[\pm\infty] = 0 .\tag{8.18}$$

From (7.6, 2) we learn that the path conserving transformations belonging to (8.15) with boundary conditions (8.11) are generated by the functional $g^\pm[x^0]$. From (7.30) we therefore get

$$\mathrm{d}_a^\pm h\,[x^0] = G^\pm h\,[x^0] = \{g^\pm[x^0],\,h\,[x^0]\} ,\tag{8.19}$$

and from the definitions (8.12), and (8.17, 14) respectively

$$[a, h[x^0]] = \{g^-[x^0] - g^+[x^0], h[x^0]\} \tag{8.20}$$
$$= \{a, h[x^0]\}$$

which completes the proof.

Appendix: Weyl Wigner Isomorphism

We are going to prove a slight generalization of theorem 3 in chapter 3, and start with the *formal* operator *identity*

$$e^{P+Q} = e^{-ic/2} e^Q e^P \tag{A.1}$$

for

$$[P, Q] = c\hbar^{-1}. \tag{A.2}$$

Proof: First we note that

$$e^{P+Q} e^{-P} e^{-Q} = \text{Const} \tag{A.3}$$

must hold because the partial derivatives of the left hand side vanish. In order to determine the constant on the right hand side, we ask for the constant term c_k in the left ordered form of $(P + Q)^k$. We have

$$(P + Q)^{k+1} = (P + Q)(P + Q)^k$$
$$= Q(P + Q)^k + (P + Q)^k P - kic(P + Q)^{k-1}, \tag{A.4}$$

so that recursive calculation yields

$$c_{2j+1} = 0$$
$$c_{2j} = (2j - 1)(2j - 3) \ldots 3 \cdot 1 (-ic)^j. \tag{A.5}$$

When this is inserted into the exponential series for $P + Q$, one gets

$$\text{const} = \sum_{k=0}^{\infty} \frac{1}{k!} c_k = \sum_{j=0}^{\infty} \frac{1}{2^j j!} (-ic)^j = e^{-ic/2}, \tag{A.6}$$

and (A.3) leads to (A.1).

If we interchange the operators P and Q, the constant c in (A.2) changes sign, and (A.1) leads to WEYL's identity

$$e^Q e^P = e^{ic} e^P e^Q. \tag{A.7}$$

Note that an application of (A.1), or (A.2) to a representation of (A.2) by selfadjoint Hilbert space operators presupposes a dense domain of definition for limits of infinitely iterated products from P and Q which does not exist e.g. in the case of the rotator; compare our remark in paragraph 2.1.

We now define the formal operator

$$U(m) := \int dn\, \alpha(n) \exp\{(i/\hbar)\varepsilon_{\alpha\beta}(M^\alpha - m^\alpha) n^\beta\} \tag{A.8}$$

containing an arbitrary complex function $\alpha(n)$ which eventually will be put equal to 1. As above, n stands for n^α, and dn for $h^{-N} \prod_\alpha dn^\alpha$.

After smearing with an L^2-function in m, $U(m)$ becomes a well defined Hilbert space operator; but we will dispense with mathematical rigour in favour of brevity.

We are interested in the *product* $U^*(m)\,U(m')$. To this end we realize that the $2N$-fold integral $U(m)$ is the N-fold product of commuting 2-dimensional integrals because operators P_A, Q^A commute for different index values. It therefore suffices to restrict all calculations to one such factor. From (A.1) and (A.7) we get after a short calculation

$$\exp\{(i/\hbar)\,[(P-p)\,r-(Q-q)\,s]\}\exp\{(i/\hbar)\,[(P-p')\,r'-(Q-q')\,s']\} \quad \text{(A.9)}$$
$$= \exp\left\{-\,(i/\hbar)\left[v'\left(\frac{w}{2}+t'\right)+w'\left(\frac{v}{2}+u'\right)\right]\right\}\exp\{(i/\hbar)\,[(P-t)\,v-(Q-u)\,w]\}$$

with

$$\begin{aligned}
v &:= r+r', & w &:= s+s' \\
2v' &:= r-r', & 2w' &:= s-s' \\
2t &:= p+p', & 2u &:= q+q' \\
t' &:= p-p', & u' &:= q-q'.
\end{aligned} \quad \text{(A.10)}$$

For $N=1$, (A.9, 10) lead to

$$U^*(m)\,U(m') = \iiiint \mathrm{d}v\,\mathrm{d}w\,\mathrm{d}v'\,\mathrm{d}w'\,\alpha^*(-n)\,\alpha(n')$$
$$\exp\left\{-\,(i/\hbar)\left[v'\left(\frac{w}{2}+t'\right)+w'\left(\frac{v}{2}+u'\right)\right]\right\} \quad \text{(A.11)}$$
$$\exp\{(i/\hbar)\,[(P-t)\,v-(Q-u)\,w]\},$$

with $\{n^\alpha\} := \{r, s\}$, and with the normalization factor $h^{-1/2}$ absorbed in the differentials $\mathrm{d}v$, $\mathrm{d}w$, $\mathrm{d}v'$, $\mathrm{d}w'$.

Next we need the *formula*

$$\text{trace}\,(\exp\{(i/\hbar)\,[Pv-Qw]\}A) \quad \text{(A.12)}$$
$$= \exp\left\{-(i/\hbar)\frac{vw}{2}\right\}\int \mathrm{d}q\,\exp\{(i/\hbar)\,wq\}\,a(q-v,q)$$

where $a(q, r)$ is the continuous matrix element of the operator A in the Q-representation in which Q acts by multiplication, and P by differentiation

$$Q\,a(q) = q\,a(q)\,,\quad P\,a(q) = (\hbar/i)\,\partial_q a(q)\,. \quad \text{(A.13)}$$

It is obtained from (A.7) with (A.13)

$$\text{trace}\,(\exp\{(i/\hbar)\,[Pv-Qw]\}A) \quad \text{(A.14)}$$
$$= \iint \mathrm{d}q\,\mathrm{d}q'\,\delta(q, q')\,\exp\left\{(i/\hbar)\,w\left(q-\frac{v}{2}\right)\right\}e^{-v\partial_q}a(q, q')$$

when use is made of TAYLOR's formula valid for analytic functions $a(q)$

$$e^{v\,\partial_q}a(q) = a(q+v)\,. \quad \text{(A.15)}$$

Now we ask for the *trace* of $U^*(m)\,U(m')$. For $A = $ identity operator, (A.12) becomes

$$\text{trace}\,(\exp\{(i/\hbar)\,[Pv-Qw]\}) = \delta(v)\,\delta(w) \quad \text{(A.16)}$$

on account of the well known distribution equality

$$\int dq \exp\{(i/\hbar) w q\} = \delta(w) . \tag{A.17}$$

Insertion of (A.16) into (A.11) yields (compare (A.10))

$$\text{trace}(U^*(m) \, U(m')) = \int\!\!\int dv' \, dw' \, |\alpha(v', w')|^2$$
$$\exp\{-(i/\hbar) \, [v' t' + w' u']\} \tag{A.18}$$

which becomes a delta function if and only if α has modulus one

$$\text{trace}(U^*(m) \, U(m')) = \delta(m - m') \quad \text{for } |\alpha(n)| = 1 . \tag{A.19}$$

We are ready to announce

Lemma 1. For $|\alpha(n)| = 1$, $\alpha^*(-n) = \alpha(n)$, the map φ defined by

$$(\varphi A) \, (m) = \langle U(m), A \rangle := \text{trace}(U^*(m) A) \tag{A.20}$$

(with $U(m)$ defined in (A.8)) is a linear one-to-one application of the selfadjoint (trace) operators A onto the real (L^2) phase space functions $a(m)$. Its inverse $\overset{-1}{\varphi}$ reads

$$\overset{-1}{\varphi} a = \int dm \, U(m) \, a(m) . \tag{A.21}$$

Proof: For selfadjoint M^α, the operator $U(m)$ is symmetric if and only if

$$\alpha(-n) = \alpha^*(n) \tag{A.22}$$

holds. In this case, φA is real for selfadjoint A, and conversely $\overset{-1}{\varphi} a$ is symmetric for real $a(m)$. That $\overset{-1}{\varphi} a$ is even selfadjoint follows from the fact that trace operators are bounded in which case symmetry and selfadjointness coincide.

To show the one-to-one property we form the operator

$$B := \overset{-1}{\varphi} \varphi A = \int dm \, U(m) \, \text{trace}(U^*(m) A) , \tag{A.23}$$

insert (A.8) for $N = 1$, and integrate over m and the second n. Together with (A.17) this leads to

$$B = \int dn \, |\alpha(n)|^2 \exp\{(i/\hbar) \, [Pr - Qs]\}$$
$$\text{trace}(\exp\{-(i/\hbar) \, [Pr - Qs]\}A) , \tag{A.24}$$

and (A.12) effects

$$B = \int dn \, |\alpha(n)|^2 \int dq \exp\{(i/\hbar) \, s(q - r/2)\}$$
$$a(q - r, q) \exp\{(i/\hbar) \, [Pr - Qs]\} . \tag{A.25}$$

For further insight we apply B to an arbitrary vector $f(q)$ in the Q-representation

$$(Bf) \, (q) = \int\!\!\int dn \, dq \, |\alpha(n)|^2 \, a(q - r, q)$$
$$\exp\{(i/\hbar) \, s(q - q' - r)\} f(q' + r) , \tag{A.26}$$

where (A.1) and (A.15) have been used. At this stage we assume $|\alpha(n)| = 1$, and receive with (A.17)

$$(Bf) \, (q) = \int dq \, a(q', q) \, f(q) = (Af) \, (q) \tag{A.27}$$

which shows that $\overset{-1}{\varphi}\varphi$ is the identity map of operators. For $\varphi\overset{-1}{\varphi}$ we get correspondingly

$$
\begin{aligned}
b(m) := \varphi\overset{-1}{\varphi}\, a(m) &= \mathrm{trace}\,(U^*(m) \int dm'\, U(m')\, a(m')) \\
&= \int dm'\, a(m')\, \mathrm{trace}\,(U^*(m)\, U(m')) ,
\end{aligned}
\tag{A.28}
$$

and (A.19) shows that b equals a for $|\alpha(n)| = 1$ in which case $\varphi\overset{-1}{\varphi}$ is the identical map of phase space functions. The rest of lemma 1 will follow from

Lemma 2. For $|\alpha(n)| = 1$, the L^2 norm of phase space functions equals the trace norm of their image operators under $\overset{-1}{\varphi}$.

Proof: From (A.19) one gets (for not necessarily real a, b)

$$
\begin{aligned}
\mathrm{trace}\,(B^*A) &= \int\int dm'\, dm\, b^*(m')\, a(m)\, \mathrm{trace}\,(U^*(m')\, U(m)) \\
&= \int dm\, b^*(m)\, a(m) = \langle b, a \rangle .
\end{aligned}
\tag{A.29}
$$

Lemma 3. For $\alpha(n) = 1$, φ maps the commutator onto the Moyal bracket.

Proof: For $\alpha(n) = 1$, $N = 1$, equ. (A.11) simplifies with (A.17) to

$$
\begin{aligned}
U(m)\, U(m') = \int\int dv\, dw\ \delta(w/2 + t')\ \delta(v/2 + u') \\
\exp\{(i/\hbar)\ [(P - t)\, v - (Q - u)\, w]\} .
\end{aligned}
\tag{A.30}
$$

We form the product of two operators A, B

$$
A B = \int\int dm\, dm'\, a(m)\, b(m')\, U(m)\, U(m') ,
\tag{A.31}
$$

and insert (A.30). With the notation of (A.10), we get

$$
\begin{aligned}
A B &= \int\int\int dm\, dm'\, dn\ \delta(s/2 + t')\ \delta(r/2 + u') \\
&\quad \exp\{(i/\hbar)\ [(P - t)\, r - (Q - u)\, s]\} \\
&\quad a(t + t'/2,\, u + u'/2)\ b(t - t'/2,\, u - u'/2) \\
&= \int\int dm\, dn\ \exp\{(i/\hbar)\ [(P - t)\, r - (Q - u)\, s]\} \\
&\quad a(t - s/4,\, u - r/4)\ b(t + s/4,\, u + r/4) .
\end{aligned}
\tag{A.32}
$$

The "displaced" functions a, b occurring herein can be expressed by the undisplaced ones via TAYLOR's formula (A.15), for example

$$
a(t - s/4,\, u - r/4) = \exp\{- (s/4)\, \partial_t - (r/4)\, \partial_u\}\, a(t, u) .
\tag{A.33}
$$

When this is inserted into (A.32), r and s can be replaced, in the argument of the exponential function, by $- i\hbar\partial_t$ and $i\hbar\partial_u$ respectively, as can be recognized by partial integration. (A.32) then reads

$$
\begin{aligned}
A B &= \int dm\, U(m)\, \exp\{(i\hbar/4)\, (- \partial_u\overset{a}{\partial}_t + \partial_t\overset{a}{\partial}_u)\} \\
&\quad \exp\{(i\hbar/4)\, (\partial_u\overset{b}{\partial}_t - \partial_t\overset{b}{\partial}_u)\}\, a b \\
&= \int dm\, U(m)\, \exp\{- (i\hbar/2)\, \varepsilon^{\alpha\beta}\overset{a}{\partial}_\alpha\overset{b}{\partial}_\beta\}\, a b .
\end{aligned}
\tag{A.34}
$$

Now we can ask for the image of the commutator: Using $\sin(x) := (e^{ix} - e^{-ix})/2i$ for elements x from an arbitrary algebra we obtain

$$[A, B] = \int dm\, U(m)\, (2/\hbar)\, \sin\{(\hbar/2)\, \varepsilon^{\alpha\beta}\overset{a}{\partial}_\alpha\overset{b}{\partial}_\beta\}\, a\, b\,, \qquad (A.35)$$

and the lemma follows from the uniqueness of $\overset{-1}{\varphi}$.

We remark that (A.34) equally lends itself to a calculation of the image of the *anticommutator* which is often used in applications; it is formed with the cos-function instead of the sin-function.

Lemma 4. For $\alpha(n) = 1$, and analytic function $a(m)$, the map $\overset{-1}{\varphi}$ can be explicitly described by

$$\overset{-1}{\varphi}\, a = \exp\{-(i\hbar/2)\, \partial_Q\partial_P\}\, a_Q(M) \qquad (A.36)$$

in which $a_Q(M)$ is the left ordered operator originating from $a(m)$.

Proof: For $N = 1$ we have on account of (A.21), (A.1)

$$\overset{-1}{\varphi}\, a = \int\!\int dm\, dn\, \alpha(n)\, \exp\{-(i/\hbar)\, r s/2\}$$
$$\exp\{-(i/\hbar)\, (Q - qs)\}\, \exp\{(i/\hbar)\, (P - p)r\}\, a(m)\,. \qquad (A.37)$$

We replace r and s in the argument of the first exponential factor respectively by $-i\hbar\partial_P$ and $i\hbar\partial_Q$, and take the operators thus obtained in front of the integral

$$\overset{-1}{\varphi}\, a = \exp\{-(i\hbar/2)\, \partial_Q\partial_P\} \int\!\int dm\, dn\, \alpha(n)$$
$$\exp\{-(i/\hbar)\, (Q - q)\, s\}\, \exp\{(i/\hbar)\, (P - p)r\}\, a(m)\,. \qquad (A.38)$$

This integral is Q-ordered, and agrees with $a(m)$ if the M^α are replaced by m^α, and $\alpha(n) = 1$. Consequently, for $\alpha(n) = 1$ the integral equals the Q-ordered operator $a_Q(M)$.

References

[67] ANDERSON, J. L., and P. G. BERGMANN: Phys. Rev. **83**, 1018 (1951)
[81] — On the consistency of Dirac's canonical formulation of general relativity. Preprint London 1960
[82] — Coordinate conditions and canonical formulations in gravitational theory. Preprint Hoboken Stevens Inst. of Techn. 1963
[84] — Eastern Theor. Phys. Conf., p. 387. New York: Gordon and Breach 1963
[83] — Rev. mod. Phys. **36**, 929 (1964)
[50] ARAKI, H.: J. Math. Phys. **1**, 492 (1960)
[62] ARNOWITT, R., S. DESER, and C. W. MISNER: Gravitation, an introduction to current research, chap. 7. Ed. WITTEN. New York: Wiley 1962
[28] BAKER, G. A.: Phys. Rev. **109**, 2198 (1958)
[22] BARGMANN, V.: J. Math. Phys. **5**, 862 (1964)
[57] BELINFANTE, F. J., D. I. CAPLAN, and W. L. KENNEDY: Rev. mod. Phys. **29**, 518 (1957)
[60] —, and J. C. GARRISON: The interaction picture in gravitational theory. Indiana: Research reports lafayette 1961
[66] BERGMANN, P. G., R. PENFIELD, R. SCHILLER, and H. ZATZKIS: Phys. Rev. **80**, 81 (1950)
[68] —, and R. SCHILLER: Phys. Rev. **89**, 4 (1953)

[69] BERGMANN, P. G.: Nuovo cimento 3, 1177 (1955)
[70] —, and I. GOLDBERG: Phys. Rev. 98, 531 (1955)
[58] — Helv. Phys. Acta Suppl. IV, 79 (1956)
[71] —, A. JANIS, and E. NEWMAN: Phys. Rev. 103, 807 (1956)
[72] — Phys. Rev. 124, 274 (1961)
[65] — Handb. d. Phys. IV, p. 247. Ed. FLÜGGE. Berlin, Göttingen, Heidelberg: Springer 1962
[73] — Report to the conf. on relativity. Florence, Sept. 1964
[46] BJORKEN, J. D., and S. D. DRELL: Relativistic Quantum Fields, MC GRAW-HILL (1965)
[44] BOGOLIUBOV, N. N., and D. V. SHIRKOV: Introduction to the theory of quantized fields. New York: Interscience 1959
[52] BORCHERS, H. J.: Nuovo cimento 33, 1600 (1964)
 [9] CHEVALLEY, C.: Theory of Lie groups, Princeton N. J. (1946)
[40] COESTER, F., and R. HAAG: Phys. Rev. 117, 1137 (1960)
 [2] — Helv. Phys. Acta 38, 7 (1965)
 [5] DAUTCOURT, G.: Acta Phys. Polon. 25, 637 (1964)
[74] DE WITT, B.: Gravitation, an introduction to current research, ed. WITTEN, chap. 8. New York: Wiley 1962
[75] — Relativity, groups, and topology. Summer school lectures Les Houches, p. 587. New York, 1963
[86] — Phys. Rev. Letters 13, 118 (1964)
[63] DIRAC, P. A. M.: Proc. Roy. Soc. London 246, 326 (1958)
[64] — Phys. Rev. 114, 924 (1959)
[51] DIXMIER, J.: Les algèbres d'opérateurs dans l'espace Hilbertien. Paris: Gauthiers-Villars 1957
[56] FALK, G.: Z. Physik 135, 431 (1953)
[12] — Handb. d. Phys. II, p. 32. Ed. FLÜGGE. Berlin, Göttingen, Heidelberg: Springer 1955
[85] FEYNMAN, R. P.: Acta Phys. Polon. 24, 897 (1963)
[39] FRIEDRICHS, K. O.: Mathematical aspects of the quantum theory of fields. New York: Interscience 1953
[33] —, and H. N. SHAPIRO: Integration of functionals, New York university, seminar notes 1957
[48] GÅRDING, L., and A. S. WIGHTMAN: Proc. Nat. Acad. Sci. 40, 622 (1954)
[61] GARRISON, J. C.: Phys. Rev. 129, 1424 (1963)
[14] GLEASON, A. M.: J. Math. Mech. 6, 885 (1957)
[41] HAAG, R.: Danske Matw.-fys. Medd. 29, no. 12 (1955)
[42] — Lectures in theor. phys. III, p. 353, Boulder 1960. New York: Interscience 1961
[43] — Lecture notes on quantum field theory. Preprint. Illinois: Urbana 1962
[21] —, and D. KASTLER: J. Math. Phys. 5, 848 (1964)
[54] —, and B. SCHROER: J. Math. Phys. 3, 248 (1962)
[23] JACOBSON, N.: Structure of rings. Am. Math. Soc., Providence Rhode Island 1964
[49] JOOS, H.: Rev. union math. argentina 18, 113 (1958)
[18] JORDAN, T. F., and E. C. G. SUDARSHAN: Rev. mod. Phys. 33, 515 (1961)
 [1] JOST, R.: Conf. Rep., Siena, October 1963
[31] — The general theory of quantized fields. Am. Math. Soc., Providence Rhode Island (1965)
[47] KÄLLÉN, G.: Handb. d. Phys. V/1. Ed. FLÜGGE. Berlin, Göttingen, Heidelberg: Springer 1958
[78] KATZ, J.: Le Formalisme Hamiltonien des groupes continus infinis d'invariance, thesis Brussels 1964
[79] — Compt. rend. 259, 2609 (1964)
[80] — Compt. rend. 260, 819 (1965)
[77] KIBBLE, T. W. B.: J. Math. Phys. 4, 1433 (1963)
[87] KOMAR, A. B.: Phys. Rev. 134 B, 1430 (1964)
[15] — Conf. on relativ. theories of gravitation, vol. II, London (1965)
[38] KOVALČHIK, I. M.: Russ. Math. Surv. 18, 97 (1963)

[53] Lehmann, H.: Nuovo cimento 11, 342 (1954)
[19] Loomis, L. H.: An introduction to abstract harmonic analysis. New York 1953
[10] Ludwig, G.: Die Grundlagen der Quantenmechanik. Berlin, Göttingen, Heidelberg: Springer 1954
[13] Mackey, G. W.: Mathem. found. of quantum mechanics. New York: Benjamin 1963
 [6] Marx, G.: Acta Phys. Acad. Sci. Hung. 1, 209 (1951/2)
[37] McShane, E. J.: Bull. Am. Math. Soc. 69, 597 (1963)
[27] Moyal, J. E.: Proc. Cambridge Phil. Soc. 45, 99 (1949)
[20] Neumark, M. A.: Normierte Algebren. Berlin: Akademieverlag 1959
[59] Peierls, R. E.: Proc. Roy. Soc. London A 214, 143 (1952)
[24] Poulsen, E. T.: Private communication (1965)
[29] Rivier, D. C.: Phys. Rev. 83, 862 (1951)
 [7] Schouten, J. A.: Ricci Calculus. Berlin, Göttingen, Heidelberg: Springer 1954
 [3] Schroer, B.: Conf. on Elementary Particles, Triest, June 1965 (1966)
[45] Schweber, S. S.: An introduction to relativistic quantum field theory. New York: Harper & Row 1962
[76] Schwinger, J.: Phys. Rev. 130, 1253 (1963)
[34] Segal, I. E.: Trans. Am. Math. Soc. 81, 106 (1956)
[35] — Trans. Am. Math. Soc. 88, 12 (1958)
[36] — J. Math. Phys. 5, 269 (1964)
[30] Streater, R. F., and A. S. Wightman: PCT, spin and statistics, and all that. New York: Benjamin 1964
[55] Todorov, I. T.: Fortschr. Physik 13, 649 (1965)
[32] Trautman, A.: Propriétés d'invariance des théories physiques, lectures Paris (1963)
 [4] — Perspectives in differential geometry and relativity, contribution. Ed. Hoffmann. Indiana: Univ. Press 1966
[17] Uhlhorn, U.: Arkiv Fysik 11, 87 (1956)
[16] Van Hove, L.: Acad. roy. Belg., Bull. classe sci. 37, 610 (1951)
[88] Von Neumann, J.: Math. Ann. 104, 570 (1930)
 [8] Weyl, H.: The classical groups, Princeton N. J. 1939
[25] — The theory of groups and quantum mechanics. New York: Dover 1950
[11] Wightman, A. S.: Introduction to some aspects of the relativistic dynamics of quantized fields, Corsica summer school lectures 1964, Bures-sur-Yvette 1964
[89] —, Ann. Inst. Henri Poincaré 1, 403 (1964)
[26] Wigner, E. P.: Phys. Rev. 40, 749 (1932)

Privatdozent Dr. W. Kundt

I. Institut für Theoretische Physik
der Universität

2 Hamburg 36, Jungiusstr. 9

SPRINGER TRACTS IN MODERN PHYSICS

Ergebnisse
der exakten Natur-
wissenschaften

Volume **40**

Editor: G. Höhler

Editorial Board: P. Falk-Vairant S. Flügge J. Hamilton
F. Hund H. Lehmann E. A. Niekisch W. Paul

Reprint:

Friedrich Hund zum 70. Geburtstag

Von S. Flügge, Freiburg/i. Br.

Springer-Verlag Berlin Heidelberg New York 1966

SPRINGER TRACTS
IN MODERN PHYSICS

Ergebnisse der exakten Naturwissenschaften

Editor: G. Höhler

Editorial Board: P. Falk-Vairant, S. Flügge, J. Hamilton, F. Hund, H. Lehmann, E. A. Niekisch, W. Paul

Volume

37	With 36 figures and 11 tables IV, 180 pages 8vo. 1965 Cloth DM 44.—	W. Donner, G. Süßmann: Paramagnetische Felder am Kernort. G. Racah: Group Theory and Spectroscopy. W. Paul: Continuous Groups in Quantum Mechanics. G. zu Putlitz: Determination of Nuclear Moments with Optical Double Resonance. H. Ekstein: Rigorous Symmetries of Elementary Particles.
38	With 139 figures and 40 tables IV, 188 pages 8vo. 1965 Cloth DM 44.—	H. Pick: Struktur von Störstellen in Alkalihalogenidkristallen. H. Raether: Solid State Excitations by Electrons (Plasma Oscillations and Single Electron Transitions). K. H. Bennemann: A New Self—Consistent Treatment of Electrons in Crystals.
39	With 122 figures and 10 tables VIII, 168 pages 8vo. 1965. Cloth DM 44.—	Electron and Photon Interactions at High Energies. Invited Papers, presented at the International Symposium Hamburg, June 8—12, 1965: L. van Hove: Theory of Strong Interactions of Elementary Particles in the GeV Region. R. Hofstadter, et al.: Recent High Energy Electron Investigations at Stanford University. R. Wilson: Review of Nucleon Form Factors. G. Höhler: Special Models and Predictions for Pion Photoproduction (Low Energies). S. D. Drell: Special Models and Predictions for Photoproduction above 1 GeV. L. S. Osborne: Photoproduction of Mesons in the GeV Range. R. Gatto: Theoretical Aspects of Colliding Beam Experiments. W. K. H. Panofsky: Experimental Techniques. K. Strauch: The Use of Bubble Chambers and Spark Chambers at Electron Accelerators.

Springer-Verlag

Berlin · Heidelberg · New York

SPRINGER TRACTS IN MODERN PHYSICS

Ergebnisse
der exakten Natur-
wissenschaften

Volume **40**

Editor: G. Höhler

Editorial Board: P. Falk-Vairant S. Flügge J. Hamilton
F. Hund H. Lehmann E. A. Niekisch W. Paul

Klaus Stierstadt
Der Magnetische Barkhausen-Effekt

Springer-Verlag Berlin Heidelberg New York 1966

SPRINGER TRACTS IN MODERN PHYSICS

Ergebnisse
der exakten Natur-
wissenschaften

Volume **40**

Editor: G. Höhler

Editorial Board: P. Falk-Vairant S. Flügge J. Hamilton
F. Hund H. Lehmann E. A. Niekisch W. Paul

Wolfgang Kundt
Canonical Quantization
of Gauge Invariant Field Theories

Springer-Verlag Berlin Heidelberg New York 1966